焊接工装设计

主　编　刘拥军

副主编　周友龙　张英波

西南交通大学出版社

·成　都·

图书在版编目（CIP）数据

焊接工装设计 / 刘拥军主编. —成都：西南交通大学出版社，2020.4（2023.1 重印）
ISBN 978-7-5643-7398-6

Ⅰ. ①焊… Ⅱ. ①刘… Ⅲ. ①焊接机械装备 – 机械设计 – 高等学校 – 教材 Ⅳ. ①TG431

中国版本图书馆 CIP 数据核字（2020）第 050507 号

Hanjie Gongzhuang Sheji

焊接工装设计

主编　刘拥军

责任编辑　何明飞
封面设计　曹天擎

出版发行　西南交通大学出版社
（四川省成都市金牛区二环路北一段 111 号
西南交通大学创新大厦 21 楼）
邮政编码　610031
发行部电话　028-87600564　028-87600533
网址　http://www.xnjdcbs.com
印刷　成都蓉军广告印务有限责任公司

成品尺寸　185 mm × 260 mm
印张　14.75
字数　368 千
版次　2020 年 4 月第 1 版
印次　2023 年 1 月第 2 次
定价　49.00 元
书号　ISBN 978-7-5643-7398-6

课件咨询电话：028-81435775
图书如有印装质量问题　本社负责退换

前　言

焊接工装设计是材料成型及控制工程（焊接）专业一门重要课程。该课程的大多数教学内容一直沿用早期的经典教材，很少涉及科学发展前沿知识，缺少时代发展所需的新内容（如计算机绘图、焊接机器人、工装设计 CAD 等），教材内容缺乏时代性、新颖性。当今世界，计算机技术、信息技术及智能制造技术日新月异，更需要及时更新教学内容。为了适应现代化教学的需要，凸显人才培养特色，编者结合多年教学改革实践，在授课学习的基础上，同时听取同行专家提出的宝贵意见，组织编写了《焊接工装设计》一书。本书对传统教学内容进行了必要的修改、充实和提高，注重内容的系统性和科学性，在重点介绍基本原理的同时，突出实用性，适量介绍了一些新技术成果，尽量应用焊接生产中的实例进行分析，便于学生联系实际、举一反三、增强工程意识，力求满足工程实际和人才培养的需要。

全书共分 7 章：第 1 章通过焊接技术的发展历程引出焊接工装，进而阐述焊接工装的重要作用；第 2 章简要介绍工装设计的基础知识，如机械基础、配合基础、形位公差、材料基础等；第 3 章介绍工装设计时常用定位方法、定位器件，焊接工件定位方案设计，并通过实例详细讲解了焊件定位方案设计的基本步骤；第 4 章介绍工装设计时常用的夹紧装置与夹紧机构，并通过设计实例加深理解；第 5 章重点介绍传统焊接工装，如焊工变位机、焊件变位机及焊机变位机等；第 6 章介绍焊接机器人与焊件变位机，体现新时代条件下焊接工装的发展方向；第 7 章主要介绍焊接工装 CAD，包括工装设计时常用的软件等内容。

本书可作为高等工科院校焊接技术与工程专业、材料成型及控制工程专业的教材和专业课程设计以及毕业设计参考书，也可供从事焊接工装相关工作的工程技术人员参考。在本书编写与出版过程中，西南交通大学教务处、西南交通大学出版社给予了大力支持和帮助，多位师生为本教材的出版付出了大量的心血。刘拥军讲师负责编写全书并统稿，张英波副教授参与编写了第 6 章、第 7 章，周友龙副教授参与编写了第 5 章，郭占英、张小枫、方海鹏、庄野、张思远等收集并整理了大量的资料，作者在此对上述单位和个人以及书中所列参考文献的作者一并表示衷心的感谢。

由于编者经验不足，水平有限，书中疏漏或不妥之处在所难免，恳请广大读者批评指正。

编　者

2019 年 11 月

目　录

1 绪 论

1.1 焊 接

焊接是将两种或两种以上的材料（同种或异种）通过加热、加压或两者并用，使其产生原子或分子之间的结合和扩散并形成永久性连接的工艺过程。焊接应用广泛，既可用于金属，也可用于非金属。与其他连接方法相比，焊接不仅在宏观上建立了材料的永久性的联系，而且在微观上建立了组织之间的内在联系。

1.1.1 焊接方法的分类

根据焊接过程的特点不同，常用焊接方法可分为熔化焊、压力焊和钎焊，如图 1.1 所示。熔化焊、压力焊和钎焊的主要区别在于焊接时加热温度、加热对象、加热金属状态和连接过程不同。

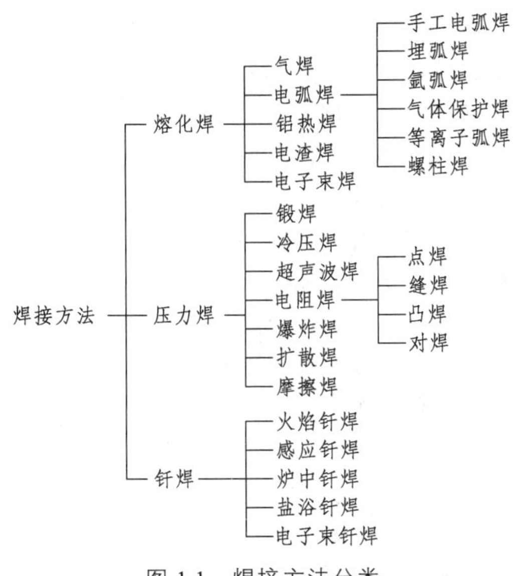

图 1.1 焊接方法分类

（1）熔化焊：将两工件的结合处加热到熔化状态（常需加入填充金属），并形成共同的熔池，冷却凝固结晶后，形成牢固的接头。该类焊接方法目前在生产中应用最为广泛，包括气焊、电弧焊、铝热焊、电渣焊、电子束焊等。

（2）压力焊：通过施加外力或同时加热使两工件接合面紧密接触在一起，加热到塑性状态或表面熔化状态，并产生一定的塑性变形，从而使工件紧密地接触，形成牢固的接头。锻焊、冷压焊、超声波焊、电阻焊、爆炸焊、扩散焊、摩擦焊等属于压力焊范畴。

（3）钎焊：对工件和作为填充金属的钎料进行适当的加热，工件金属不熔化，但熔点低的钎料被熔化后填充到工件之间，与固态的被焊金属相互溶解和扩散，钎料凝固后，将两工件焊接在一起。现今常使用的有火焰钎焊、感应钎焊、炉中钎焊、盐浴钎焊、电子束钎焊。

1.1 2　焊接技术的应用

随着科技的发展，焊接技术已经从传统的热加工技术发展成为集机械、材料、冶金、结构、力学、自动化、电子与计算机控制等多门科学技术为一体的热成型技术，成为现代制造业中重要的材料加工技术之一，广泛应用于机械制造、轨道交通、石油化工、航空航天、能源工程等工业制造领域。目前，焊接技术所涉及的材料不再仅仅是简单的金属钢结构材料，所涉及的设备不仅仅是单一的焊接设备，所涉及的工艺不仅仅是焊接工艺。

机械制造技术在促进社会经济快速发展过程中起着突出的作用，作为一种快速连接方法，焊接在机械制造过程中应用越来越广泛。据统计，我国每年制造的钢材大约一半都需要采用焊接的方式加工。焊接不仅能够解决各种钢材的连接问题，而且还能解决有色金属和钛等特种材料的连接，不仅能连接异种金属，而且还能连接厚薄相差悬殊的金属，因而在机械制造行业应用广泛，在钢结构制造、汽车制造、桥梁制造等方面发挥了重要作用。以汽车制造为例，汽车的发动机、变速箱、车桥、车架、车身、车厢等六大部件的制造都离不开焊接技术。在汽车零部件制造过程中，由于点焊、气体保护焊、钎焊具有生产量大、自动化程度高、焊接变形小等特点，所以特别适用于汽车车身薄板覆盖零部件加工。汽车车厢的纵梁、横梁，由于在行驶过程中受到各种冲击、扭转等复杂应力的作用，因此多采用箱形截面组焊而成。目前，焊接新方法、自动化焊接技术、焊接机器人等在机械制造过程中的应用在不断加强。

轨道交通行业是我国近年来迅猛发展的行业之一，预计至 2020 年末，轨道交通将覆盖全国主要大中城市，届时将形成八横八纵的高速铁路网络，焊接技术在轨道交通行业发展过程中起着重要的作用。在钢轨连接方面，主要采用闪光焊、气压焊、铝热焊等焊接方法，西南交通大学对闪光焊、气压焊、铝热焊等焊接方法的设备、工艺开展了大量的应用研究，从设备、工艺、系统等方面确保了轨道焊接质量，在国内外轨道建设中发挥了重要的作用。在轨道交通车辆制造方面，不锈钢车体采用了电阻点焊、熔化极活性气体保护焊、激光焊等焊接方法，铝合金车体采用了熔化极惰性气体保护焊、电阻点焊、搅拌摩擦焊等焊接方法，转向架先后采用了手工电弧焊、电阻点焊、MIG 焊、MAG 焊等焊接方法。在焊接方法自动化程度方面，手工焊的应用越来越少，而自动化焊接、机器人焊接在高速列车车体制造、转向架制造过程中的应用逐年增加。

在航空航天领域，焊接技术已由原来的辅助制造工艺演变成为飞机制造中的关键技术，为新型先进飞机的结构设计和制造提供了技术保证。电子束焊（EBW）、激光焊（LBW）、搅拌摩擦焊（FSW）是具有代表性的先进焊接技术。例如，美国 F-22 战机的后机身前后梁采用了热等静压钛合金铸件的电子束焊接结构；欧洲空中客车 A340 飞机制造中，铝合金内隔板均采用激光焊接，简化了飞机机身的制造工艺。近年来航空航天领域对焊接技术研究的需求调研表明，航空航天领域对焊接方法、焊接专用设备及工艺、焊接结构等方面的要求越来越高。在焊接方法方面，需进一步加强电子束焊、激光焊、搅拌摩擦焊、扩散焊等先进焊接方法在航空航天新材料、结构制造方面的应用研究；在焊接专用设备工艺及结构方面，加强钛合金承力框、铝合金薄板等专用设备、数字化设备、自动化设备的研发及焊接过程中质量控制措施的研究。

除了机械制造、高速列车、航天航空领域，焊接技术在能源领域、石油化工领域等方面都有较为广泛的应用，这些应用表明焊接技术在国民经济建设中的重要作用。

1.2 焊接技术发展历程及趋势

1.2.1 焊接技术发展历程

焊接可以追溯到几千年前的青铜器时代。在人类早期工具制造中，无论是中国还是埃及等文明地区，都能看到焊接的雏形。河南三门峡上村岭西周虢仲墓出土的公元前 1046 年至公元前 771 年的 181 件青铜器，壶耳为钎焊。中国商朝时期制造的铁刃铜钺就是铁和铜的铸焊件，春秋战国时期曾侯乙墓中的建鼓铜座上的盘龙是分段钎焊连接而成的，与现代软钎料成分相近。战国时期制造的刀剑一般是加热锻焊而成的。在古埃及和地中海地区，公元前 1000 年人们就已经能够通过搭接的方法制造金盒及铁质工具，到中世纪（约公元 476 年至公元 1453 年），在叙利亚大马士革曾用锻焊方法打造兵器。总体上说，古代的焊接方法主要是铸焊、钎焊和锻焊。由于热源都是炉火，温度低、能量不集中，无法用于大截面、长焊缝工件的焊件，只能用以制作装饰品、简单的工具和武器。古代焊接基本上作为一种手艺。

近代焊接技术起源于 1880 年左右电弧焊的问世，第二次工业革命中电的诞生才使得现代电弧焊接得以发展。表 1.1 列出了现代焊接技术中重要的焊接方法、发明时间及所属国家。同时从表 1.1 可以看出，现代焊接把古代焊接从手艺提升为工业制造技术。

表 1.1 焊接方法的发明时间及所属国家

发明时间	焊接方法	所属国家
1881 年	碳弧焊	俄罗斯
1885 年	电阻焊	美国
1900 年	铝热焊	德国
1900 年	氧乙炔焊	法国
1907 年	手工电弧焊	瑞典
1908 年	电渣焊	苏联
1909 年	等离子焊接	德国
1926 年	钨极惰性气体保护焊	美国
1926 年	药芯焊丝保护焊	美国
1930 年	熔化极惰性气体保护焊	美国
1935 年	埋弧焊	美国
1941 年	GTAW	美国
1950 年	GMAW	美国
1953 年	活性气体保护电弧焊	苏联

续表

发明时间	焊接方法	所属国家
1956 年	摩擦焊	苏联
1957 年	CO_2 气体保护焊	美国
1959 年	爆炸焊	—
1960 年	脉冲熔化极气体保护焊	美国
1961 年	电子束焊	法国
1970 年	激光焊接	英国
1991 年	搅拌摩擦焊	英国

纵观现代焊接方法和技术发展史，与工业革命的发展息息相关。根据焊接方法的起源时间，将其归纳为两个重要的发展阶段。

（1）起源于 19 世纪 70 年代的第二次工业革命，这一阶段的重要标志是电力的发展和应用。工业应用最为广泛的电弧焊、电阻焊方法正是起源于这一阶段。虽然目前工业上使用的这两类焊接方法已有了很大进步，但不容置疑的是这一阶段奠定了焊接技术发展的第一块基石。此阶段还发明了氧炔焊和铝热焊，作为早期电力技术不成熟时重要的焊接方法，目前此类方法在特定场合仍有大量应用和发展。

（2）第二个重要发展阶段出现在 20 世纪 40 年代以来的第三次工业革命，这阶段能源、微电子技术、航天技术等领域取得的重大突破，推动了焊接技术的发展，成为又一次焊接方法迅速发展的时期，在这个阶段各个国家的焊接工作者开发了不少崭新的焊接方法。

例如 1991 年，TWI 获得搅拌摩擦焊专利权，这种焊接方法适用于轻合金。该工艺不使用耗材，能源消耗少，是 20 世纪最重要的焊接创新之一。这种革命性焊接技术，搅拌摩擦焊在轨道交通制造工业领域极具吸引力。随着列车速度的不断提高以及轻量化发展要求，对列车车体结构和焊接接头强度及其安全性的要求也越来越高。尤其是高速和超高速（500 km/h）列车，采用中空铝合金挤压型材和搅拌摩擦焊技术相结合的制造方式，增加了结构整体性和减小了整车质量，并且变形小，不需要焊后矫形，生产效率高，焊接速度可以达到 2 000 mm/min，节约成本，焊接过程不需要焊丝和保护气等。这些优点使得目前在国外高速列车车体的制造领域，搅拌摩擦焊技术已成为轨道车辆车体制造的一种重要焊接方法。

1.2.2 焊接技术发展现状及趋势

目前，随着制造业的高速发展，传统的手工焊接已不能满足现代高科技产品制造的质量要求，现代焊接技术正在向着机械化、自动化、智能化方向发展。许多焊接设备采用先进的自动控制系统、智能化控制系统和网络控制系统等，采用焊接机器人作为操作单元，组成焊接中心、焊接生产线、集成制造系统。焊接自动化主要是指焊接生产过程的自动化，其主要任务就是在采用先进的焊接、检验和装配工艺过程的基础上，配置焊接机械装备和焊接系统，建立不需要人直接参与焊接过程的焊接加工方法和工艺方案。焊接自动化不仅可以大大提高焊接生产率，更重要的是可以确保焊接质量，减少人为因素的影响，改善操作环境及对人的伤害。自动化焊接专机、机器人工作站、生产线和柔性制造系统在工程中的应用已成为一种不可阻挡的趋势。在焊接自动化方面，国内外焊接技术主要呈现如下发展趋势：

（1）高精度、高速度、高质量、高可靠性。由于焊接技术越来越向着"精细化"加工方向发展，因此，焊接技术也向着高精度、高速度、高质量、高可靠性方向发展。这要求系统的控制器及软件系统有很高的信息处理速度，电气机械装置有很好的控制精度。如机器人和焊接操作机行走机构的定位精度可达 0.1 mm，移位速度的控制精度可达 0.1%。

（2）集成化。焊接集成化技术包括硬件系统的结构集成、功能集成和控制技术集成。现代焊接技术自动化系统的结构都采用模块化的设计，根据不同用户对系统功能的要求，进行模块的组合。而且其控制功能也采用模块化设计，根据用户需要，可以提供不同的控制软件模块，提供不同的控制功能。

（3）智能化。将现今的传感器技术、计算机技术和智能控制技术应用于焊接技术中，使其能够在各种复杂环境、变化的焊接工况下实现高质量、高效率的自动焊接。智能化的焊接自动化系统，不仅可以根据指令完成自动焊接过程，而且可以根据连续实测焊接工件坡口宽度，确定每层焊缝的焊道数及相关参数、覆盖层位置等，而且从坡口底部到盖面层的所有焊道均由焊机自动提升、变道、完成焊接。

（4）柔性化。大型自动化焊接装备或生产线的一次投资相对较高，在设计这种焊接装备时必须考虑柔性化，形成柔性制造系统，以充分发挥装备的效能，满足同类产品不同规格工件的生产需要。

（5）网络化。由于现代网络技术的发展，也促进焊接自动化系统管控一体化技术的发展。通过网络，利用计算机技术、远程通信技术等，将生产管理和焊接过程自动控制一体化，实现脱机编程，远程监控、诊断和检修。

（6）标准化、通用化。系统结构、硬件电路芯片、接口的标准化、通用化不仅有利于系统的扩展、外设的兼容，而且有利于系统的维修。

焊接技术正朝着高精度、高速度、高质量、高可靠性、集成化、智能化、柔性化、网络化、标准化、通用化方向快速发展，这就对传统焊接技术提出了更为严苛的要求。大力研发焊接自动化专机及与传统焊接设备相适应的焊接工装，配合机械技术、传感器技术、伺服传动技术、自动控制技术、系统技术等先进技术，实现焊接工艺及焊接过程的机械化和自动化，具有重要的意义。

1.3 焊接工装

从第二次工业革命爆发以后，与之相应的焊接工装也逐步发展。发展初期，我国生产的焊接工装大多还只是比较简单的焊接操作机、滚轮架、变位机、翻转机等，多数都是人工或半自动性质设备，在自动化方面的发展程度比较低。改革开放以来，焊接逐渐成为制造业中重要的工艺方法，广泛用于机械制造、航空航天、能源交通、石油化工、建筑等行业，国内对焊接相关设备的需求急速增长，各地相继建立了许多中小型的焊接设备生产厂。期间我国大量引进成套焊接设备，促使我国在焊接方面的成套性、自动化、设备精度等有了很大的提高，焊接自动化程度有了很大进步。

焊接自动化主要包括两方面：一是焊接工序的自动化，二是焊接生产的自动化。在焊接自动化过程中，焊接专机、焊接工装等焊接工艺装备具有重要的作用。焊接工艺装备就是在焊接结构生产的装配与焊接过程中起配合及辅助作用的夹具、机械装置或设备的总称，简称焊接工装，如图 1.2 所示。夹具主要包括定位器、夹紧器、夹具体等；机械装置或设备主要包括变位机、操作机、升降台等。

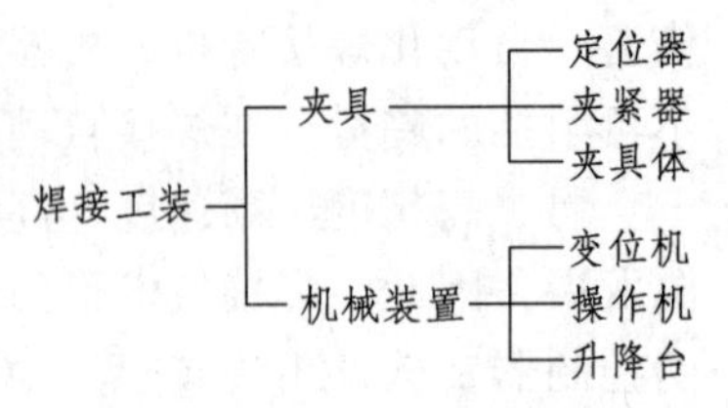

图 1.2　夹具、机械装置分类

大多数焊接工装是为某种焊接结构的装配、焊接而专门设计的，属于非标准装置，往往需要各制造厂根据产品结构特点、生产条件和实际需要自行设计制造或者外协定做。焊接工装设计是生产准备工作的重要内容之一，也是焊接生产工艺设计的主要任务之一，对于汽车、摩托车和飞机等制造业，可以毫不夸张地说，没有焊接工装就没有产品。因此，焊接工程师应掌握有关工装设计的基础知识。工装设计时，首先提出所需要的工装类型、结构草图和简要说明（如装配焊接顺序、焊接变形预防或减小措施、焊接速度和焊接电流回路等）。在此基础上由工装设计人员完成详细的结构和零件设计及全部图样。如果设计者对焊接工艺过程生疏，往往设计的工装夹具适用性较差，甚至不能满足生产要求。为了使设计的工装适用性良好，通常由工艺工程师来主持设计或亲自参与设计。

1.3.1　焊接工装的类别

实际生产中，焊接工装夹具是为产品制造服务的。无论小型的制造车间还是大型的专业化生产线，制造生产已经日益趋于规模化，生产批量化，焊接生产中工装夹具已被广泛地使用，很多企业都在设计和研究焊接工装夹具。我国的制造工艺水平，特别是焊接工装夹具水平还不能适应制造行业快速发展的需求，因此就需要更多的企业和技术人员来关注焊接工装夹具的研究和探索，研制更多的专用工装夹具、多功能工装夹具、三维组合焊接工装夹具等，来改变传统的生产车间的组装焊接生产方法。不同的产品制造，对焊接工装夹具的要求不同，即使相同的产品，不同的车间因设备、环境等条件不同而对焊接工装夹具的要求也会有所差异。现有焊接工装主要分类方法如图 1.3 所示。

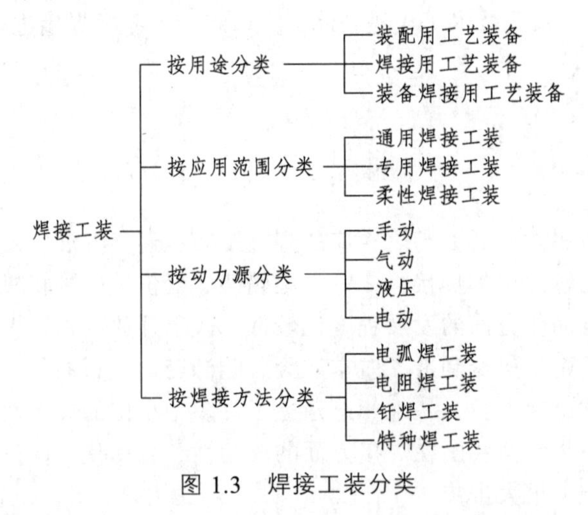

图 1.3　焊接工装分类

1．按工装用途分类

（1）装配用工艺装备。这类工装主要是将各个零部件按照图纸的位置精确地固定下来，进行定位焊接，但是不完成整个焊接工作。这类工装通常称为装配定位焊夹具，也叫暂焊夹具。

（2）焊接用工艺装备。此类工装主要针对已经完成点焊固定的焊件，专门用来焊接已点固的工件。例如，龙门式、悬臂式、可伸缩悬臂式、平台式、爬行式移动焊接操作机等焊接工装。

（3）装配焊接用工艺装备。既能完成整个焊件的装配，又能完成焊缝的焊接工作，通常是综合自动化焊接设备，或者是装配焊接的综合机械装置。

应该指出，实际生产中工艺装备的功能往往不是单一的，如定位器、夹紧器常与装配台架合在一起，装配台架又与焊件操作机合并在一套装置上，焊件变位机与移动焊机的焊接操作机、焊接电源、电气控制系统等组合，构成机械化自动化程度较高的焊接中心。

2．按工装应用范围分类

（1）通用焊接工装。已经标准化的能适应较大范围的工装。这类工装无须调整或稍加调整，就能适用于不同工件的装配或焊接工作。

（2）专用焊接工装。专用即只能适用于某个产品或某个焊接结构的装配焊接，产品交付后，该工装就不再适用。

（3）柔性焊接工装。柔性焊接工装指的是可以夹持在形状和尺寸上有多种变化的焊接结构件。柔性概念没有明确的界限，可以是广义的，即工件变化可以在大范围，形状完全同，尺寸变化也很大，如组合夹具；也可以是狭义的，工件变化只在小范围，即在相似的形状和尺寸变动不大的范围内，如可调整夹具。

3．按工装动力源分类

按工装动力源可分为手动、气动、液压、电动、磁力、真空等焊接工艺装备。

4．按焊接方法分类

按焊接方法可分为电弧焊工装、电阻焊工装、钎焊工装、特种焊工装等。

1.3.2 焊接工装的作用

焊接技术在航空航天、造船、汽车、桥梁、建筑、金属结构中都被广泛应用，为我国的工业经济发展做出了重要贡献。但在实际的组装焊接生产中会出现难以控制的一面，如焊接带来的变形，应力难以消除，质量难以保证，精度不能达到设计要求等问题。为了解决这些问题，制造行业中已经在广泛地研究和应用焊接工装夹具来解决这些难题。

焊接工装就是将焊接工件准确定位和可靠夹紧，便于焊件进行装配和焊接，保证焊件结构精度要求的工艺装备。随着机械设备制造行业的迅猛发展，焊接生产趋于专业化和规模化，在焊接类设备制造生产中，无论零部件组装，还是整体设备组装，为了能够保证产品组装焊接质量，都广泛运用工装夹具。根据焊件的结构特点，设计合理的焊接组装夹具，在实际的生产当中可以为企业提高生产效率、减轻工人劳动强度、缩短生产周期、提高企业的经济效益，同时焊接工装夹具的使用可以加快焊接生产机械化，提高焊接自动化程度。生产中，焊接工装主要有以下作用。

1．保证组装精度

焊接工装自身是一种为满足焊件组装而设计的一种工艺装置，主要作用就在于确保焊件在组装焊接前后能够达到设计的形位公差，保证最终组装后的装配精度。在设计工装时首先要对组装焊件的形状、位置尺寸及公差进行研究分析，对每个焊接接头的变形和应力进行计算，然后根据计算结果来设计工装夹具的控制部位、尺寸公差范围、定位方式和工装夹具的结构形式，从而结合组装件的结构特点设计出一套简单有效的焊接工装。从工装夹具设计的角度讲，工装夹具自身具备足够的强度和刚度，能够控制工件在装配、夹紧、焊接过程中的变形。焊件的定位及定位器是根据焊件的特点进行设计的，定位和夹紧机构能够保持各元件的准确定位，防止零件在装配和焊接过程中因受力和翻转而发生移位。同时工装夹具的准确、可靠的定位和夹紧，可以减轻甚至取消划线工作，用装备取代了人工操作，减小了产品出现偏差的概率，提高了零件的精度和互换性。

从工装夹具自身制造的角度讲，工装夹具的制造不同于一般设备的制造，根据焊件特点设计的组装夹具需要有较高的制造精度。在制作焊接工装夹具时，首先需要将工装夹具各个工件进行准确下料，根据强度的需要有些工件还要进行热处理，然后使用机械加工设备进行精加工。在精度方面，必须确保工装夹具自身各工件的精度，如尺寸、平面度、直线度、同轴度等，然后将各工件进行组装和焊接，组装时提高公差等级，最后在平台上对工装夹具所控制的尺寸和形位公差进行准确测量和检验，不能保证精度的部位进行局部修磨，特殊部位要进行二次机械精加工，确保各个控制部位的精度。这样工装夹具的设计精度和制造精度等级都高于组焊件的设计精度等级。利用组对胎具就可以将组装公差有效的控制在设计范围内，避免了用人为的方法来控制公差造成的误差，确保最终组焊件的制造精度。

2．保证焊接质量

在焊接生产当中常见的焊接质量问题是焊接应力和焊接变形。焊接时焊件受到不均匀的局部加热和冷却是产生焊接变形和焊接应力的主要原因。在装配定位焊接时，如果不使用工装夹具，不仅很难保证各零件精确的相对位置，而且在焊接过程中，很难控制焊件产生的变形和应力，尤其是复杂的结构，其变形有时会达到无法消除的程度，严重时甚至造成产品报废，这样就影响到后面的总装配工作。例如，常见的H型钢焊接，薄板箱体类设备焊接，这类设备结构特点为：焊缝为直线型，应力集中，变形量大，焊接后由于应力作用使焊缝朝一个方向发生扭曲变形。不使用工装夹具就会出现焊接后变形难以控制，给焊接最后的调整、校直带来了很大的难度和工作量。如果在预先设计好的焊接工装夹具上进行焊接，就可以通过工装夹具的定位和锁紧装置来控制应力和变形方向，焊接质量就会达到预期的效果。焊接后的局部应力可以通过在工装上敲击焊缝来消除，局部的变形可以在焊后做简单的调整。这样就简化了生产工艺，保证了焊接质量。

目前，焊接工装夹具在生产线上及车间生产制造工艺中都已经被广泛地应用。在生产制造中如果采用了工装夹具来组装焊接，再加上设计合理的焊接工艺和焊接顺序，就可以保证各零件精确的相对位置，有效地防止和减少工件的焊接变形。尤其在制造车间批量设备生产时，工装夹具的使用能够使工件处于最佳的施焊部位，确保焊接位置，使焊缝的成型性良好，工艺缺陷明显降低，同时焊接速度得以提高，减少焊接尺寸偏差，保证产品的互换性，减少了焊后的辅助工作，保证焊接质量。特别是对于设计精度要求很高的焊接结构件更应该靠工装夹具来完成组装焊接，保证最终的设计组装要求。

3．提高劳动生产率，降低生产成本

所有的焊接结构件生产过程一般包括焊接前准备（如，焊接材料烘干，工件下料、加工、清理）、装配（对正、定位、夹紧、点焊）、焊接、清理、检验。在一般的制造生产中，焊接结构件定位、夹紧后的焊接工作量仅仅是制造生产中的小部分，焊前和焊后各项辅助工序的工作量远大于焊接工序本身，占整个生产时间的比例最大。如果不使用工装夹具，整个焊接结构件的组对和装配靠人工进行测量、定位、固定，将不仅会消耗大量的劳动时间和人工，并且会出现很多因为人为因素而造成的失误和缺陷。如果设计和采用高效率的焊接工装就可以简化每一次的定位、固定工作，大幅度地缩短生产过程，减少使用的人工数量，提高生产效率，同时焊接工装夹具的使用也降低了对装配、焊接工人的技术水平要求，保证了焊接质量，避免了焊后的校正变形和修补工序，简化了检验工序，缩短了整个产品的生产周期，明显地降低了生产成本，能够为企业创造一定的经济效益。

在焊接结构生产中，由于焊件的复杂程度不同，纯焊接时间仅占产品全部加工时间的10% ~ 30%，其余为备料、装配及辅助工作等时间。对于梁柱结构，装配与翻转工作时间占总生产工时的 30% ~ 50%；对于圆筒结构，其壁厚 16 mm、长度 1.5 mm 的纵缝自动埋弧焊的焊接时间为 8 min，而其辅助时间为 40 min，即焊接时间只占工装焊接总工时的 17%，在这种情况下，即使把焊接速度提高 1 倍（一般很难办到），也只能提高生产率约 10%。如果采用高效率的焊接工装，使辅助时间减少到 20 min，那么劳动生产率就可以提高 40%。很明显，使用焊接工装有助于缩短了焊接结构件的制造时间，提高焊接的效率。

在批量生产当中，如果还是按照传统方法单一让技术工人逐个进行划线、找正、定位、固定，就会消耗大量的工作时间。如果遇到相对位置比较复杂的工件则会消耗更多的时间，效率会很低。而且靠人为测量、定位很难保证组对质量，因为在不断的重复工作中往往会因为人为因素造成各种失误，结果不仅保证不了质量，还会消耗大量的人工和辅助时间，无形中也加大了生产成本。焊接工装夹具的使用能克服人为因素造成的各类失误，并且能够简化组装流程，很大程度上提高了组装效率。而且工装夹具自身的设计和投入费用很低，从经济价值角度来看，工装夹具的应用会带来可观的经济效应，在很多的生产车间已经通过客观实践充分证明这一点。

4．减轻劳动强度，保证安全生产

随着焊接工艺在制造行业的广泛应用，各类焊接工装夹具在不断地被设计和创新。在车间生产制造时如果能够采用与焊件结构相匹配的焊接工装夹具，就能够实现工件定位快速、装夹方便，用工装设备代替了人工来控制产品质量，这样就减轻了焊接件装配定位和夹紧时的繁重体力劳动，降低了操作工人的劳动强度。例如，目前在车间组装焊接时最常用的翻转焊接工装夹具就能够使焊件的翻转实现机械化，变位迅速，使焊接条件较差的空间位置焊缝变为焊接条件较好的平焊位置焊缝，以机械装置代替了手工作业，改善了工人的劳动条件，降低工作强度。同时焊接工装夹具的应用使操作工人形成了流水作业，每个操作工人基本固定在一定的区域内完成规定的工作，有利于制造车间的生产安全管理。

目前在国内一些组装焊接精度要求很高的专业化生产车间，焊接工装夹具已经发展到数控多功能的阶段。组装定位靠数控装置来完成，夹紧固定由液压操作系统来完成，这样通过操作设备代替传统的人工作业，改善了工人的作业方式，很大程度上简化了生产组装工艺，并且能够准确地保证最终的组装精度，大幅度地降低工人的劳动强度，保证和提高产品质量，提高劳动生产率，降低制造成本，减轻劳动强度，保障安全生产。

2　工装设计基础

工装是在机械加工、产品检验、装配和焊接等工艺过程中使用的工艺装备的简称。工装设计时，工装设计人员不仅要了解产品制造的工艺过程，同时还能够根据工艺的需要，正确设计工装在不同阶段的工艺图纸，合理选择工装材料。因此，掌握工装设计过程中所必需的基础知识是进行工装设计的前提。本章主要介绍工装设计过程中尺寸、公差、配合及材料的基础知识，其他相关知识请参阅相关书籍。

2.1　尺寸基础

尺寸（Basic Size）是指设计中给定的尺寸，根据使用要求，通过计算、试验或按类比法确定的。为了减少定制刀具、量具的规格，现有零部件中许多尺寸都需按标准进行设计选择。

2.1.1　尺寸基本术语

1．尺　寸

尺寸是指用特定单位表示两点之间的距离的数值，单位一般为毫米（mm），工装设计过程中主要包括直径、半径、宽度、深度、高度和中心距等。

2．基本尺寸（D，d）

基本尺寸是由设计给定的，孔用 D 表示，轴用 d 表示。

如图 2.1 所示为孔和轴的基本尺寸，孔是指工件的圆柱形内表面，也包括非圆柱形内表面（由二平行平面或切面形成的包容面）。孔的直径尺寸用 D 表示。轴是指工件的圆柱形外表面，也包括非圆柱形外表面（由二平行平面或切面形成的被包容面）。轴的直径尺寸用 d 表示。从装配关系讲，孔是包容面，轴是被包容面。从加工过程看，随着余量的切除，孔的尺寸由小变大，轴的尺寸由大变小。

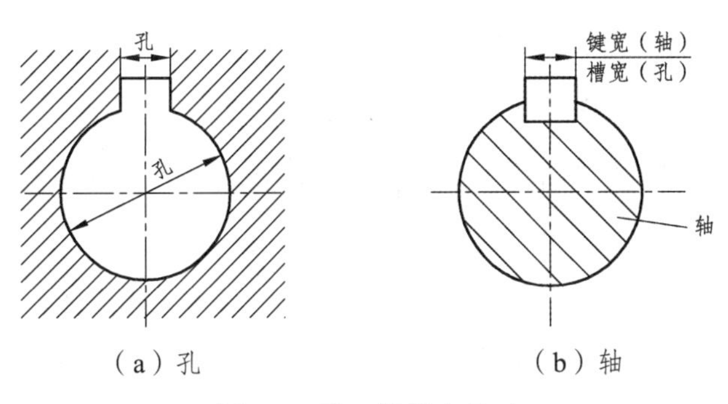

图 2.1　孔、轴基本尺寸

3．实际尺寸（D_a, d_a）

实际尺寸是通过测量所得的尺寸。孔的实际尺寸以 D_a 表示，轴的实际尺寸以 d_a 表示。

4．极限尺寸

允许尺寸变化的两个界限值称为极限尺寸。两个界限值中较大的一个称为最大极限尺寸；较小的一个称为最小极限尺寸。孔与轴的极限尺寸如图 2.2 所示，孔和轴的最大、最小极限尺寸分别用 D_{max}、d_{max} 和 D_{min}、d_{min} 表示。

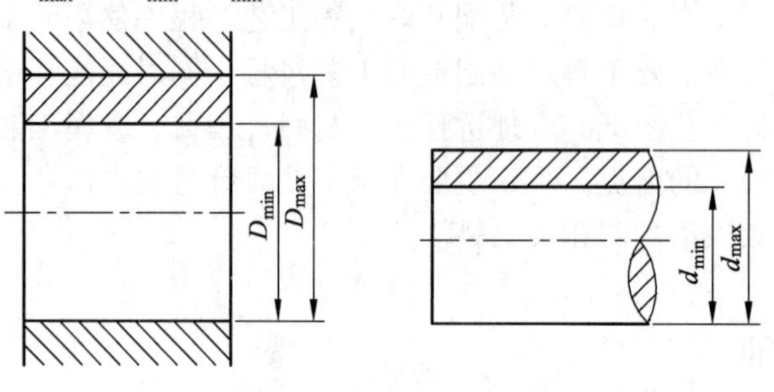

图 2.2　孔与轴的极限尺寸

2.1.2　偏差基本术语

1．尺寸偏差

某一尺寸减去其基本尺寸所得的代数差，称为尺寸偏差（简称偏差）。偏差可能为正或负，也可为零。

2．实际偏差

实际尺寸减去其基本尺寸所得的代数差，称为实际偏差。

3．极限偏差

极限尺寸减其基本尺寸所得的代数差。包括上偏差、下偏差两种。

上偏差：最大极限尺寸减去其基本尺寸所得的代数差，称为上偏差。孔的上偏差用 ES 表示；轴的上偏差用 es 表示。

下偏差：最小极限尺寸减去其基本尺寸所得的代数差，称为下偏差。孔的下偏差用 EI 表示；轴的下偏差用 ei 表示。

极限偏差可用下列公式表示：

$$\mathrm{ES} = D_{max} - D \qquad \mathrm{es} = d_{max} - d$$
$$\mathrm{EI} = D_{min} - D \qquad \mathrm{ei} = d_{min} - d$$

除零外的偏差值，前面必须标有正或负号。上偏差总是大于下偏差，如 $50^{+0.034}_{+0.009}$、$50^{-0.009}_{-0.020}$、$30^{0}_{-0.007}$、$30^{+0.011}_{0}$。

4．基本偏差

用以确定公差带相对于零线位置的上偏差或下偏差称为基本偏差。一般为公差带靠近零线的那个偏差。

基本偏差代号用拉丁字母表示，孔用大写字母表示，轴用小写字母表示。28 种基本偏差构成了基本偏差系列，如图 2.3 所示。基本偏差系列各公差带只画出一端，另一端未画出，它取决于公差的大小。

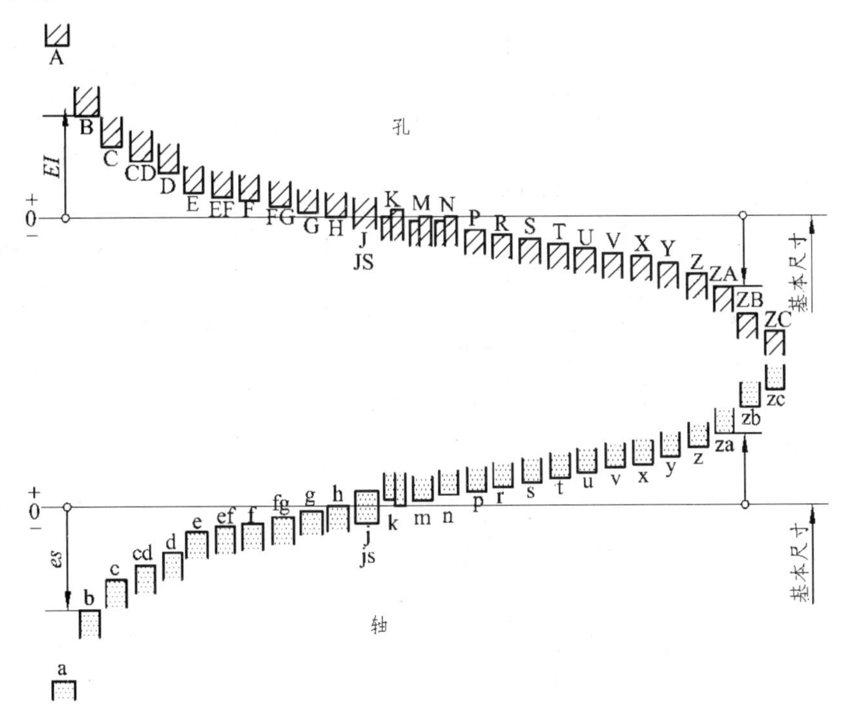

图 2.3　基本偏差系列

5．基本偏差数值

（1）轴的基本偏差数值。轴的基本偏差数值是以基孔制配合为基础，按照各种配合要求，再根据生产实践经验和统计分析结果得出的一系列公式经计算后圆整尾数而得出。轴的基本偏差数值，见表 2.1。

轴的基本偏差可查表确定，另一个极限偏差可根据轴的基本偏差数值和标准公差值（IT）按下列关系式计算

$$ei = es - IT$$

$$es = ei + IT$$

（2）孔的基本偏差数值。

① 通用规则。用同一字母表示的孔、轴的基本偏差的绝对值相等，符号相反。孔的基本偏差是轴的基本偏差相对于零线的倒影。即

ES = －ei（适用于 A ~ H）

EI = －es（适用于同级配合的 J ~ ZC）

② 特殊规则。用同一字母表示的孔、轴的基本偏差的符号相反，而绝对值相差一个 Δ 值。即

表 2.1　轴基本偏差数值

基本尺寸/mm		上偏差 es/μm											基本偏差数值					下偏差 ei/μm													
		所有标准公差等级											IT5和IT6	IT7	IT8	IT4至IT7	≤IT3 >IT6	所有标准公差等级													
>	至	g	b	c	cd	d	e	ef	f	fg	g	h	J			k		m	n	p	r	s	t	u	v	x	y	z	za	zb	zc
–	3	−270	−140	−60	−34	−20	−14	−10	−6	−4	−2	0	−2	−4	−6	0	0	+2	+4	+6	+10	+14		+18		+20		+26	+32	+40	+60
3	6	−270	−150	−70	−46	−30	−20	−14	−10	−6	−4	0	−2	−4		+1	0	+4	+8	+12	+15	+19		+23		+28		+35	+42	+50	+80
6	10	−280	−150	−80	−56	−40	−25	−18	−13	−8	−5	0	−2	−5		+1	0	+6	+10	+15	+19	+23		+28		+34		+42	+52	+67	+97
10	14	−290	−150	−95		−50	−32		−16		−6	0	−3	−6		+1	0	+7	+12	+18	+23	+28		+33		+40		+50	+64	+90	+130
14	18																								+39	+45		+60	+77	+108	+150
18	24	−300	−160	−110		−65	−40		−20		−7	0	−4	−8		+2	0	+8	+15	+22	+28	+35		+41	+47	+54	+63	+73	+98	+136	+188
24	30																						+41	+48	+55	+64	+75	+88	+118	+160	+218
30	40	−310	−170	−120		−80	−50		−25		−9	0	−5	−10		+2	0	+9	+17	+26	+34	+43	+48	+60	+68	+80	+94	+112	+148	+200	+274
40	50	−320	−180	−130																			+54	+70	+81	+97	+114	+136	+180	+242	+325
50	65	−340	−190	−140		−100	−60		−30		−10	0	−7	−12		+2	0	+11	+20	+32	+41	+53	+66	+87	+102	+122	+144	+172	+226	+300	+405
65	80	−360	−200	−150																	+43	+59	+75	+102	+120	+146	+174	+210	+274	+360	+480
80	100	−380	−220	−170		−120	−72		−36		−12	0	−9	−15		+3	0	+13	+23	+37	+51	+71	+91	+124	+146	+178	+214	+258	+335	+445	+585
100	120	−410	−240	−180																	+54	+79	+104	+144	+172	+210	+254	+310	+400	+525	+690
120	140	−480	−260	−200		−145	−85		−43		−14	0	−11	−18		+3	0	+15	+27	+43	+63	+92	+122	+170	+202	+248	+300	+365	+470	+620	+800
140	160	−520	−280	−210																	+65	+100	+134	+190	+228	+280	+340	+415	+535	+700	+900
160	180	−580	−310	−230																	+68	+108	+146	+210	+252	+310	+380	+465	+600	+780	+1000

$$ES = -ei + \Delta$$

$$\Delta = IT_n - IT_{n-1} = IT_h - IT_s$$

特殊规则适用于基本尺寸不大于 500 mm，标准公差不大于 IT8 的 J、K、M、N 和标准公差不大于 IT7 的 P ~ ZC。

孔的另一个极限偏差可根据孔的基本偏差数值和标准公差值按下列关系式计算。

$$EI = ES - IT$$

$$ES = EI + IT$$

2.1.3 公差基本术语

1. 标准公差

由国家标准规定的，用以确定公差带大小的任一公差称为标准公差。

2. 尺寸公差（T_H，T_s）

允许尺寸的变动量称为公差。公差是用以限制误差的，工件的误差在公差范围内即为合格；反之，则不合格。

公差等于最大极限尺寸减最小极限尺寸之差，或上偏差减下偏差之差。孔公差用 T_H 表示；轴公差用 T_s 表示。公差、极限尺寸和极限偏差的关系如下：

孔公差 $T_H = D_{max} - D_{min} = ES - EI$

轴公差 $T_s = d_{max} - d_{min} = es - ei$

公差值永远为正值。

3. 尺寸公差带

零件的尺寸相对其基本尺寸所允许变动的范围，叫作尺寸公差带。如图 2.4（a）所示为尺寸公差带。

零线为确定极限偏差的一条基准线，是偏差的起始线，零线上方表示正偏差，零线下方表示负偏差。在画公差带图时，注上相应的符号“0”“+”和“-”号，并在零线下方画上带单箭头的尺寸线标上基本尺寸值，如图 2.4（b）所示。

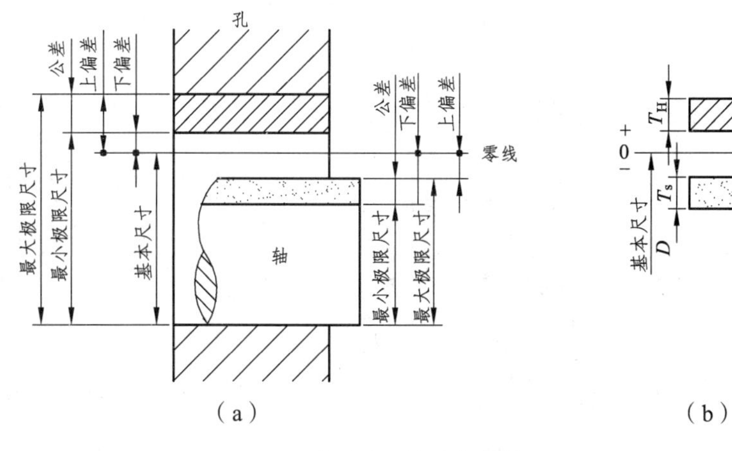

图 2.4 尺寸公差带

上、下偏差之间的宽度表示公差带的大小，即公差值。公差带沿零线方向的长度可适当选取。公差带图中，尺寸单位为毫米（mm），偏差及公差的单位也可以用微米（μm）表示，单位省略不写。

标准公差因子：标准公差因子（公差单位）是用以确定标准公差的基本单位，该因子是基本尺寸的函数，是制定标准公差数值的基础。

$$i = 0.45\sqrt[3]{D} + 0.001D \tag{2.1}$$

式中　D——基本尺寸分段的计算尺寸（mm）;

　　　i——公差单位（μm）。

公差等级：确定尺寸精确程度的等级称为公差等级。不同零件和零件上不同部位的尺寸，对精确程度的要求往往不同，为了满足生产的需要，国家标准设置了 20 个公差等级，各级标准公差的代号为 IT01、IT0、IT1、IT2、…、IT18，IT01 精度最高，其余依次降低，标准公差值依次增大。常用公差等级及标准公差数值见表 2.2。

表 2.2　常用公差等级及标准公差数值

公称尺寸/mm		标准公差等级																			
		IT01	IT0	IT1	IT2	IT3	IT4	IT5	IT6	IT7	IT8	IT9	IT10	IT11	IT12	IT13	IT14	IT15	IT16	IT17	IT18
>	至	/μm										/mm									
_	3	0.3	0.5	0.8	1.2	2	3	4	6	10	14	25	40	60	0.1	0.14	0.25	0.4	0.6	1	1.4
3	6	0.4	0.6	1	1.5	2.5	4	5	8	12	18	30	48	75	0.12	0.18	0.3	0.48	0.75	1.2	1.8
6	10	0.4	0.6	1	1.5	2.5	4	6	9	15	22	36	58	90	0.15	0.22	0.36	0.58	0.9	1.5	2.2
10	18	0.5	0.8	1.2	2	3	5	8	11	18	27	43	70	110	0.18	0.27	0.43	0.7	1.1	1.8	2.7
18	30	0.6	1	1.5	2.5	4	6	9	13	21	33	52	84	130	0.21	0.33	0.52	0.84	1.3	2.1	3.3
30	50	0.6	1	1.5	2.5	4	7	11	16	25	39	62	100	160	0.25	0.39	0.62	1	1.6	2.5	3.9
50	80	0.8	1.2	2	3	5	8	13	19	30	46	74	120	190	0.3	0.46	0.74	1.2	1.9	3	4.6
80	120	1	1.5	2.5	4	6	10	15	22	35	54	87	140	220	0.35	0.54	0.87	1.4	2.2	3.5	5.4
120	180	1.2	2	3.5	5	8	12	18	25	40	63	100	160	250	0.4	0.63	1	1.6	2.5	4	6.3
180	250	2	3	4.5	7	10	14	20	29	46	72	115	185	290	0.46	0.72	1.15	1.85	2.9	4.6	7.2
250	315	2.5	4	6	8	12	16	23	32	52	81	130	210	320	0.52	0.81	1.3	2.1	3.2	5.2	8.1
315	400	3	5	7	9	13	18	25	36	57	89	140	230	360	0.57	0.89	1.4	2.3	3.6	2.7	8.9
400	500	4	6	8	10	15	20	27	40	63	97	155	250	400	0.63	0.97	1.55	2.5	4	6.3	9.7
500	630	_	_	9	11	16	22	32	44	70	110	175	280	440	0.7	1.1	1.75	2.8	4.4	7	11
630	800	_	_	10	13	18	25	36	50	80	125	200	320	500	0.8	1.25	2	3.2	5	8	12.5
800	1 000	_	_	11	15	21	28	40	56	90	140	230	360	560	0.9	1.4	2.3	3.6	5.6	9	14
1 000	1 250	_	_	13	18	24	33	47	66	105	165	260	420	660	1.05	1.65	2.6	4.2	6.6	10.5	16.5
1 250	1 600	_	_	15	21	29	39	55	78	125	195	310	500	780	1.25	1.95	3.1	5	7.8	12.5	19.5
1 600	2 000	_	_	18	25	35	46	65	92	250	230	370	600	920	1.5	2.3	3.7	6	9.2	15	23
2 000	2 500	_	_	22	30	41	55	78	110	175	280	440	700	1100	1.75	2.8	4.4	7	11	17.5	28
2 500	3 150	_	_	26	36	50	68	96	135	210	330	540	860	1350	2.1	3.3	5.4	8.6	13.5	21	33

尺寸分段：在计算标准公差时，公差单位算式中 D 取尺寸段首尾两个尺寸的几何平均值。

4．一般公差

一般公差指在车间通常加工条件下可保证的公差，通常为线性尺寸的未注公差。

目前现行国家标准 GB/T 1804—2000《一般公差 线性尺寸的未注公差》，替代了 GB 1804—1979《未注公差尺寸的极限偏差》。

在国家标准 GB/T 1804—2000 中对线性尺寸的一般公差规定了 4 个公差等级，它们分别是精密级 f、中等级 m、粗糙级 c、最粗级 v，f、m、c、v 四个等级分别相当于 IT12、IT14、IT16、IT17，具体数值见表 2.1。

采用 GB/T 1804—2000 规定的一般公差，在图样、技术文件或标准中用该标准号和公差等级符号表示。例如，当选用中等级 m 时，表示为 GB/T 1804—m。

一般公差的线性尺寸是在车间加工精度保证的情况下加工出来的，一般可以不用检验。

2.2 配合基础

2.2.1 配合基本术语

1．配　合

配合是指基本尺寸相同的，相互结合的孔和轴公差带之间的关系。

2．间隙（X）或过盈（Y）

在轴与孔的配合中，孔的尺寸减去轴的尺寸所得的代数差，当差值为正时称为间隙，用 X 表示；当差值为负时称为过盈，用 Y 表示。

3．间隙配合

具有间隙（包括最小间隙等于零）的配合称为间隙配合。在间隙配合中，孔的公差带在轴的公差带之上。最大间隙、最小间隙以及间隙配合的平均松紧程度称为平均间隙 X_{av}，公式及间隙配合示意见表 2.3。

4．过盈配合

具有过盈（包括最小过盈等于零）的配合称为过盈配合。在过盈配合中，孔的公差带在轴的公差带之下。公式及过盈配合示意见表 2.3，最大过盈、最小过盈以及平均过盈为最大过盈与最小过盈的平均值。

5．过渡配合

可能具有间隙或过盈的配合，此时孔的公差带与轴的公差带相互交叠，它是介于间隙配合与过盈配合之间的一种配合，但间隙和过盈量都不大，公式及过渡配合示意见表 2.3。在过渡配合中，平均间隙或平均过盈为最大间隙与最大过盈的平均值，所得值为正，则为平均间隙；为负则为平均过盈。

6．配合公差

允许间隙或过盈的变动量称为配合公差。它表明配合松紧程度的变化范围。配合公差用 T_f 表示，是一个没有符号的绝对值。

表 2.3　间隙、过盈、过度配合

类型	配合示意	最大值公式	最小值公式	平均值公式
间隙配合	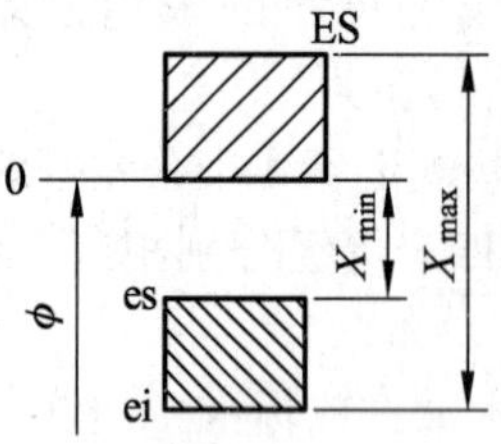 ES　0　ϕ　es　ei　X_{min}　X_{max}	$X_{max}=D_{max}-d_{min}$ $=ES-ei$	$X_{min}=D_{min}-d_{max}$ $=EI-es$	$X_{av}=(X_{max}+X_{min})/2$
过盈配合	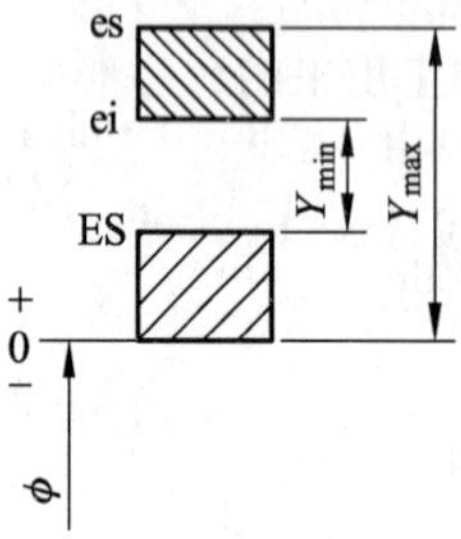 es　ei　ES　+　0　−　ϕ　Y_{min}　Y_{max}	$Y_{max}=D_{min}-d_{max}$ $=EI-es$	$Y_{min}=D_{max}-D_{min}$ $=ES-ei$	$Y_{av}=(Y_{max}+Y_{min})/2$
过渡配合	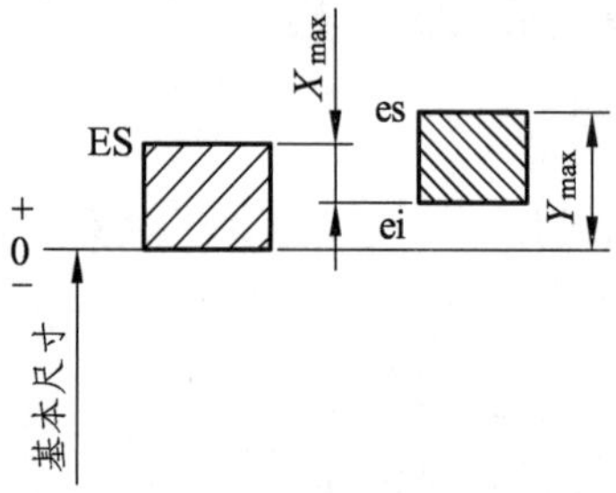 X_{max}　es　ES　+　0　−　ei　Y_{max}　基本尺寸	$X_{max}=D_{max}-d_{min}$ $=ES-ei$ $Y_{max}=D_{min}-d_{max}$ $=EI-es$		$X_{av}(Y_{av})=(X_{max}+Y_{max})/2$

对间隙配合　　$T_f=\|X_{max}-X_{min}\|$

对过盈配合　　$T_f=\|Y_{min}-Y_{max}\|$

对过渡配合　　$T_f=\|X_{max}-Y_{max}\|$

若把最大、最小间隙和过盈分别用孔、轴的极限尺寸或偏差带入，可得三种配合的配合公差都为

$$T_f=T_H+T_s$$

2.2.2　基准制

1．基孔制

基本偏差为一定的孔的公差带，与不同基本偏差的轴的公差带形成各种配合的一种制度。基孔制如图 2.5（a）所示。

基孔制配合中的孔为基准孔，是配合的基准件。标准规定，基准孔的基本偏差为下偏差 EI，数值为零，即 EI = 0，上偏差为正值，其公差带偏置在零线上侧。基准孔的代号为 H。

2．基轴制

基本偏差为一定的轴的公差带，与不同基本偏差的孔的公差带形成各种配合的一种制度。基轴制如图 2.5（b）所示。

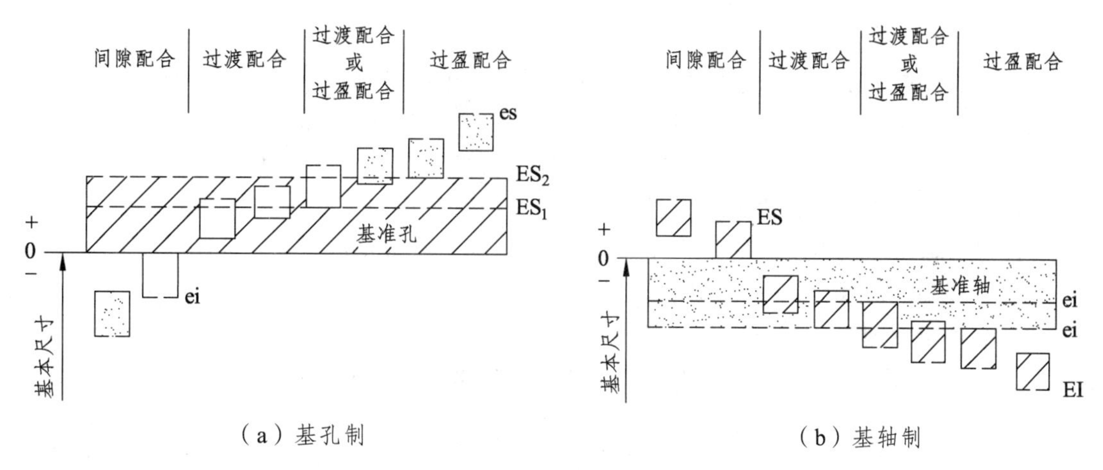

（a）基孔制　　（b）基轴制

图 2.5　基孔制与基轴制

基轴制配合中的轴为基准轴，是配合的基准件。标准规定，基准轴的基本偏差为上偏差 es，数值为零，即 es = 0，下偏差为负值，其公差带偏置在零线下侧。基准轴的代号为 h。

3．公差带代号与配合代号

孔、轴的公差带代号由基本偏差代号和公差等级数字组成，如 H7、F7、K7、P6 等为孔的公差带代号，h7、g6、m6、r7 等为轴的公差带代号。

当孔和轴组成配合时，配合代号写成分数形式，分子为孔的公差带代号，分母为轴的公差带代号。如 $\frac{H7}{g6}$ 或 H7/g6。如指某基本尺寸的配合，则基本尺寸标在配合代号之前，如 $\phi 30H7/g6$。图 2.6 所示为公差标注形式。

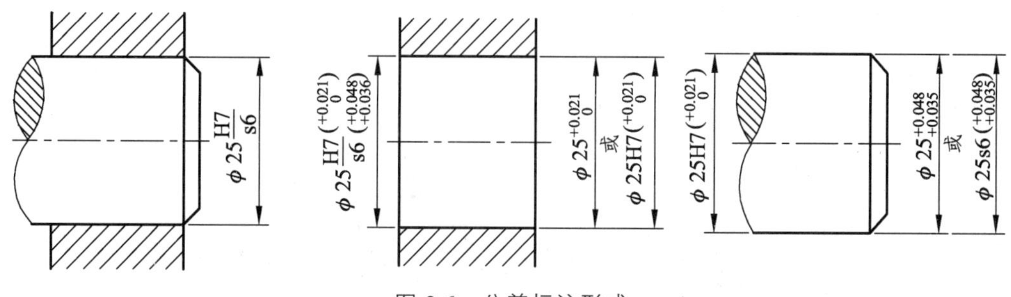

图 2.6　公差标注形式

国标 GB/T 1801—2009 规定了一般、常用和优先轴用公差带共 119 种，其中有 59 种为常用公差带，13 种为优先公差带；规定了一般、常用和优先孔用公差带共 105 种，其中有 44 种为常用公差带，13 种为优先公差带。对于配合，该标准规定基孔制常用配合有 59 种，优先配合 13 种；基轴制常用配合 47 种，优先配合 13 种。

选用公差带或配合时，应按优先、常用、一般公差带的顺序选取。若上述标准不能满足某些特殊需要，则国家标准允许采用两种基准制以外的非基准制配合。

2.2.3 基准制的选择

1．基准制的选择

选用基准制时，应从结构、工艺及经济性等几方面综合分析考虑。

（1）一般情况下优先选用基孔制，这主要是从工艺性和经济性来考虑的。孔通常用定值刀具（如钻头、铰刀、拉刀）加工，用极限量规（塞规）检验。当孔的基本尺寸和公差等级相同而基本偏差改变时，就需更换刀具、量具。而一种规格的磨轮或车刀，可以加工不同基本偏差的轴，轴还可以用通用量具进行测量。所以，为了减少定值刀具、量具的规格和数量，利于生产，提高经济性，应优先选用基孔制。

（2）当在机械制造中采用具有一定公差等级的冷拉钢材（其外径不经切削加工即能满足使用要求），此时就应选择基轴制，再按配合要求选用和加工孔就可以了。这在技术上、经济上都是合理的。

由于结构上的特点，宜采用基轴制。根据工作要求，活塞销轴与活塞孔应为过渡配合，而活塞销与连杆之间由于有相对运动应为间隙配合。若采用基孔制配合，销轴将做成阶梯状，这样既不便于加工，又不利于装配。若采用基轴制配合，销轴做成光轴，既方便加工，又利于装配，如图 2.7 所示。

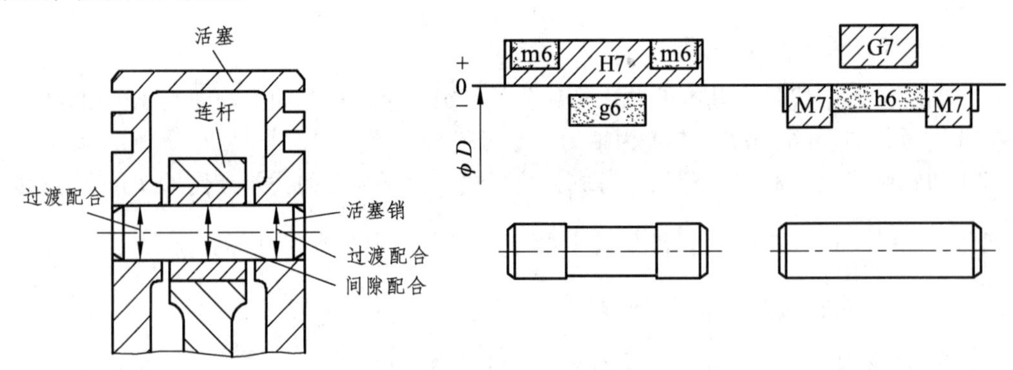

图 2.7　基轴制配合示意

（3）与标准件配合时，应以标准件为基准件来确定基准制。在特殊需要时可采用非基准制配合，如图 2.8 所示。

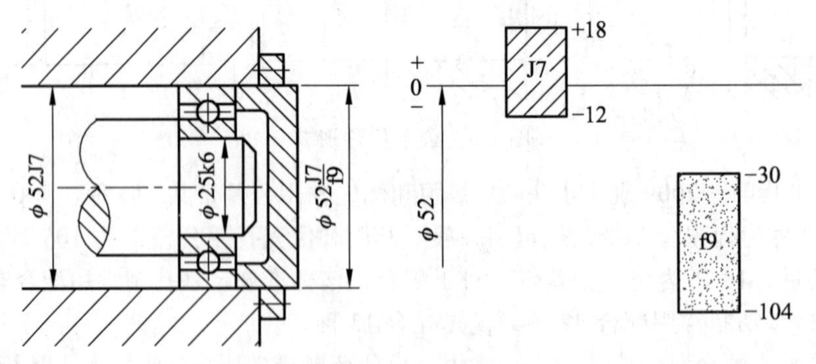

图 2.8　非基准值配合

2．公差等级的选择

（1）联系工艺。

在按使用要求确定了配合公差 T_f 后，由于 $T_f = T_H + T_s$，这里 T_H 与 T_s 的公差分配可按工艺等价性考虑。孔和轴的工艺等价性是指孔和轴加工难易程度应相同。在间隙和过渡配合中孔的标准公差不大于 IT8，过盈配合中孔的标准公差不大于 IT7 时，可确定轴的公差等级比孔的公差等级高一级，如 H7/f6、H7/p6，低精度的孔和轴的配合可采用同级配合，如 H8/s8。

（2）联系配合。

对过渡配合或过盈配合，一般不允许其间隙或过盈的变动太大，因此公差等级不能太低，孔可选标准公差不大于 IT8，轴可选标准公差不大于 IT7。间隙配合可不受此限制。但间隙小的配合公差等级应较高，间隙大的配合公差等级可以低些。例如，选用 H6/g5 和 H11/a11 是可以的，而选用 H11/g11 和 H6/a5 就不合理了。

（3）联系零件的相关结构。

例如，齿轮孔与轴的配合公差等级应决定于齿轮的精度等级，滚动轴承与轴颈和外壳孔的配合公差等级与滚动轴承的精度有关。

在用类比法选择公差等级时，应熟悉各个公差等级的应用范围和各种加工方法所能达到的公差等级，需要根据实际情况查阅相关匹配标准和对应数据。

3．配合的选择

一般选用配合的方法有三种，即计算法、试验法、类比法。

（1）计算法：是根据理论公式，计算出使用要求的间隙或过盈大小来选定配合的方法。对依靠过盈来传递运动和负载的过盈配合，可根据弹性变形理论公式，计算出能保证传递一定负载所需要的最小过盈和不使工件损坏的最大过盈。由于影响间隙和过盈的因素很多，理论计算也是近似的，所以在实际应用中还需经过试验来确定，一般情况下，很少使用计算法。在此不做详细介绍。

（2）试验法：采用试验的方法确定满足产品工作性能的间隙或过盈范围。该方法主要用于对产品性能影响大而又缺乏经验的场合。试验法比较可靠，但周期长、成本高，应用也较少。选择配合的主要依据是使用要求和工作条件。对初学者来说，首先要确定配合的类别，选定是间隙配合、过渡配合还是过盈配合，然后根据配合的方法依靠数据同时参照标准来确定。采用试验法下间隙配合基本偏差的选择见表 2.4。

表 2.4　试验法下的间隙配合基本偏差的选择

配合类别与特性	基本偏差	特点及应用
特大间隙	a、b	用于高温、热变形大的场合，如活塞与缸套 H9
很大间隙	c	用于受力变形大、装配工艺性差、高温动配合等场合，如内燃机排气阀衬与导管配合为 H8/c7
较大间隙	d	用于较松的间隙配合，如滑轮与轴 H9/d9；大尺寸滑动轴承与轴的配合，如轧钢机等重型机械
一般间隙	e	用于大跨距、多支点、高速重载大尺寸等轴与轴承的配合，如大型电机、内燃机的主要轴承配合处 H8/e7

续表

配合类别与特性	基本偏差	特点及应用
一般间隙	f	用于一般传动的配合，如齿轮箱、小电机、泵等转轴与滑动轴承的配合 H7/f6
较小间隙	g	用于轻载精密滑动零件，或缓慢回转零件间的配合，如插销的定位、滑阀、连杆销、钻套孔等处的配合
很小间隙	h	用于不同精度要求的一般定位件的配合，缓慢移动和摆动零件间的配合，如车床尾座孔与滑动套的配合 H6/h5

试验法下各种过渡配合基本偏差的比较与选择见表 2.5。

表 2.5　试验法下过渡配合基本偏差

盈、隙情况	定心要求	装配与拆卸情况	应选择的基本偏差	应用实例
过盈率很小、稍有平均间隙	要求较高定心时	木槌装配、拆卸方便	js（JS）	滚动轴承外圈与基座孔的配合 JS7
过盈率中等、平均过盈接近为零	要求定心精度较高时	木槌装配、拆卸比较方便	k（K）	滚动轴承内圈与轴颈、外圈与基座孔的配合 k6
过盈率较大、平均过盈较小	要求精密定心时	最大过盈时需相当的压入力，可以拆卸	m（M）	蜗轮青铜轮缘与轮毂的配合 H7/m6
过盈率大、平均过盈很大	要求更精密定心时	用锤或压力机装配，拆卸较困难	n（N）	冲床上齿轮与轴的配合

（3）类比法：就是参照同类型机器或机构中经过生产实践验证的配合的实例，再结合所设计产品的使用要求和应用条件来确定配合，该方法应用最广。用类比法选择配合时须考虑如下因素：受载情况、拆装情况、配合件的结合长度和形位误差、配合件的材料、温度的影响、装配变形的影响、生产类型。类比法应用举例见表 2.6。

表 2.6　类比法应用举例

公差等级	应　用
5 级	主要用在配合精度，形位精度要求较高的地方，一般在机床、发动机、仪表等重要部位应用。如与 5 级滚动轴承配合的机床主轴，机床尾架与套筒，精密机械及高速机械中的轴径
6 级	用于配合性质均匀性要求较高的地方。如与 5 级滚动轴承配合的孔、轴径；与齿轮、蜗轮、联轴器、带轮、凸轮等连接的轴径，机床丝杠轴径，摇臂钻立柱，机床夹具中导向件外径尺寸，6 级精度齿轮的基准孔，7、8 级精度齿轮的基准轴径
7 级	在一般机械制造中应用较为普遍。如联轴器、带轮、凸轮等孔径，机床夹盘座孔，可换钻套，7、8 级齿轮基准孔
8 级	在机器制造中属于中等精度。如轴承座衬套沿宽度方向尺寸，低精度齿轮基准孔与基准轴，通用机械中与滑动轴承配合的轴颈，也用于重型机械或农业机械中某些较重要的零件
9 级 10 级	精度要求一般。如机械制造中轴套外径与孔，操作件与轴，键与键槽等零件
11 级 12 级	精度较低，适用于基本上没有什么配合要求的配合。如滑块与滑移齿轮，加工中工序间尺寸

根据国家标准规定的一般、常用和优先的公差带与配合、一般公差的规定以及公差与配合的选择，其中几何精度设计包括基准制的选择，公差等级的选择，配合（即与基准件相配合的非基准件的基本偏差代号）的选择。基准制的选择方法主要是类比法，应优先选用基孔制。确定公差等级的基本原则是，在满足使用要求的前提下，尽量选取较低的公差等级，确定方法主要是类比法。配合的选择应尽可能地选用优先配合，其次是常用配合，再次是一般配合，如果仍不能满足要求，可以选择其他的配合。要非常熟悉各类基本偏差在形成基孔制（或基轴制）配合时的应用场合。

2.3 几何公差

任何零件都是由点、线、面构成的，这些点、线、面，称为零件的几何要素。机械加工后零件的实际要素相对于理想要素总有误差，这些误差即被称之为几何公差包括形状公差、位置公差、方向公差和跳动公差。误差会严重影响机械产品的功能，设计时应规定相应的公差并按规定的标准符号标注在图样上。我国于 2018 年颁布 GB/T 1182—2018《产品几何技术规范（GPS）几何公差形状、方向、位置和跳动公差标注》，标准确定了几何公差的类别及符号等。几何公差的几何特征和符号，见表 2.7。

表 2.7 几何特征符号

公差类型	几何特征	符号	公差类型	几何特征	符号
形状公差	直线度	—	位置公差	位置度	⌖
	平面度	⏥		同心度	◎
				同轴度	◎
	圆度	○		对称度	⌯
	圆柱度	⌭		线轮廓度	⌒
	线轮廓度	⌒		面轮廓度	⌓
	面轮廓度	⌓	跳动公差	圆跳动	↗
方向公差	平行度	//		全跳动	⌰
	垂直度	⊥	方向公差	线轮廓度	⌒
	倾斜度	∠		面轮廓度	⌓

2.3.1 形状公差

1．基本概念

形状公差是指单一实际要素的形状所允许的变动量，如平面度、圆度、圆柱度、直线度、轮廓度等。由于有加工误差，零件上存在的是有几何误差的要素称为实际要素，实际要素如图 2.9 所示。因此，形状公差是被测实际要素的几何形状的公差，即几何形状的准确性。与位置公差相比，形状公差没有基准，是独立的误差。

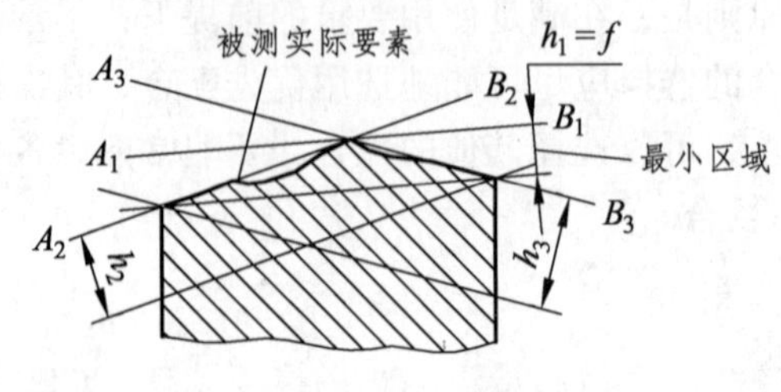

图 2.9 实际要素

2．常见的形状公差

（1）直线度。

直线度是限制实际直线对理想直线变动量的一项指标，它是针对直线发生不直而提出的要求，如图 2.10 所示。

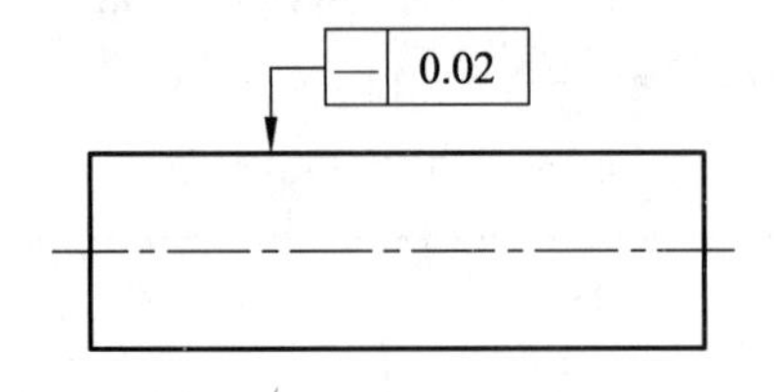

图 2.10 直线度示意

在给定平面内的直线度公差带是距离为公差值 t 的两平行直线之间区域，如图 2.11（a）所示。

在给定一个方向上的直线度公差带是距离为公差值 t 的两平行平面之间的区域，如图 2.11（b）所示。

在任意方向上的直线度公差带是直径为公差值 t 的圆柱面内的区域，如图 2.11（c）所示。

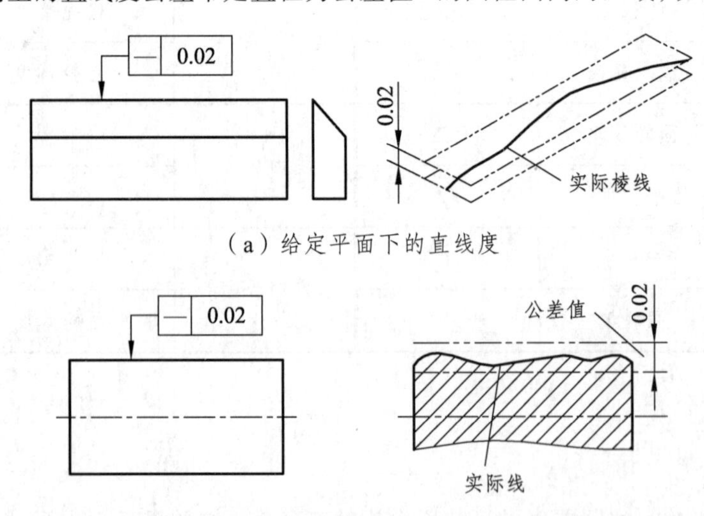

（b）给定方向下的直线度

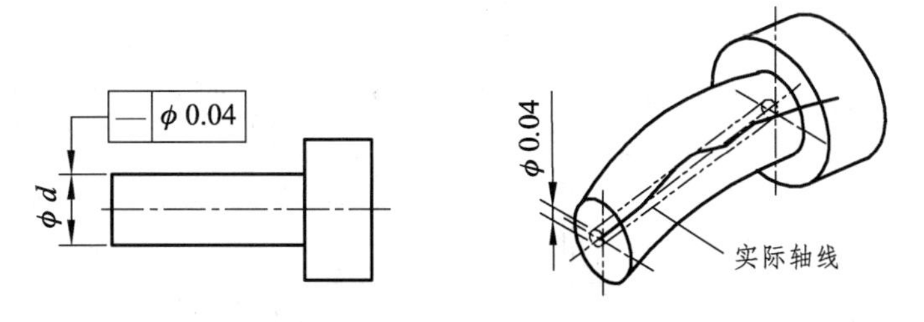

（c）任意方向下的直线度

图 2.11　直线度公差带

由于任意方向上的直线度公差值是圆柱形公差带的直径值，因此，标注时必须在公差值前加注符号“ϕ”。

（2）平面度。

平面度是限制实际平面对其理想平面变动量的一项指标。平面度公差带是距离为公差值 t 的两平行平面之间的区域，如图 2.12 所示。

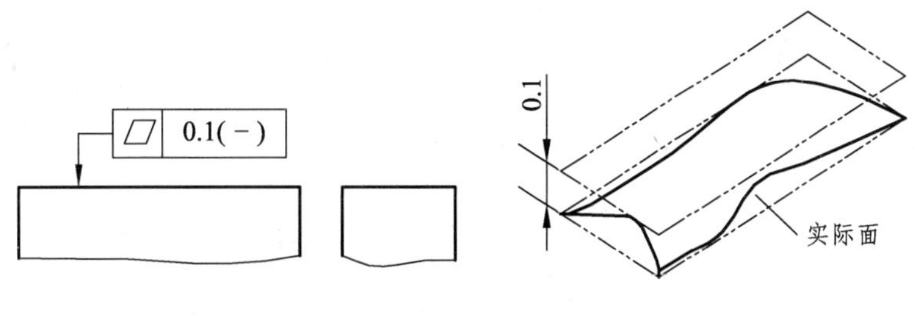

图 2.12　平面度

（3）圆度。

圆度是限制实际圆对理想圆变动量的一项指标是对具有圆柱面（包括圆锥面、球面）的零件，在一正截面内的圆形轮廓要求。

圆度公差带是在同一正截面上半径差为公差值 t 的两同心圆之间的区域，如图 2.13 所示。

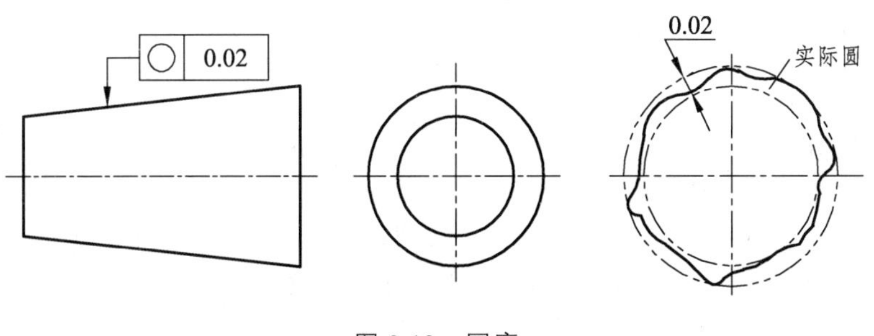

图 2.13　圆度

（4）圆柱度。

圆柱度是限制实际圆柱面对理想圆柱面变动量的一项指标。圆柱度公差带是半径差为公差值 t 的两同轴圆柱面之间的区域，如图 2.14 所示。

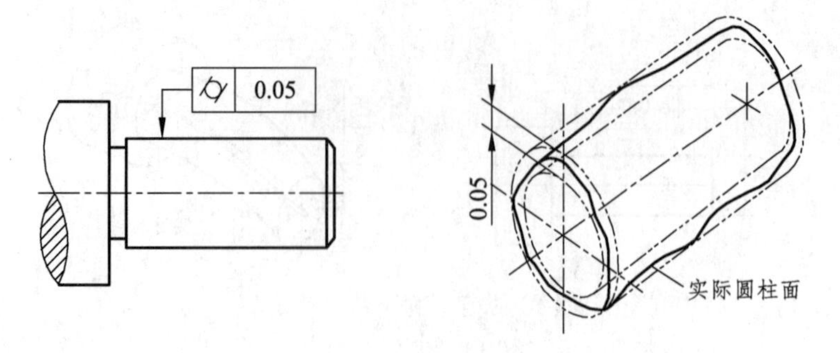

图 2.14　圆柱度

圆柱度控制了圆柱体和轴的横截面内的各项形状误差，如圆度、素线直线度、轴线直线度等。圆柱度是圆柱体各项形状误差的综合指标。

（5）线轮廓度和面轮廓度。

线轮廓度是限制实际曲线对理想曲线变动量的一项指标，它是对非圆曲线的形状精度要求。

面轮廓度则是限制实际曲面对理想曲面变动量的一项指标，它是对曲面的形状精度要求。线轮廓度公差带是包络一系列直径为公差值 t 的圆的两包络线之间的区域，而各圆的圆心位于理想轮廓上。面轮廓度公差带是包络一系列直径为公差值 t 的球的两包络面之间的区域，各球的球心应位于理想轮廓面上，如图 2.15 所示。

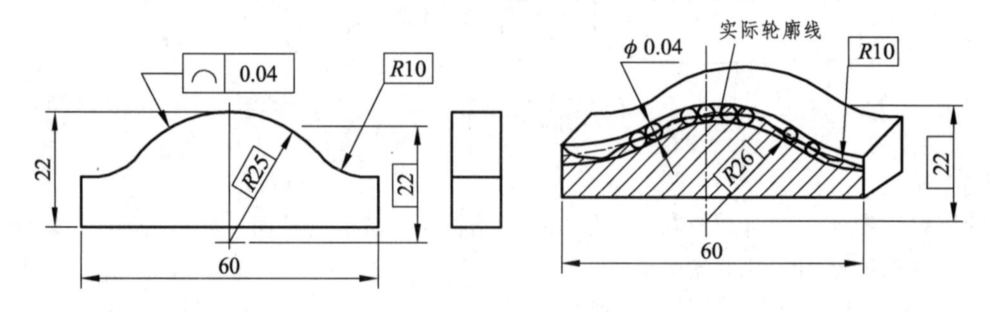

图 2.15　轮廓度

2.3.2　位置公差

1．基本概念

位置公差是指关联实际要素的方向或位置对基准所允许的变动全量。与形状公差相比，位置公差存在基准。基准是反映被测要素方向或位置的参考对象，通常为点、线、面等，图样上给出的基准都是理想的，即基准本身不存在形状误差，常见基准包括单一基准、组合基准、三基面体系基准等。位置公差带是限制关联实际要素变动的区域，被测实际要素位于此区域内为合格。

2．常见的位置公差

根据关联要素对基准的功能要求，位置公差又分为位置度、同心度（用于中心点）、同轴度（用于轴线）、对称度、线轮廓度、面轮廓度六类。

（1）位置度。

一个形体的轴线或中心平面允许自身位置变动的范围，即形体的轴线或中心平面的实际位置相对理论位置的允许变动范围。定义轴线或中心曲面的意义在于避开形体尺寸的影响。

位置度公差用来控制被测实际要素相对于其理想位置的变动量，其理想位置是由基准和理论正确尺寸确定。理论正确尺寸是不附带公差的精确尺寸，用以表示被测理想要素到基准之间的距离，在图样上用加方框的数字表示。它分为：点的位置度、线的位置度、面的位置度，如图 2.16 所示。

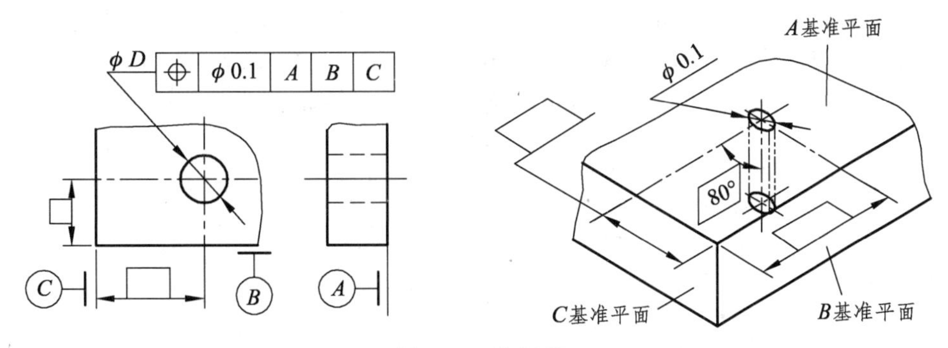

图 2.16　位置度

孔的轴线要求按基面定位，公差带是直径为 0.1 mm，且以孔的理想位置为轴线的圆柱面内的区域。

（2）同心度和同轴度。

同心度是同轴度的特殊形式。当被测要素为圆心（点）、薄型工件上的孔或轴的轴线时，可视被测轴线为被测点，它们对基准轴线的同轴度即为同心度。故对同心度的测量可以进行投影测量。同轴度误差直接影响着工件的配合精度和使用情况。而同轴度误差反应在截面上的圆心的不同心即为同心度，同心度误差即为圆心的偏移程度。

同轴要素结构形式多种多样，其功能要求也各不相同，为此应给出不同形式的同轴度公差要求，且采用不同方法进行标注。应当指出：无论哪种形式的同轴度公差要求，其被测与基准要素均为中心要素（轴线），故在标注时框格指引线箭头和基准符号均应与相应的尺寸线对齐，如图 2.17 所示。

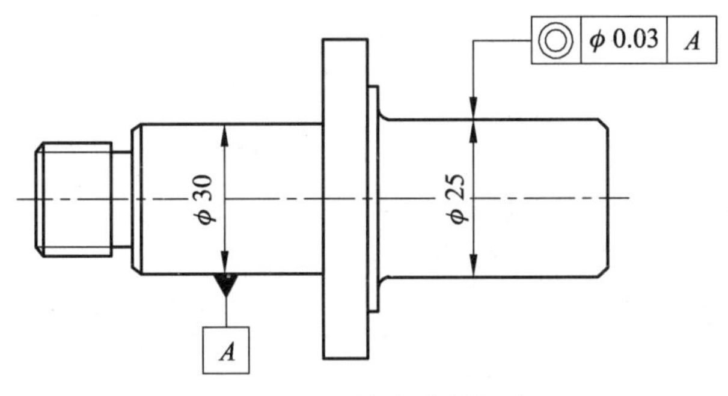

图 2.17　同轴度公差标注

图 2.17 的中间齿轮座用于支承中间齿轮，为保证安装在其上的中间齿轮与齿轮系相关齿轮间正确啮合，必须使其安装位置正确。该零件上 $\phi 30$ mm 圆柱面作为安装定位面，而

（ϕ25 mm 圆柱面是中间齿轮回转中心面，因而必须保持两轴线间同轴，才能保证其正确的啮合位置，故给出同轴度公差。

（3）对称度。

对称度指的是所加工尺寸的轴线，必须位于距离为对称度要求的公差值范围内，且相对通过基准轴线的辅助平面对称的两平行平面之间，属位置公差。公差带是距离为公差值 t，且相对基准中心平面（中心线、轴线）对称配置的两个平面（或直线）之间的区域。其分为面对面（a）、线对面（b）、面对线（c）、线对线（d）的对称度。

对称度一般控制理论上要求共面的被测要素（中心平面、中心线或轴线）与基准要素（中心平面、中心线或轴线）的不重合程度，如图 2.18 所示。ϕD 的轴线必须位于距离为公差值 0.1，且相对于 $A—B$ 公共基准中心平面对称配置的两平行平面之间。

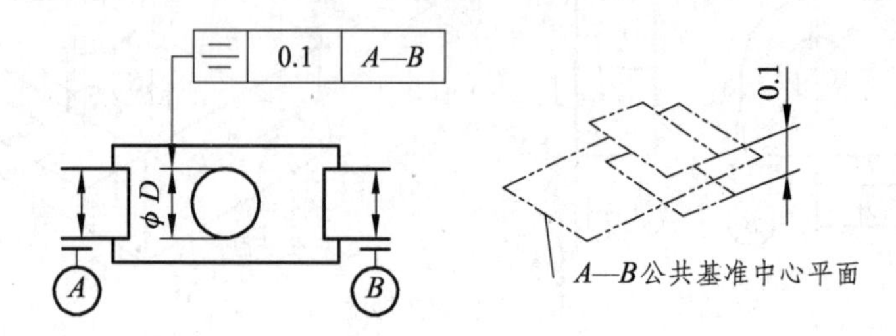

图 2.18 对称度

对称度公差带是距离为公差值 t 且相对基准中心平面（或中心线、轴线）对称配置的两平行平面（或直线）之间的区域。被测要素与基准要素均为中心要素，且应重合。

（4）线轮廓度和面轮廓度。

线轮廓度是对曲线形状的要求，是限制实际曲线对理想曲线变动量的一项指标。线轮廓度的公差带是包络一系列直径为公差值 t 的圆的两包络线之间的区域。面轮廓度是限制实际曲面对理想曲面变动量的一项指标，它是对曲面的形状精度要求。描述曲面尺寸准确度的主要指标为轮廓度误差，它是指被测实际轮廓相对于理想轮廓的变动情况，表现形式和图 2.15 一致。

方向公差这里不做详述，详细可参考 GB/T 1182—2018。跳动公差是被测实际要素绕基准轴线回转一周或连续回转时所允许的最大跳动量。跳动公差是按测量方式定出的公差项目。跳动误差测量方法简便，但仅限于应用在回转表面，如图 2.19 所示。

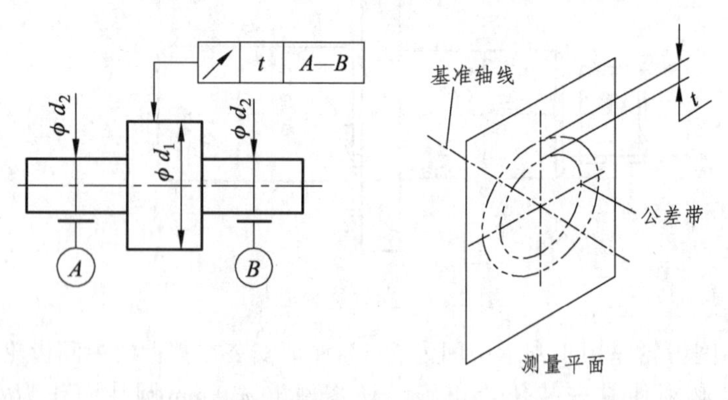

图 2.19 跳动公差

2.3.3　几何公差的标注方法

几何公差标注的框格分成两格或多格，可水平绘制（左→右），也可垂直绘制（下→上）。第一格，几何公差项目符号；第二格，几何公差数值及相关符号；第三、四、五格，基准代号的字母及相关符号；框格上方，相同要求的被测要素数量；框格下方，被测要素位置说明。

被测要素的标注方法：指引线箭头应指向公差带宽度方向或直径；指引线一端垂直于框格，引向被测要素时允许弯曲，但不得多于两次。指引线箭头引向被测要素时应注意：

① 分清被测要素是轮廓要素还是中心要素。对轮廓要素，箭头应指在该要素轮廓线或其引出线上，并明显与尺寸线错开；对中心要素，箭头应与其相应的轮廓要素的尺寸线对齐。

② 分清公差带的形状：圆或圆柱应在公差值前加符号“ϕ”；球应在公差值前加符号“$s\phi$”；其他，只注公差值。

1．形状公差的标注

形位公差直接影响机械产品的质量，设计时应规定相应的公差并按规定的标准符号标注在图样上。由于形状公差受单一要素影响，因此一般情况无基准标注。形状公差标注主要包括形状公差数值、形状公差项目符号、指引线箭头等部分，如图 2.20 所示。

形状公差数值一般按照产品设计要求查阅相关标准或手册确定，形状公差符号见表 2.7，指引线箭头要求指向被测表面，且必须垂直于被测表面的可见轮廓线或其延长线上，箭头的方向表示公差带的宽度方向。当箭头指在尺寸线上，表示该尺寸线所对应的轴心线的公差要求。图 2.21 为形位公差标注示例，0.05 表示 ϕ60 圆柱面允许的圆柱度公差，0.01 则表示 ϕ60 圆柱端面上所允许的平面度公差。

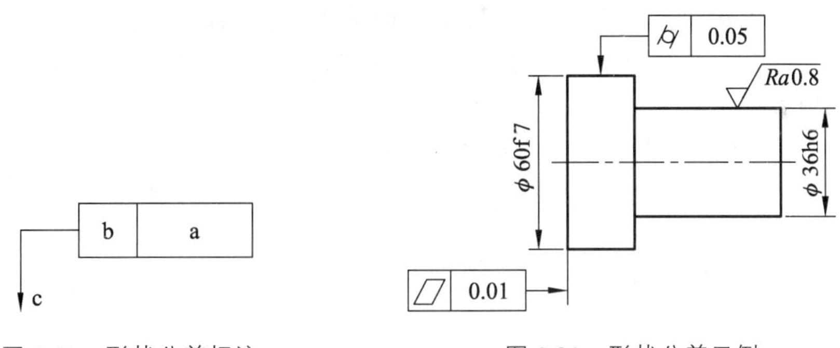

图 2.20　形状公差标注　　图 2.21　形状公差示例

2．位置公差的标注

因为位置公差受多要素共同影响，因此标注时通常由多个项目符号或多个基准共同表示。位置公差标注时应表达简洁、要求明确。在图样上标注时，尽量采用代号标注。位置公差标注时，一般应包括公差框格、项目符号、指引线、几何公差值、基准字母五类，如图 2.22 所示。

位置公差中指引线、项目符号及几何公差值与形状公差相同。由于位置公差与基准密切相关，在标注位置公差时需要在公差框格中正确填写基准，并在图样中标识出来。

（1）指定被测部位、范围的标注方法，如图 2.23 所示。

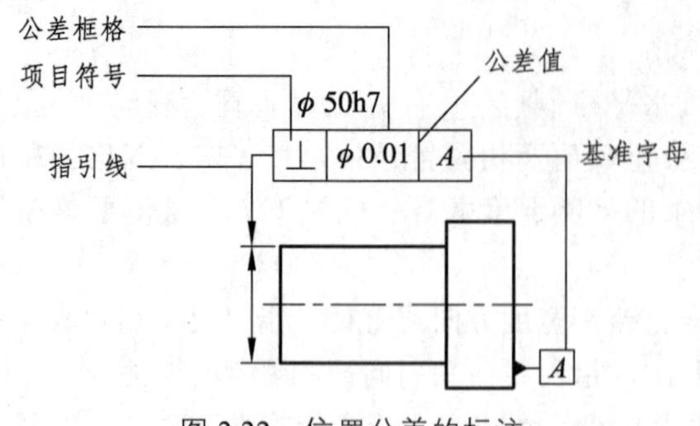

图 2.22 位置公差的标注

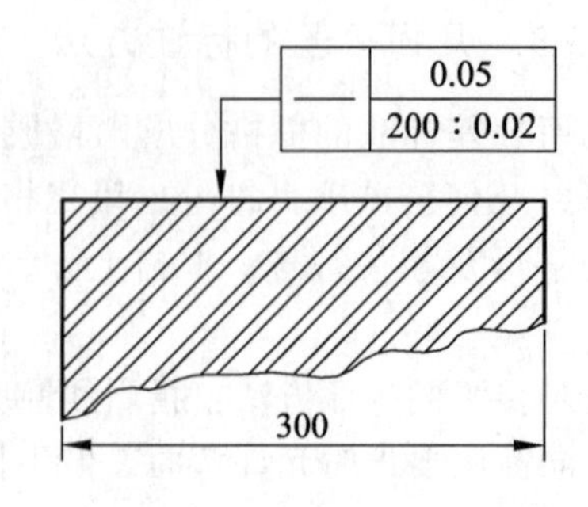

图 2.23 指定被测部位、范围的位置公差

（2）被测要素或基准要素为公共轴线的标注，如图 2.24 所示。

（3）形位公差有附加要求时，可符号表示或文字说明，属于被测要素数量的说明标在公差框格的上方，如图 2.25 所示。

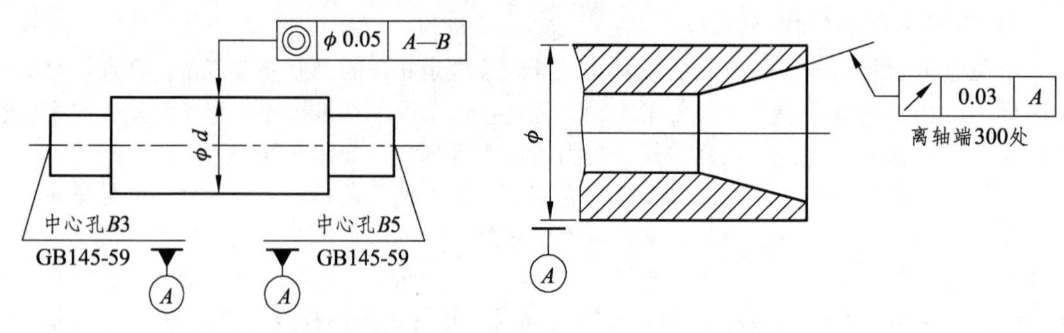

图 2.24 指定基准要素的位置公差　　图 2.25 形位公差有附加要求的标注

（4）同一被测要素有多项形位公差要求和不同被测要素有相同形位公差要求时的标注，如图 2.26 所示。当同一被测要素有多项几何公差要求时，可将这些公差框格重叠绘出，只用一条指引线引向被测要素。

对于不同要素有同一几何公差要求且公差值相同时，可用一个公差框格表示。由该框格的一端引出一条指引线，在这条指引线上分出多条带箭头的连线分别引向不同的被测要素，如图 2.27 所示。

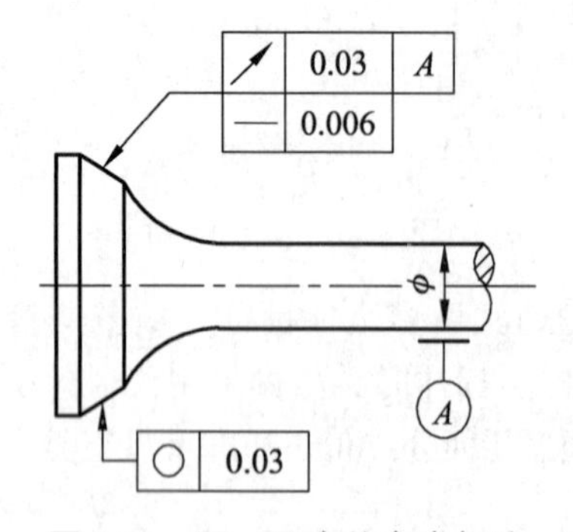

图 2.26 同一要素的多类标注

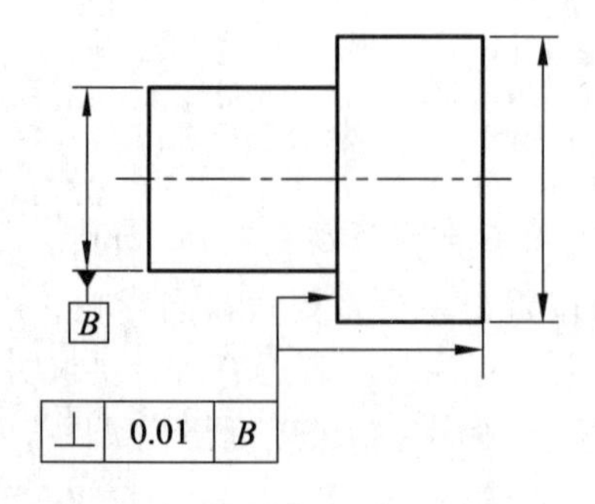

图 2.27 不同要素同一公差值标注

结构相同的要素有同一几何公差要求且公差值相同时，可用一个公差框格表示。在该框格的上方标明被测要素的个数，如图 2.28 所示。

2.3.4 几何公差的选择

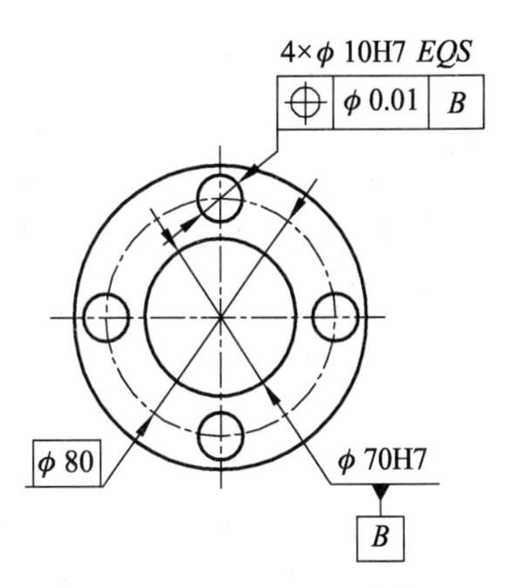

图 2.28 结构相同多个同一公差值标注

工装设计时，确定形位公差时应首先了解工装的使用要求、结构特点及要素的几何特征，其次应确定相应的基准，最后应明确各形位公差项目特征，兼顾测量条件、测量效率，确定形位公差值。

确定基准时，应根据要素的功能及对被测要素间的几何关系来选择基准（单一基准、组合基准、三基面体系）。一般来说，应选择零件相互配合、相互接触的表面作为各自的基准，以保证装配要求；应选择在夹具、检具中定位的相应要素为基准，以使基准重合；应选较大的表面，较长的要素作基准，以便定位稳固、准确。通常定向公差项目，只要单一基准，定位公差项目中的同轴度、对称度，其基准可以是单一基准，也可以是组合基准；对于位置度采用三基面较为常见。

公差等级分为分 12 级：1、2、3、4、5、6、…、12 级，精度由高至低，其中 6、7 级为基本级。形位公差等级与尺寸公差等级、表面粗糙度、加工方法等因素有关。一般来说，在同一要素上给出的形状公差值应小于位置公差值。圆柱形零件的形状公差值（轴线的直线度除外）一般情况下应小于其尺寸公差值。平行度公差值应小于其相应的距离尺寸的尺寸公差值，即 $t_{形状} < t_{位置} < T_{尺寸}$。例如，对中等尺寸、中等精度的零件，一般微观不平度 $Rz = (0.2 \sim 0.3)t_{形状}$；对高精度及小尺寸零件 $Rz = (0.5 \sim 0.7)t_{形状}$。

2.4 材料基础

材料是人类赖以生存和发展的物质基础。20 世纪 70 年代人们把信息、材料和能源称为当代文明的三大支柱。20 世纪 80 年代以高技术群为代表的新技术革命，又把新材料、信息技术和生物技术并列为新技术革命的重要标志，就是因为材料与国民经济建设、国防建设和人民生活密切相关。在进行产品设计时，合理选择材料就成为产品质量的关键。工装设计选择材料时，应结合工装服役工作环境、设计寿命、服役条件、经济性等进行选择。本节主要介绍材料的基本知识及工装设计时常用选择原则。

2.4.1 材料的性能

金属材料的性能决定着材料的适用范围及应用的合理性。金属材料的性能主要分为机械性能、化学性能、物理性能、工艺性能等 4 个方面。

1. 机械性能

金属在一定温度条件下承受外力（载荷）作用时，抵抗变形和断裂的能力称为金属材料的机械性能（也称为力学性能）。常见衡量金属材料机械性能的指标主要有强度、屈服极限、塑性、硬度等。

（1）强度。

强度是表征材料在外力作用下抵抗变形和破坏的最大能力。由于金属材料在外力作用下从变形到破坏有一定的规律可循，因而通常采用拉伸试验进行测定，即把金属材料制成一定规格的试样，在拉伸试验机上进行拉伸，直至试样断裂。典型的塑性金属材料的拉伸试验曲线如图 2.29 所示。

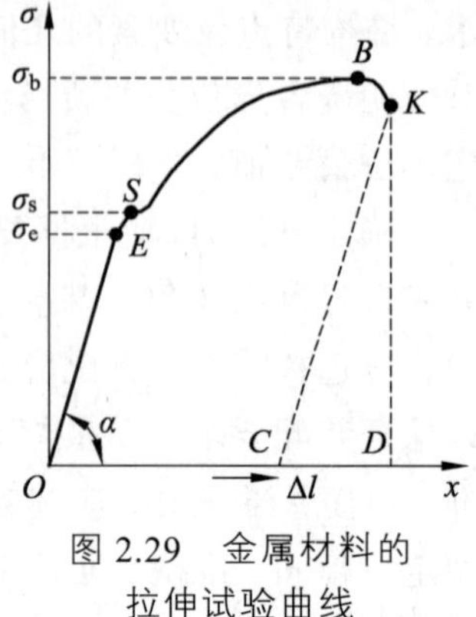

图 2.29　金属材料的拉伸试验曲线

（2）屈服强度极限。

材料承受外力到一定程度时，其变形不再与外力成正比而产生明显的塑性变形。产生屈服时的应力称为屈服强度极限，相应于拉伸试验曲线图中的 S 点称为屈服点。屈服极限指标可用于要求零件在工作中不产生明显塑性变形的设计依据。但是对于一些重要零件还考虑要求屈强比要小，以提高其安全可靠性，不过此时材料的利用率也较低了。

（3）弹性极限。

材料在外力作用下将产生变形，但是去除外力后仍能恢复原状的能力称为弹性。金属材料能保持弹性变形的最大应力即为弹性极限，相应于拉伸试验曲线图中的 E 点。

（4）弹性模数。

反映金属材料刚性的指标，是材料在弹性极限范围内的应力与应变（与应力相对应的单位变形量）之比。

（5）塑性。

金属材料在外力作用下产生永久变形而不被破坏的最大能力称为塑性，通常以试样延伸率和试样断面收缩率表示。

（6）硬度。

金属材料抵抗其他更硬物体压入表面的能力称为硬度，或者说是材料对局部塑性变形的抵抗能力。硬度与强度有着一定的关系。

（7）韧性。

金属材料在冲击载荷作用下抵抗破坏的能力称为韧性。通常采用冲击试验测定，即用一定尺寸和形状的金属试样在规定类型的冲击试验机上承受冲击载荷而折断时，断口上单位横截面积上所消耗的冲击功表征材料的韧性。

工装设计时，工装传动系统应具有一定的强度、刚度，回转工作台应具有一定的硬度等。

2．化学性能

金属与其他物质引起化学反应的特性称为金属的化学性能。在实际应用中主要考虑金属的抗蚀性、抗氧化性以及不同金属之间、金属与非金属之间形成的化合物对机械性能的影响等。

一般情况下，工装设计时对材料的化学性能要求不高。

3．物理性能

金属材料的物理性能主要包括密度、熔点、热膨胀性、磁性、电学性能等。电刷材料选择时应考虑其导电性能。

4．工艺性能

金属对各种加工工艺方法所表现出来的适应性称为工艺性能，主要包括切削加工性、可锻性、可铸性、可焊性等方面，工装设计时应充分结合材料的工艺性能来选择材料。

2.4.2 工装设计常用材料

工装设计时，首先应根据工装服役条件、负载质量及尺寸、工装尺寸及工况、零部件的重要程度等使用要求，对工装关键部件选择材料，必要时进行系列强度计算，以保证所选材料能满足工装的使用要求。其次应结合毛坯制造方法、现有机械加工条件及热处理条件等情况来选择合适材料，以保证工装的工艺要求。最后应综合考虑材料的价格、所设计工装批量、材料利用率及材料工艺情况等多种情况，从成本、环境、健康等多个方面择优选择合适的材料。

焊接生产中，一般焊接工装通常包括机座（机架）、传动部分、承载部分和其他辅助部分，由于这些部分在工装设计过程中的作用不同，在遵循上述材料选择基本原则的前提条件下，通常按照如下方法来选择材料：

（1）机座和机架通常选择切削加工性和减振性良好的灰铸铁。

（2）曲轴、齿轮等传动部分零部件通常选用强度高、耐磨性好、减振性好，抗冲击的球墨铸铁。

（3）当零部件尺寸小、形状复杂，且不能用铸钢或锻钢制造时，可以选用强度和塑性较高的可锻铸铁。

（4）重载零件通常选用铸造性和强度较好的铸钢（碳素铸钢、低合金铸钢、中合金铸钢、高合金铸钢）。

（5）一般承载零部件和结构件通常选用碳钢与合金钢。

（6）当对工装质量有要求，且在磨损、抗腐蚀、耐热性、电磁性及润滑性等方面特殊要求时，可以考虑铝合金及铜合金等。

（7）由于弹性、绝缘性好，橡胶通常用来制作弹性元件、密封元件和减振零件；由于质量小、易加工成形、减摩性好、强度低，塑料通常用来制作普通机械零件、绝缘体等零部件；陶瓷因为电热性好、硬度高，常用在绝缘、耐高温等零部件。

例如，焊接工装底座等结构件一般采用 Q235-A 板材和型材焊接而成，焊后经热处理退火消除应力（不允许采用机械消除应力）并喷砂处理。同时，若需要支撑座，其也应采用焊接结构，且保证刚性。

3　焊件的定位

3.1　焊件定位原理

焊件定位就是工件在加工前，在夹具中占据“确定”或“正确”的加工位置的过程，避免焊接过程中出现大的变形，确保同一批焊接零部件中的任意一件在夹具中始终处于同一位置，即将待焊工件放在焊接所需的位置，使待焊件与焊枪、焊丝、焊接平台有准确的相对位置，从而保证焊件所需的焊后尺寸精度、几何精度和焊接质量。由此焊件定位显得十分重要。

3.1.1　基本概念

1．定　位

为保证焊接质量要求，必须使工装与焊件、焊件与焊枪处于正确的位置，即焊件的定位。因此，在使用焊接工装时就要使得工装、焊件、焊枪等处于正确的位置，这对保证焊接质量起着至关重要的作用。

焊件定位之后还要保证焊件的夹紧。在焊接过程中，当焊件因焊接加热而伸长或因冷却而缩短时，其夹紧力的大小往往会发生变化。因此，焊件的定位与焊件的夹紧是相互联系的。有些焊件仅利用定位装置定位即可，而不夹紧。

2．基　准

所谓基准，就是指工件上用以确定其他点、线、面位置所依据的要素（点、线、面）。基准分类如图 3.1 所示，主要包括设计基准和工艺基准。其中，设计基准是在零件图上用以确定点、线、面位置的基准，由产品设计人员确定，如三维制图软件中的绝对坐标原点、上视基准面、前视基准面等。工艺基准则是在测量、加工、装配等工艺过程中的基准，由产品工艺人员确定，主要包括工序基准、定位基准、测量基准和装配基准。在工序图上用以确定被加工表面尺寸、形状、位置的基准称为工序基准。在加工中可定位的基准称为定位基准。测量基准就是工件在加工中或者加工后测量时所用的基准。装配基准是用来确定零件在部件或产品中的相对位置所采用的基准。

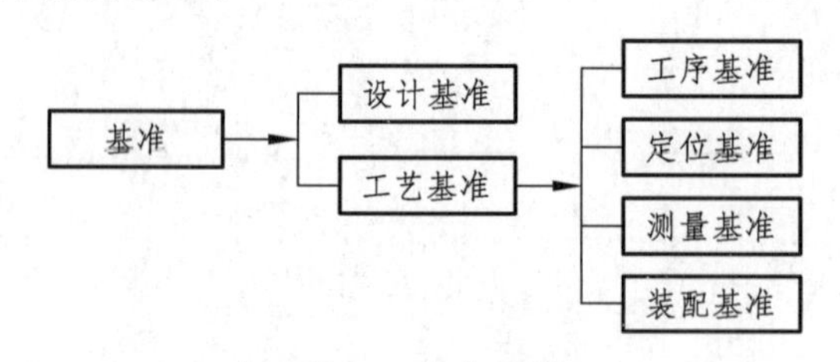

图 3.1　基准分类

选择基准时，重点考虑如何减少工件的定位误差，保证工件的加工精度，同时也要考虑工件装卸方便，夹具结构简单，一般应遵循下列原则：

（1）基准重合原则。

所谓基准重合原则是指以设计基准作定位基准，以避免基准不重合造成的误差。

（2）基准统一原则。

当零件上有许多表面需要进行多道工序加工时，尽可能在各工序的加工中选用同一组基准定位，称为基准统一原则。基准统一可较好地保证各个加工面的位置精度，同时各工序所用夹具定位方式统一，夹具结构相似，可减少夹具的设计、制造工作量。同一工序如果基准不统一，可能会形成工件精度误差。如果上下工序基准不统一，两个不同的基准间会在不同的工件上形成一定误差。

定位基准位置一旦确定，工件的其他部分的位置也就随之确定。如图 3.2 所示，焊件的表面 *A* 和 *C* 由夹具支撑原件 1 和定位元件 2 定位。由于焊件是一个整体，焊件上的其他部分如表面 *B* 和 *D*、中心线 *O* 等均与表面 *A* 和 *C* 保持一定的位置关系，从而得到相应的定位，表面 *A* 和 *C* 就是焊件的定位基准。

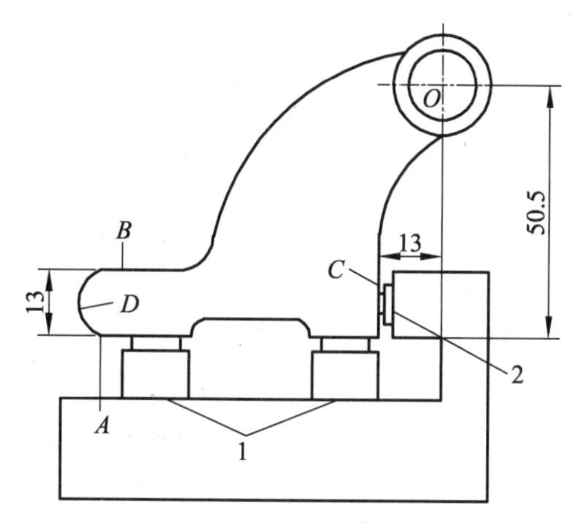

1—支撑元件；2—定位夹紧器。

图 3.2　工件的定位基准

3．定位副

当工件以回转面（圆柱面、圆锥面、球面等）与定位元件接触（或配合）时，工件上的回转面称为定位基面，其轴线称为定位基准。如图 3.3 所示，工件（轴套）以圆孔在心轴上定位，工件的内孔面称为定位基面，它的轴线称为定位基准。与此对应，心轴的圆柱面称为限位基面，心轴的轴线称为限位基准，它的理想状态（直线度误差为零）是定位基准。如果定位基面是精加工过的，形状误差很小，可以认定为定位基面就是定位基准，即焊件上与定位元件接触的平面就是定位基准。同样，定位元件的限位基面一般都是经过精加工，所以可以认为限位基面就是限位基准，即定位元件圆柱表面就是限位基面。

工件的定位基面和定位元件的限位基面合称为定位副。如图 3.3 所示，工件的内孔表面与定位元件（心轴）的圆柱表面就合称为一对定位副。

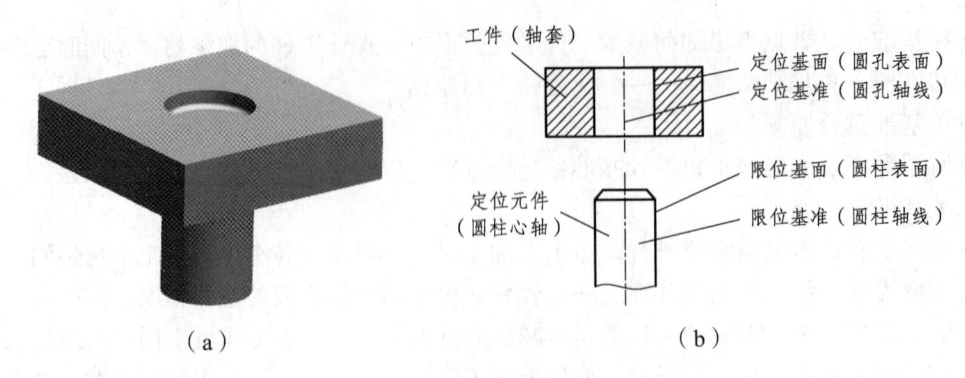

图 3.3　定位副

当工件有几个定位基面时，限制自由度最多的定位基准面称为主要定位面，相应的限位基准面作为主要限位面。

3.1.2　六点定位原理

一个刚体在空间直角坐标系中具有六个自由度，即沿 *X*、*Y*、*Z* 三个坐标轴的移动自由度和绕 *X*、*Y*、*Z* 三个坐标轴的转动自由度，如图 3.4 所示。当焊件的六个自由度未加限制时，它在空间的位置是不确定的。要使焊件的位置按照一定的要求确定下来，就必须将它的某些自由度或全部自由度加以限制。所谓焊件的定位，就是指焊件在夹具中的位置按照一定的要求确定下来，限制相应的沿 *X*、*Y*、*Z* 三个坐标轴的移动自由度和绕 *X*、*Y*、*Z* 三个坐标轴的转动自由度。

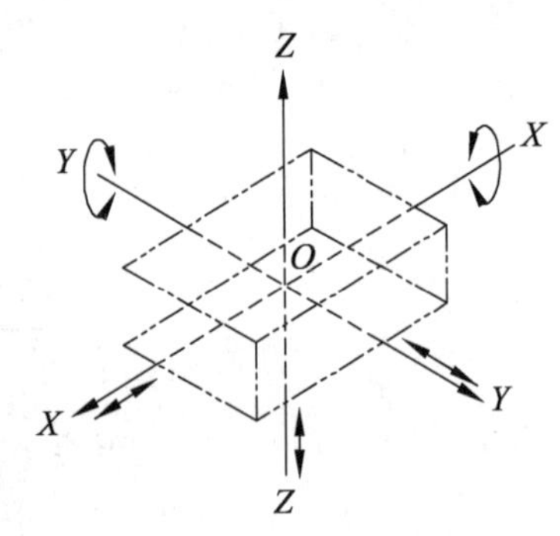

图 3.4　刚体的六个自由度

在分析焊件定位时，可以将具体的定位元件抽象化，转化为相应的定位支承点，简称支承点。通常用一个支撑点限制焊件的一个自由度，用适当的分布的六个支承点限制焊件的六个自由度，使焊件在夹具中的位置完全确定，这就是常用的“六点定位规则”，简称“六点定则”。由于这六个支承点相当于按 3、2、1 的数目分布在三个相互垂直的直角坐标平面上，因此又称为 3-2-1 定位原理。

自由度的限制实例，如图 3.5 所示。一个大平面相当于三个支承点，图中 *A* 面相当于三个支承点，限制了焊件的三个自由度（沿 *Z* 轴移动和绕 *X*、*Y* 轴转动）；窄长面相当两个支承点，如 *B* 面上两个支承点，限制了焊件两个自由度（沿 *X* 轴移动和绕 *Z* 轴转动）；挡块 *C* 面相当于一个支承点，限制了焊件最后一个自由度（沿 *Y* 轴移动）。这样，该焊件六个自由度全部被限制，使得焊件在空间具有确定的位置。

六点定位原理是工件定位的基本规则，用于实际生产时，起支撑点作用的是具有一定形状的各种各样的定位元件，常用定位元件的定位方法将在后文介绍。应用六点定位原理分析焊件在夹具中的定位问题时，不能认为未夹紧前焊件还可以相对定位元件反方向运动而判断其自由度未被限制。在分析支承点起定位作用时，不应考虑力的影响，因此焊件在某个方向上的自由度被限制，是指焊件在该方向上有了确定的位置，并不是指焊件在受到使它脱离支承点的外力时也不运动，使焊件在外力作用下也不运动的是夹紧的结果，定位和夹紧是两个概念，不能混淆。

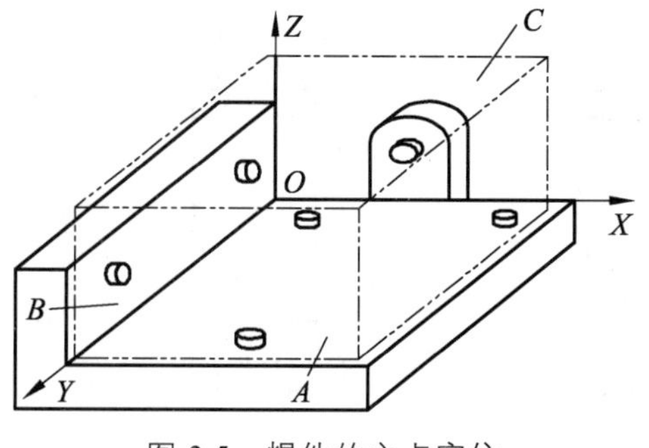

图 3.5　焊件的六点定位

1．全定位

焊件的六个自由度全部被限制而在夹具中占有完全确定的位置，这种定位方式称为全定位或完全定位，如图 3.6 所示。

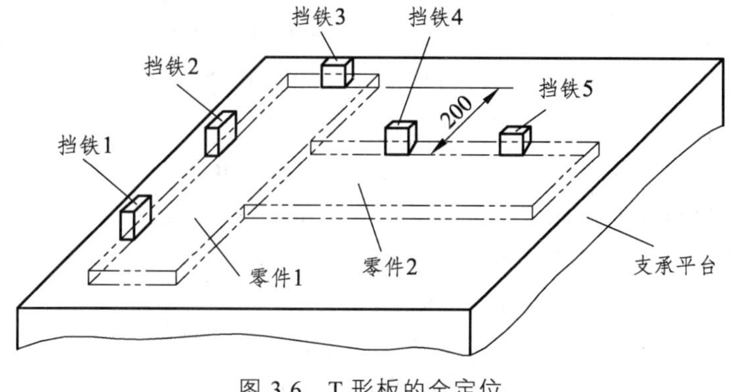

图 3.6　T 形板的全定位

2．准定位

焊件在夹具中定位，如果支承点不足六个，但完全限制了按加工要求需要消除的焊件自由度数目，这种定位方式称为准定位或不完全定位，如图 3.7 所示。

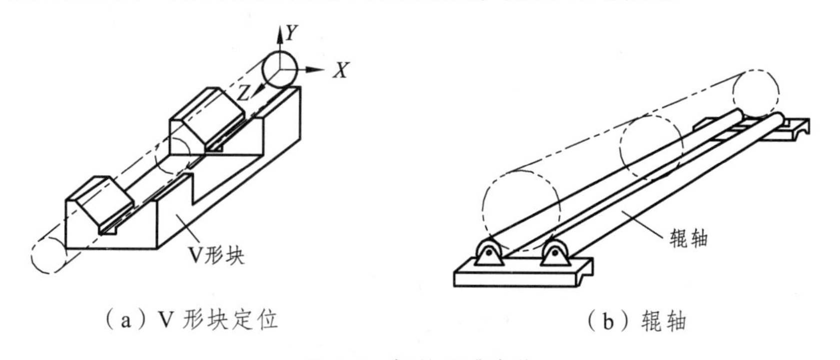

（a）V 形块定位　　（b）辊轴

图 3.7　焊件的准定位

3．过定位

两个或两个以上定位支撑点重复限制同一个自由度，这种定位方式称之为重复定位或过定位，如图 3.8 所示。

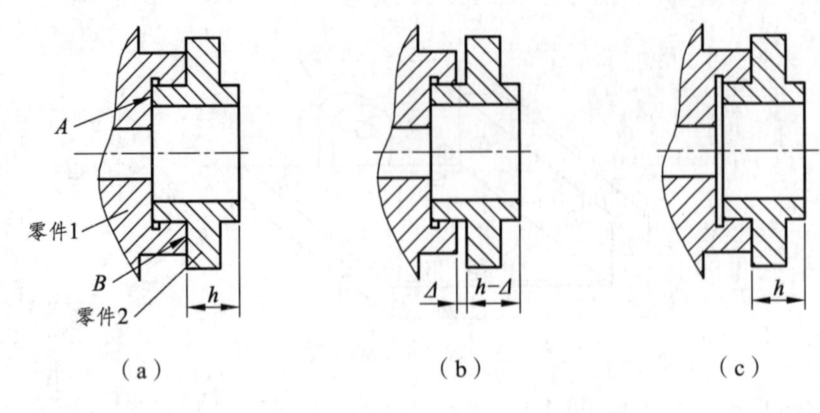

图 3.8　过定位

零件 2 套入零件 1 中定位，要保证尺寸 h。如果采用 A、B 两个端面作为定位基准，则沿着尺寸 h 方向的移动自由度被限制了两次，即过定位。由于一批焊件中，各焊件的断面 A 和 B 之间的距离不可能完全一样，存在加工误差，势必某些焊件会出现图 3.8（b）这样的情况，这就直接地影响了尺寸 h 的精度。若仅以端面 B 为定位基准，如图 3.8（c）所示，端面 A 不与定位件接触，则避免了过定位。通常过定位的结果是使焊件的定位精度受到影响，定位不确定会使焊件或定位件产生变形，因此，一般情况下应避免出现过定位的现象。

过定位可以增加结构件的刚度，但也会造成定位的不确定，在某些情况下容易使得结构件产生较大的变形。为减小或消除重复定位所造成的不良后果，可采取以下措施：

（1）改进定位件的结构，避免重复定位。

（2）提高焊件定位基准和相应定位工作表面之间的位置精度，以减少干涉引起的不良后果，如图 3.9 所示。而重复定位一般应当避免，但在设计工装夹具时，对刚性差的焊件，为了提高焊件与定位元件的接触刚度，防止焊件变形，常有意识地采用重复定位，同时采取相应的工艺措施。

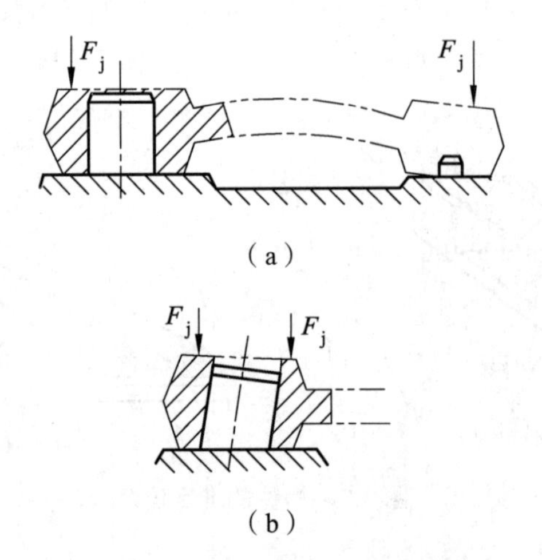

图 3.9　过定位造成的不良后果

4．欠定位

焊件实际定位所限制的自由度数目少于按该工序加工要求所必须限制的自由度数目。

3.1.3 *N*-2-1 定位原理

薄板冲压件广泛应用于汽车、飞机等行业，其焊接工装夹具的设计质量直接影响到整个产品的制造偏差。薄板焊装夹具与通用的机加工夹具存在显著的差别，它不仅要满足精确定位的共性要求，还要充分考虑薄板冲压件的易变形性和冲压制造偏差较大的特征。工装夹具设计中最重要的部分是定位元件的设计，往常设计时大多采用六点定位，即 3-2-1 定位原理。对于汽车车身这类薄板冲压件，定位夹具除了具备限制零件刚体运动的基本功能外，还必须能够限制过多的焊件变形。如果还是用普通的六点定位，焊件将因为没有进行可靠的定位而发生定位不准的问题。

近年来，许多学者在薄板焊接工装夹具的设计上开展了大量的工作，提出了一些新型的薄板冲压件和焊接工装夹具的设计理论和方法，取得了显著的效果。*N*-2-1 定位原理就是其中之一，该原理是在采用变分法确定传统 3-2-1 定位夹具定位点位置的基础上，针对柔性薄板零件易变形的特点提出来的。*N*-2-1 定位原理是一种新的定位原理，该定位原理广泛应用于刚性件的 3-2-1 定位原理相比，更适合于薄板件的定位。其主要内容如下：

（1）第一基准面（又称为主要基准面）上所需的定位点数为 N（$N \geqslant 3$）。

对于绝大部分薄板件加工过程，其最主要的尺寸问题是薄板件法向方向上的变形，甚至其自重所引起的变形也不能忽视。有关分析表明，对一块长宽各 400 mm，厚 1 mm 的薄板，用 3-2-1 原理定位，在其自重作用下就可能产生 1 ~ 3 mm 的变形量。因此，对于薄板件而言，最合理的夹具系统是要求其第一基准面上存在多于 3 个定位点去限制该方向上的零件变形。

（2）第二基准面（又称为导向基准面）、第三基准面（又称为止推基准面）所需的定位点为 2 个和 1 个，第二基准面的 2 个定位点布置在较长的边上。

在第二、第三基准面上分别需要 2 个和 1 个定位点去限制薄板件的刚体运动。2 个和 1 个定位点是足够的，因为实际加工所产生的力通常不会作用在这两个基准面上，以避免弯曲和翘曲。更进一步的分析表明，第二基准面上的两个定位点应布置在薄板件较长的边上。这是因为两个定位点间距尽可能大时，零件将更稳定，同时还可以更好地弥补零件表面或定位元件的安装误差。

（3）禁止在正反两侧同时设置定位点。

必须强调禁止在焊件正反两侧同时设置定位点，因为就算极小的几何缺陷都可能导致薄板件产生巨大的挠度和潜在的不稳定或翘曲。

根据 *N*-2-1 定位原理，针对焊装夹具设计，提出夹具优化设计的算法，即利用有限元分析和非线性规划方法找到最优的“*N*”定位点，以使薄板件的总体变形最小。在实际的焊装夹具设计中，必须考虑到工件的实际形状，事实上制造厂的夹具大部分是单件生产，在固定的平台上安装和调试，主要通过工艺孔或零件本身形状特征定位。焊装夹具采用专用的固定平台式焊装胎具结构，其设计的基本原则是：采用定位销与支承钉相辅的方式定位，对于易变形工件，定位时考虑 *N*-2-1 定位原理；对普通零件，采用 3-2-1 定位原理；夹紧方式则采用气动夹紧和杠杆夹紧相辅的复合夹紧方式；如采用自动装焊流水线，则需考虑翻转结构。

3.2　焊件的定位方法

焊件在夹具中的定位，是通过焊件上的定位基准表面与夹具的定位元件的工作表面接触或配合来实现的。焊件上被选作定位基准的表面常有平面、圆柱面、圆锥面和其他成形面及其组合，定位方法和定位元件的选取，要与具体结构和操作工序相适应。

定位元件本身不仅质量要高，其材料、硬度、尺寸公差及表面粗糙度要符合要求，装入夹具后强度和刚性要好，同时需满足足够的精度、强度、刚度，耐磨性好，工艺性好等条件，才能保证定位器的结构简单、定位可靠，而且便于加工制造装配和拆卸以及强度和刚度计算。常见定位元件的精度等级为 IT9 或 IT8，粗糙度 *Ra*1.6，耐磨性 40 ~ 65 HRC，材料常选用 45、40Cr、T8、T10、20 或 20Cr。

3.2.1　平面定位

焊件以平面作为定位基准，是生产中常见的定位方式之一，常用的定位器有挡块、支承钉、支承板、箱体、机座、支架、盘盖定位元件等。根据基准平面与定位元件工作表面接触面的大小或长短，判断定位元件所相当的支承点数目及其所限制焊件的自由度。其中起主导作用的平面，称为第一定位基准或主要定位基准。起次要作用，消除焊件两个自由度的平面，称为第二基准或导向基准。消除一个自由度的平面，称为第三定位基准或止推基准。根据基准表面状况不同，定位方法和定位元件也随之不同。

1．粗基准平面定位

粗基准平面通常指锻、铸后经清理的毛坯平面，其表面较粗糙，且有较大的平面度误差，特点如图 3.10 所示，当此面与定位支承面接触时，必为随机分布的三个点，形成三角形支撑面。对于每一个焊件而言，此面各不相同，通常要采用呈点接触的定位元件，才能获得较为圆满的定位。粗基准平面常用的定位元件有支承钉和调节支承钉等。

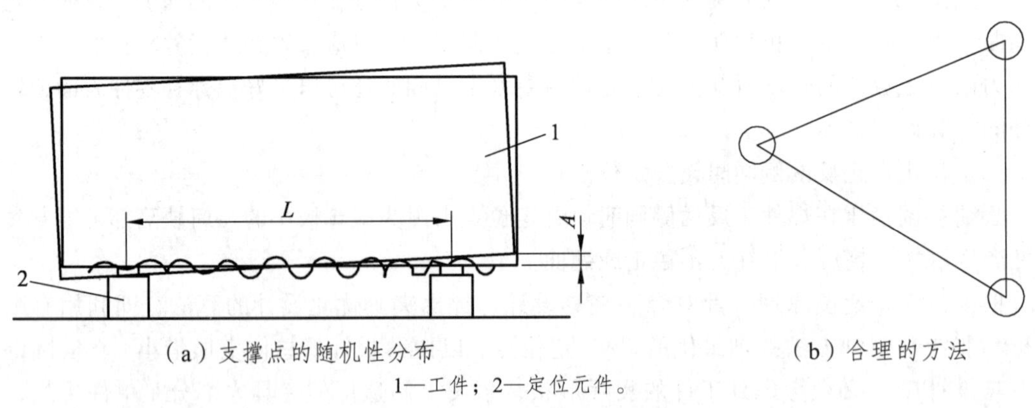

（a）支撑点的随机性分布　　　　（b）合理的方法

1—工件；2—定位元件。

图 3.10　粗基准平面定位的特点

2．精准平面定位

焊件的基准平面经切削加工后，可直接放在平面上定位。此平面具有较小的表面粗糙度和平面度误差，故可获得较精确的定位。常用的定位元件有支承板和平头支承钉等。

3．定位元件

（1）固定支承。

固定支承装上夹具后，一般不再拆卸或调节，它分为支承钉和支承板两种。图 3.11 列出了常见的支撑钉：（a）为平支承钉（A 型），主要用于精基准位；（b）为球头支承钉（B 型）能使其与粗基准面接触良好；（c）为齿纹支承钉（C 型）可防止工件在加工时滑动，但不易清除切屑。

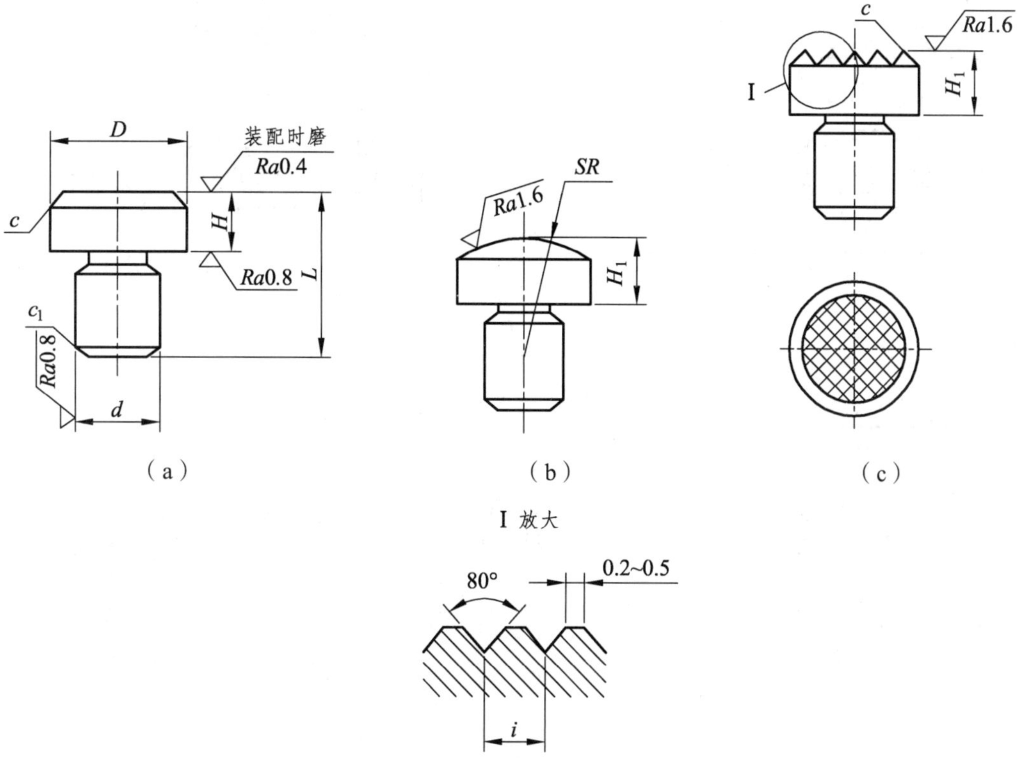

图 3.11　支承钉

图 3.12 所示的支撑板结构多用于精基准平面定位。（a）为 A 型光面支承板，结构简单，便于制造，沉头撂钉孔处积屑难清除，宜作侧面或顶面支承；（b）为 B 型带斜槽的支承板，切屑易除，宜作底面支承，在以推拉式装卸焊件的夹具和自动线上应用较多，切屑在焊件移动时进入斜槽排出。

当要几个支承钉（板）等高时，可装配后一次磨削，以保证它们限位基面在同一平面内。支承钉、支承板等都已标准化，详细资料可查阅 JB/T 8004.1—1999《机床夹具零件及部件》或有关手册。

（2）可调支承。

在夹具体上，支承点的位置可调节的定位元件称为可调支承。如图 3.13 所示为常用的几种可调支承结构。可调支承主要用于焊件以粗基准定位中。由于基准精度低，各批毛坯的尺寸变化不一，若用固定支承定位可能引起加工余量变化很大，甚至造成某方向的余量不足，此时可采用可调支承。如图 3.14 所示焊件为砂型铸件，先以 *A* 面定位铣 *B* 面，再以 *B* 面定

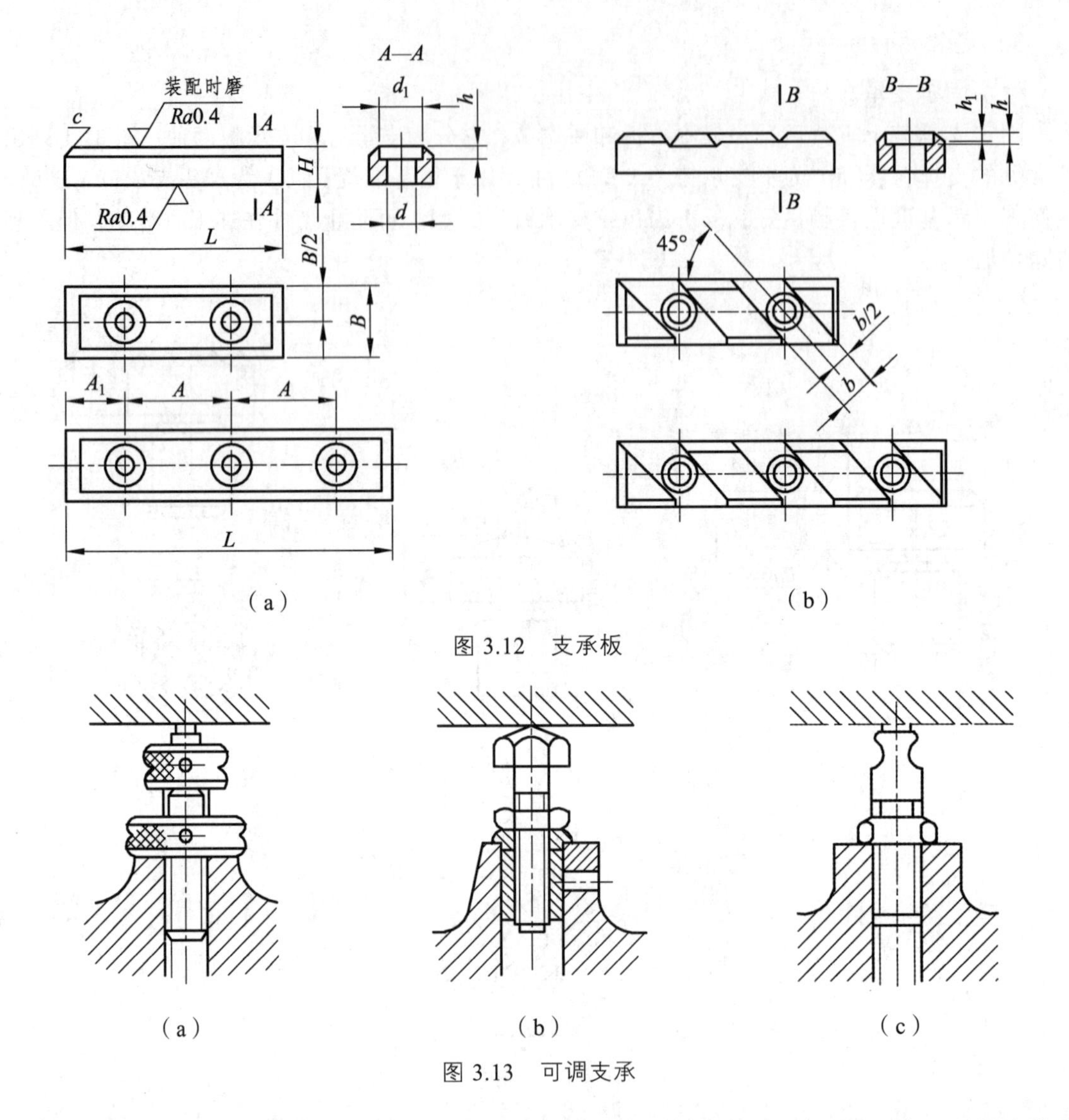

（a）　　　　（b）

图 3.12　支承板

（a）　　（b）　　（c）

图 3.13　可调支承

位镗双孔。铣 B 面时，若用固定支承定位，由于一批焊件的定位基面 A 的尺寸和形状变化量较大，铣完后，B 面与两毛坯孔距离［即图 3.14（a）中的双点划线 H_1、H_2］的变化也较大，致使镗孔时余量很不均匀，甚至余量不够。因此，采用可调支承，可避免出现上述情况。对于小型焊件，一般每批调整一次；焊件较大时，常常每件都要调整。

利用同一夹具，加工形状相似而尺寸不同的焊件时，也可采用可调支承。如图 3.14 所示，轴上钻径向孔。对于孔至端面的距离不等的几种焊件，只要调整支承钉的伸出长度便可加工。应该注意，可调支承一般在一批焊件加工前调整一次。在同一批焊件加工中，其作用就相当于固定支承。

（3）自动调节支承。

如图 3.15 所示为自动调节支承，未装入焊件前，支承栓在弹簧作用下，其高度总是高于基本支承。当焊件在基本支承上定位时，支承柱被压下，并在弹簧力作用下始终与焊件保持接触，然后锁紧，即相当于刚性支承。每次新装入焊件前，应将锁紧销松开，以免破坏定位。

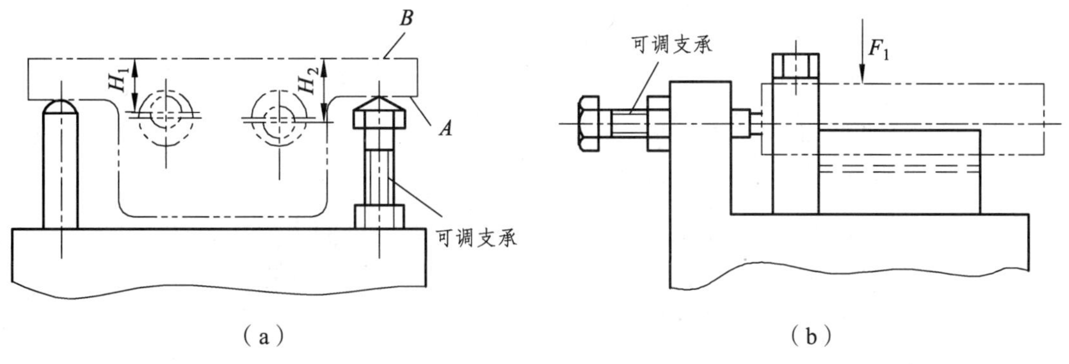

图 3.14　可调支承的应用

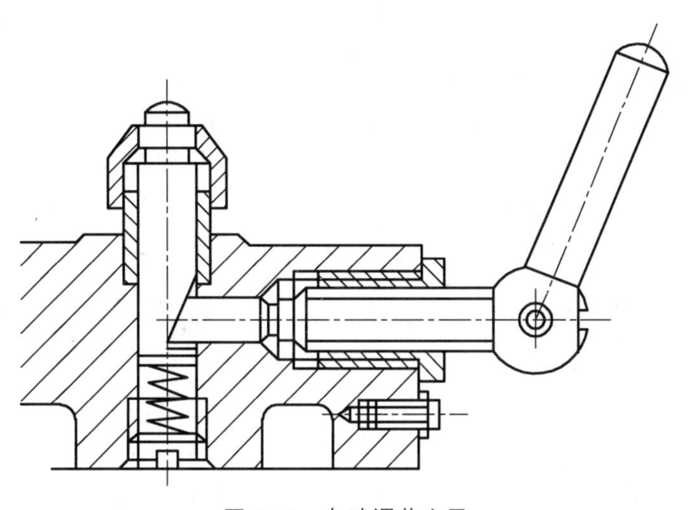

图 3.15　自动调节支承

3.2.2　定位挡块

挡块也称键销，其作用是在两个配合件中起到相对位置定位作用或限位作用。挡块种类很多，如图 3.16 所示，（a）为固定挡块，用来限制被夹持工件的移动；（b）为可拆挡块，可根据工件型号大小及位向限制灵活拆卸；（c）为固定的螺栓挡块，用在夹持阻力较大、机械固定需要更强的限制工况；（d）为铰接式可退出挡块，是采用铰接方式扣紧与退出，限位方便。

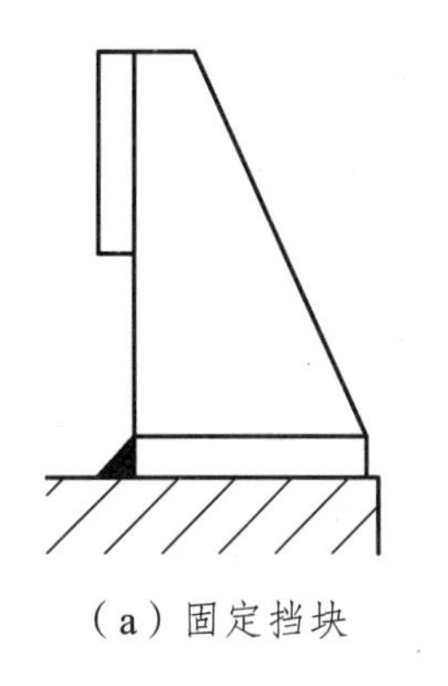

（a）固定挡块

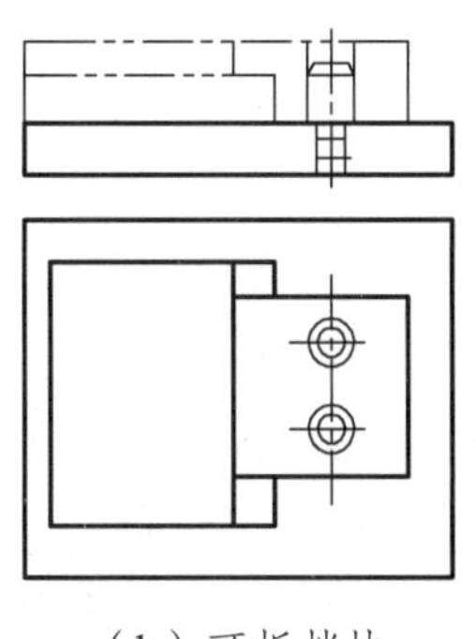

（b）可拆挡块

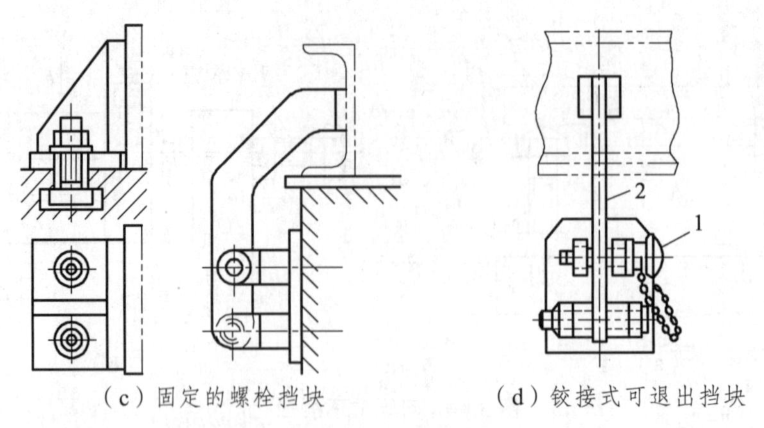

（c）固定的螺栓挡块　　（d）铰接式可退出挡块

图 3.16　挡块形式

生产中用永磁材料及软钢制成的定位挡块，可装配铁磁性金属材料的焊接件，特别适用于中、小型的板材及管材的装配。如图 3.17 所示的永磁材料定位挡块分别为普通限制位置应用示例、多用永磁定位挡块限制定位示例、直角用永磁定位挡块限制定位示例。

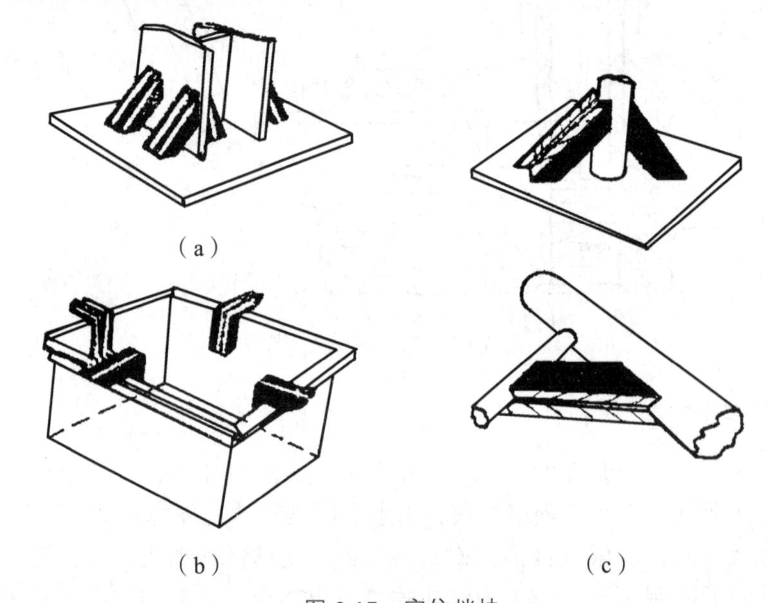

（a）

（b）　　（c）

图 3.17　定位挡块

3.2.3　圆孔定位

焊件以圆孔内表面为定位基准，是生产中常见的定位方式之一。常用的定位器有定位销、定位插销和衬套式定位器。

1．定位销

常见的定位销包括标准定位销和非标准定位销，定位销在工装设计中应用相当广泛。零部件生产加工的精密度要求都较高，如果仅仅靠螺栓来固定模板肯定是达不到要求的，需要借助定位销来达到定位的目的，或是防止安装位置、方向的错误等。甚至在一些机械运动的设备中定位销都有一定的应用，主要用于基于空间位置确定。

标准定位销如图 3.18 所示，图中的定位销均已经标准化，主要用于直径 50 mm 以下的中小孔定位，每种定位销有圆柱销和削边销两种形式，根据定位销与定位孔配合的长径比和配合长度与总体尺寸的关系等，圆柱销可限制焊件的两个或四个自由度，削边销可限制工作的一个或两个自由度，即圆柱销限制 2 个移动、削边销限制 1 个转动。采用削边销是为了防止过定位。

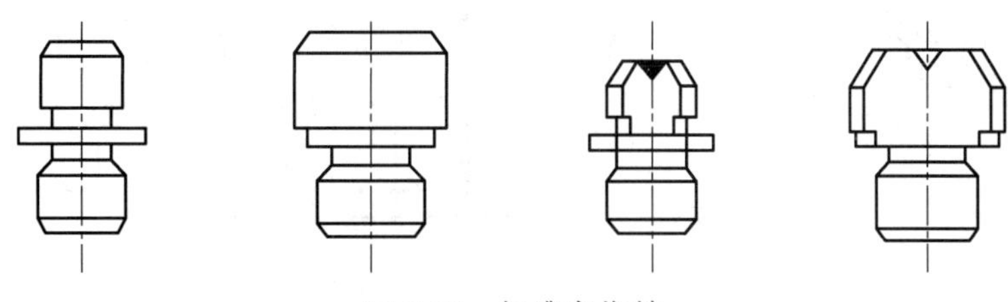

图 3.18　标准定位销

非标准定位销如图 3.19 所示，其主要用于结构上有特殊要求，或尺寸超过标准定位销的工况，可根据需要设计非标准定位销。图 3.19（a）为削边锥销，用于未加工过的孔定位，图 3.19（b）为普通圆锥销，用于精基准定位。焊件以单个圆锥定位时容易倾斜，故应和其他定位元件组合定位。

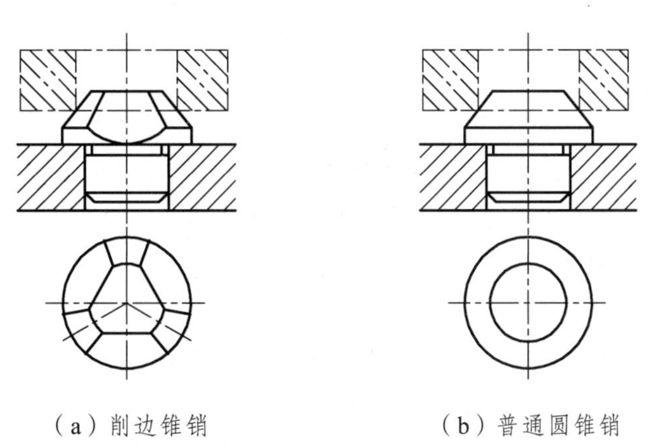

（a）削边锥销　　（b）普通圆锥销

图 3.19　非标准定位销

2．衬套式定位器

图 3.20 所示为衬套式定位器，将衬套分为上、下两部分，下半部分固定在夹具体（旋转轴）上，上半部分制成活动式，向上撑开时可以顶紧和定位焊件，适用于薄壁圆筒环缝焊接。

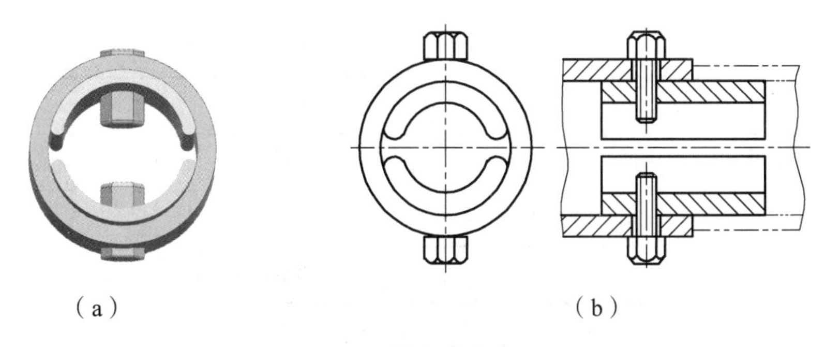

（a）　　（b）

图 3.20　衬套式定位器

3．定位插销

定位插销可以设计成各式各样的手柄，便于拔插，插销顶端 15° 倒角，插销定位部分也可以制成削边销，减少接触面积。定位插销及应用实例，如图 3.21 所示。

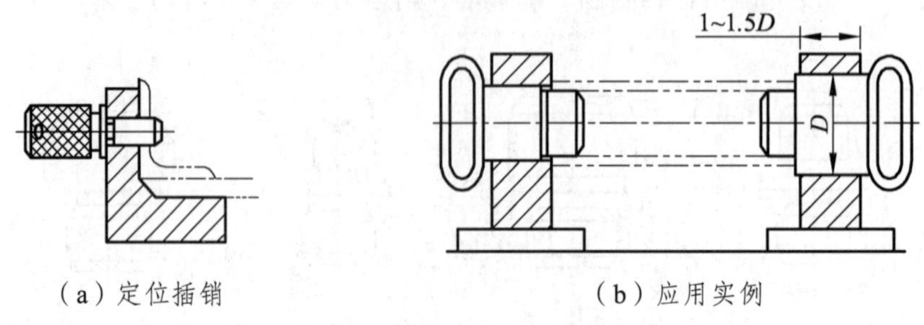

（a）定位插销　　（b）应用实例

图 3.21　定位插销及应用实例

3.2.4　外圆柱定位

焊件以外圆柱面作为定位基准，也是生产中常见的定位方式之一，常用的定位器有 V 形块、定位套和半圆孔定位器。

1．V 形块

V 形块按 JB/T 8047—2007《V 形块（架）》标准制造，也称为 V 形架，主要用于精密轴类零件的检测、划线、定仪及机械加工中的装夹。V 形块作为定位元件，不仅安装焊件方便，而且定位对中性好，广泛应用于管子、轴和小直径圆柱形零件的安装定位，其主要分为标准 V 形块和非标准 V 形块两种。

（1）标准 V 形块。

V 形块在夹具体上调整好位置后用螺钉紧固并配做两个销孔，用两个定位销确定位置。如图 3.22 所示，V 形块的主要设计参数为定位面夹角 α（即工作角度）、标准定位高度 T、开口尺寸 N、高度尺寸 H、心轴直径 D、心轴直径参数 K。其中 V 形块两个定位面的夹角 α 有 60°、90° 和 120° 三种。其中，以 90° 应用最为广泛，因为它在保证定位稳定性和减少夹具的外形尺寸方面比 60° 和 120° 的都好。同时，要根据心轴直径来选取标准 V 形块。

标准 V 形块尺寸计算公式见表 3.1，通常是由 α 、N、K 来计算 T。

表 3.1　标准 V 形块尺寸计算

计算项目	符号	计算公式		
工作角度	α	60°	90°	120°
开口尺寸	N	$N=1.15(D-K)$	$N=1.41D-2K$	$N=2D-3.46K$
参数	K	$K=(0.14\sim0.16)D$		
标准定位高度	T	$T=H+D-0.866N$	$T=H+0.707D-0.5N$	$T=H+0.577D-0.289N$

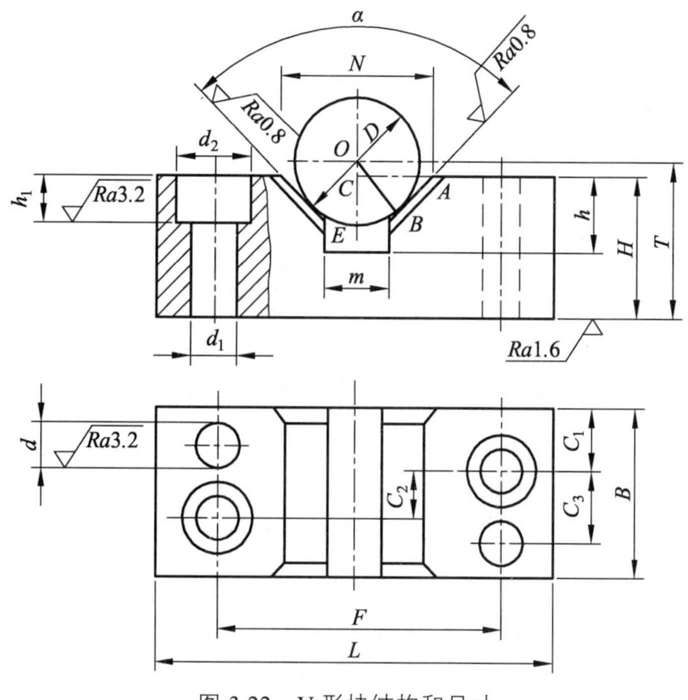

图 3.22 V 形块结构和尺寸

（2）非标准 V 形块。

非标准 V 形块设计的主要设计参数为定位面夹角 α（即工作角度）、标准定位高度 T、开口尺寸 N、高度尺寸 H、心轴直径 D、心轴直径参数 K，如图 3.22 所示。其中存在常用的几何关系：

$$T-H=OE-CE$$

$$OE=0.5D/\sin(\alpha/2)$$

$$CE=0.5N/\tan(\alpha/2)$$

$$T=H+0.5D/\sin(\alpha/2)-0.5N/\tan(\alpha/2)$$

除了几何关系公式，非标准 V 形块尺寸计算公式与表 3.1 所示相同，主要设计也是由 α、N、K 来计算 T。

（3）间断型 V 形块。

图 3.23 所示为间断型 V 形块。生产中往往根据需要，在大批量生产时会成对地使用 V 形块来作为定位元件，当两段基准面相距较远，可以采用两个短 V 形块组装的结构如图 3.23（a）所示。大型的 V 型块常将基体与夹具本体铸造在一起，工作表面镶上淬硬支承板，如图 3.23（b）所示。V 形块工作表面长度视工件粗糙度而定，当用于粗糙的基准面时，工作表面长度要小些，如图 3.23（b）所示，一般为 2 ~ 5 mm。通常中小型的 V 形块常用 20 钢制成，渗碳淬火后硬度达 55 ~ 60 HRC，或用 45 钢直接淬火到 40 ~ 45 HRC。

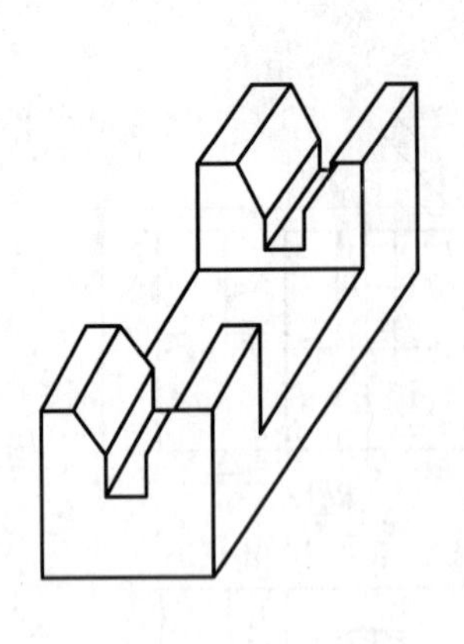

（a）短 V 形块组装

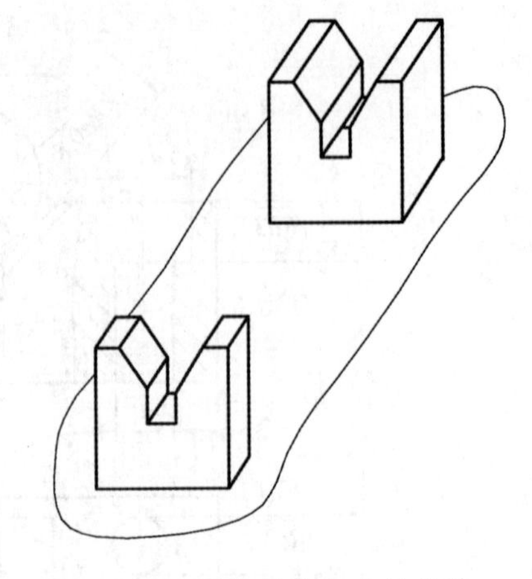

（b）V 形块基体与夹具组装

图 3.23　间断型 V 形块

（4）可调节的 V 形块。

生活中当零件的直径不定时，最好采用可调节的 V 形块。如图 3.24 所示，其中（a）由底座 1、左右夹板 2 和 3、调节螺杆 4、滑动轴承 5 及止动螺钉 6 组成。使用时调节反向双头螺杆 4，即可调节两块 V 形块的间距，因而适应不同直径的焊件定位，通用性好。（b）是当焊件需转动时，V 形块的两个斜面可用两个滚轮或长辊轴代替的情景。

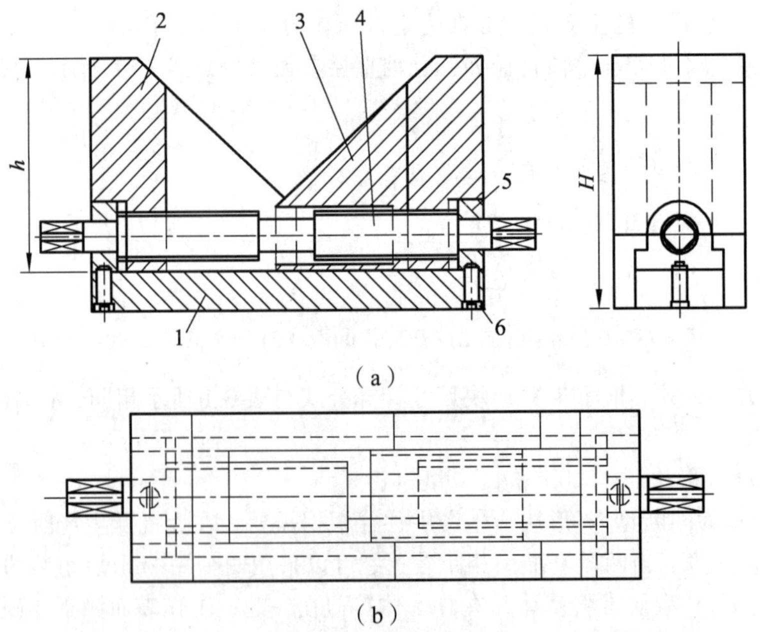

1—底座；2，3—夹板；4—调节螺杆；5—滑动轴承；6—止动螺钉。

图 3.24　可调节的 V 形块

2．定位套和半圆孔定位器

定位套和半圆孔定位器都是以圆孔定位，如图 3.25 所示，定位套工作时将焊件套入。图

（a）用于焊件以端面为主要定位基准时，短定位套孔只限制焊件的两个移动自由度；图（b）用于焊件以外圆柱表面为主要定位基准，长定位孔限制了焊件四个自由度。当用端面作为主要限位面时，应控制套的长度，以免夹紧时焊件产生不允许的变形。这种定位方式是间隙配合的中心定位，故对基面的精度也有严格要求，通常取轴径精度为 IT7、IT8。定位套结构简单，制造方便，但定位精度不高，只适用于精定位基面。

如图 3.25（c）所示为半圆孔定位器，工作时上半圆起夹紧作用，下半圆孔起定位作用，下半圆孔的最小直径应取焊件定位基准外圆的最大直径。这种定位方式类似于 V 形块，常用于大型轴类零件的精基准定位且不便于轴向装夹的场合之中，其稳固性比 V 形块更好。其定位精度取决于定位基面的精度，不低于 IT8 ~ IT9。

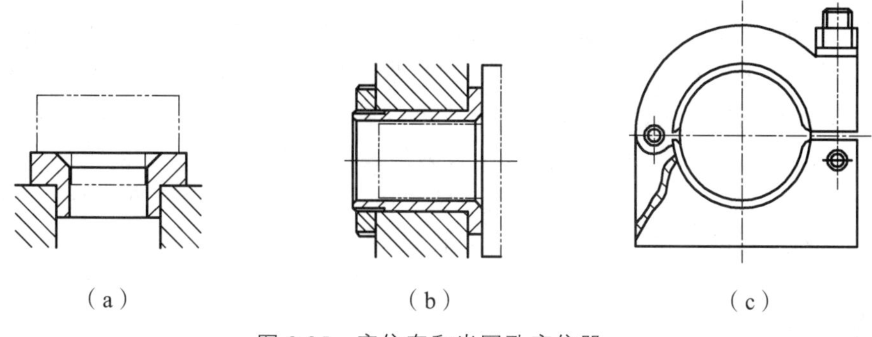

图 3.25　定位套和半圆孔定位器

3.2.5　组合定位

以焊件上两个或两个以上表面作为定位基准时，称为组合定位。

采用组合表面定位时，如果各定位基准之间无紧密尺寸联系（即没有尺寸精度要求）时，可把各种单一几何表面的典型定位方式直接予以组合，常见的组合定位方式有焊件部分外形组合定位、样板与筋板组合定位。图 3.26（a）为样板用于确定圆柱体的位置，图 3.26（b）中的样板用于确定筋板的位置及垂直度。

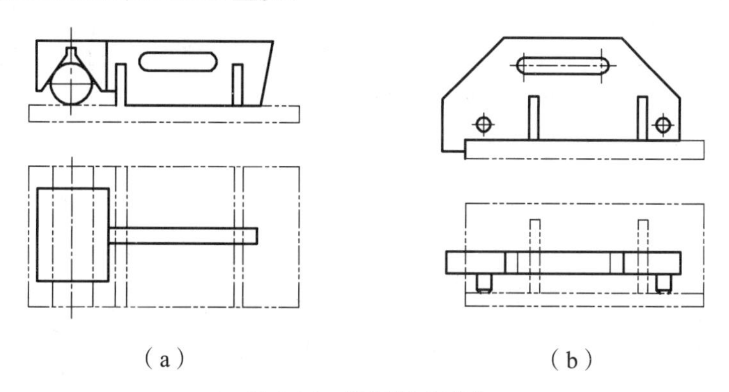

图 3.26　样板组合定位

采用组合表面定位时，如果各定位基准之间有紧密尺寸联系（即有一定尺寸精度要求）时，需设法协调定位元件与定位基准的相互尺寸联系，以克服过定位现象。生产中常见的例子是“两孔一面”定位，即工件以两个中心线互相平行的孔和与之相垂直的平面作为定位基准。采用的定位元件是两个圆柱销和一个支承面，或者是一个圆柱销、一个削边销和一个支承平面，即“两销一面”的定位方式。其设计要点是如何在保证加工精度的条件下，使工件两孔能顺利装配到两销上去。

1．以两个圆柱销及平面支承定位

两销都采用短圆柱销，实际上这是一种过定位情况，因为一个支承平面限制三个自由度，每个短圆柱销限制两个自由度，沿两孔连心线方向的自由度被重复限制了。这时假定第一个孔能正确装到第一个销上，但同批工件第二孔就会因孔间距误差和销间距误差而装不到第二销上，有可能出现孔心距为最小而销心距为最大，或者孔心距为最大而销心距为最小的极限情况，如图 3.27（a）所示。

当孔心距为最大而销心距为最小，即 $L+\Delta L_{\mathrm{D}}>L-\Delta L_{\mathrm{d}}$，如图 3.27（b）所示。此时，工件根本无法装入两销实现定位。为了保证一批工件都能实现顺利定位，可将第二销的直径减小，并使其减小量足以补偿销间距和孔间距误差的影响。设工件上两孔中心距为 $L\pm\Delta L_{\mathrm{D}}$，两销中心距为 $L\pm\Delta L_{\mathrm{d}}$，定位孔 1 与定位销 1 之间的最小配合间隙 $X_{1\min}$，定位孔 2 与定位销 2 之间的最小配合间隙 $X_{2\min}$，定位销 1 直径最大极限尺寸 d_1，定位销 2 直径最大极限尺寸 d_2，定位孔 1 直径最小极限尺寸 D_1，定位孔 2 直径最小极限尺寸 D_2。如图 3.27（c）所示，表示孔心距为最大 $(L+\Delta L_{\mathrm{D}})$ 而销心距为最小 $(L-\Delta L_{\mathrm{d}})$ 的极限情况，在这种情况下，两定位孔恰好能套在两定位销上，此时有

$$L+\Delta L_{\mathrm{D}}-X_{1\min}/2-D2/2 = L-\Delta L_{\mathrm{d}}-d_2/2 \tag{3.1}$$

缩小后的第二销的最大极限直径为

$$d_2=D_2-2\Delta L_{\mathrm{D}}-2\Delta L_{\mathrm{d}}+X_{1\min} \tag{3.2}$$

定位销 2 与定位孔 2 间的最小配合间隙 $X_{2\min}$ 应达到

$$X_{2\min}=D_2-d_2=2\Delta L_{\mathrm{D}}+2\Delta L_{\mathrm{d}}-X_{1\min} \tag{3.3}$$

另一种极限情况是孔心距为最小 $(L-\Delta L_{\mathrm{D}})$ 而销心距为最大 $(L+\Delta L_{\mathrm{d}})$ 的情况，同理可得到式（3.3）的结果。这种缩小一个定位销直径的方法，虽然能实现工件的顺利装卸，但显然加大了孔与销的配合间隙，使工件的转角误差增加，影响装配精度。因此，这种方法只能在加工要求不高时使用，在实际生产中往往不采用这种办法。

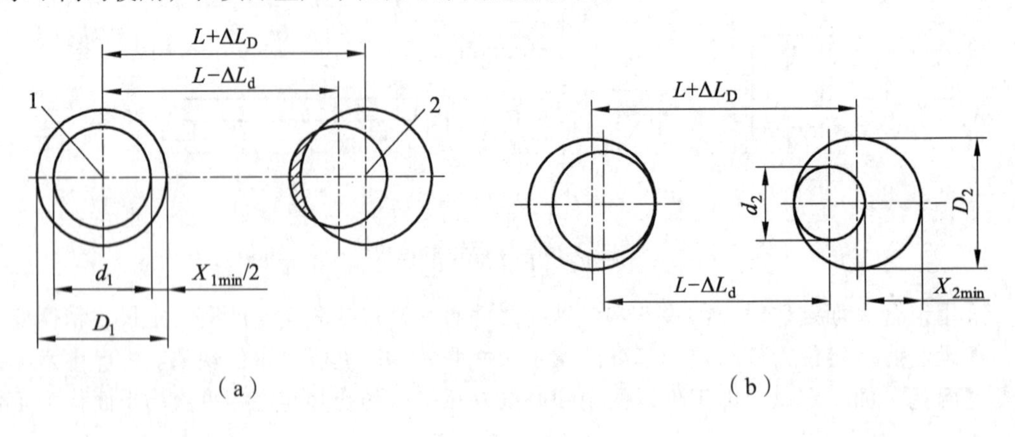

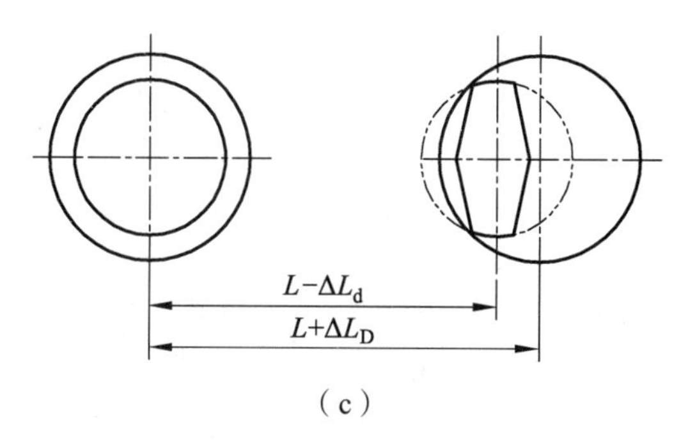

（c）

图 3.27　两个圆柱销定位

2．以圆柱销、削边销及平面支承定位

为使工件在极端情况下能装到定位销上，在不减小圆柱销直径的情况下，可把第二销碰到孔壁的部分削去，只留下一部分圆柱面，如图 3.27（c）所示。这样，在连心线方向上仍有减小第二销直径的作用，而在垂直于连心线方向上，由于销钉直径并未减小，因此工件转角误差没有增大，同时也使工件装配容易。削边销保留宽度 b 可按图 3.28 所示的几何关系进行计算。

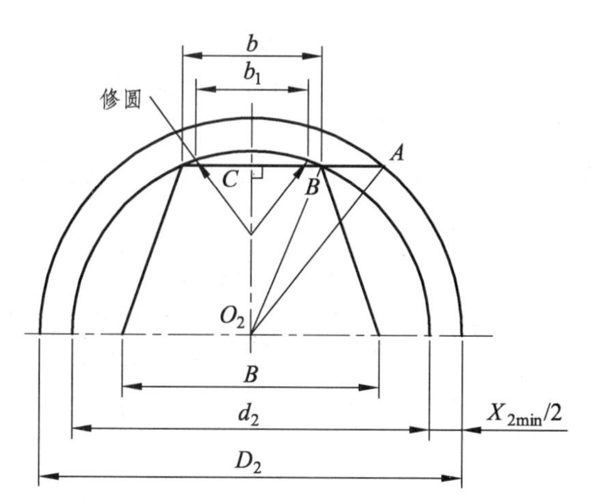

图 3.28　销和平面支承定位

由 Rt△ACO_2 和 Rt△BCO_2 可知

$$CO_2^2 = AO_2^2 - AC^2 = BO_2^2 - BC^2 \tag{3.4}$$

$$AO_2 = D_2/2$$

$$BO_2 = d_2/2 = (D_2 - X_{2\min})/2$$

$$BC = b/2$$

$$AC = AB + BC = (\Delta L_D + \Delta L_d) + b/2$$

代入式（3.4）得

$$\frac{D_2^2}{4} - \left(\Delta L_D + \Delta L_d + \frac{b}{2}\right)^2 = \frac{(D_2 - X_{2\min})^2}{4} - \frac{b^2}{4}$$

化简并略去二次微量 $(\Delta L_{\mathrm{D}}+\Delta L_{\mathrm{d}})^2$ 和 $(X_{2\min})^2$，整理后得

$$b=\frac{D_2-X_{2\min}}{2(\Delta L_{\mathrm{D}}+\Delta L_{\mathrm{d}})} \tag{3.5}$$

定位销尺寸和公差常按以下步骤确定：

（1）确定两定位销中心距及公差。计算时，工件孔中心距均应化成以平均尺寸为基本尺寸，偏差对称分布的形式。两定位销中心距的基本尺寸等于两孔中心距的平均尺寸，其公差一般为

$$\pm L_{\mathrm{d}}=\pm(1/5\sim1/3)\Delta L_{\mathrm{D}}$$

（2）确定圆柱销直径 d_1 的基本尺寸及公差。圆柱销 d_1 以工件相应孔的最小极限尺寸 D_1 为基本尺寸，公差取 g6 或 f7，即

$$d_1=D_1\text{（g6 或 f7）}$$

（3）确定削边销宽度 b 和限位基面直径 d_2 的基本尺寸、公差。削边销的宽度 b 对工件的定位及削边销的寿命影响较大。所保留的宽度过大，工件仍有可能装不进去，过小容易磨损且易划伤孔表面。兼顾工件的装夹、定位精度及夹具的使用寿命，一般按 GB/T 2203—1991《机床夹具零件及部件 固定式定位销》所推荐的数值选取。为使工件装入方便，定位销端部应按 15° 倒角，同时还应使削边销低于圆柱销 3 ~ 5 mm。从表 3.2 查出 b 值，代入式（3.5）中求出 $X_{2\min}$，则削边销的限位基面直径 d_2 为 $d_2=D_2-X_{2\min}$（公差取 h5 或 h6）。

削边销的尺寸推荐值见表 3.2。

表 3.2 削边销的尺寸推荐值　　单位：mm

d_2	3 ~ 4	6 ~ 8	8 ~ 20	20 ~ 24	24 ~ 30	30 ~ 40	40 ~ 50
B	$d_2-0.5$	d_2-1	d_2-2	d_2-3	d_2-4	d_2-5	d_2-5
b_1	1	2	3	3	3	4	5
B	2	3	4	5	5	6	8

注：d_2 为削边销限位基面直径，b_1 为削边修圆后留下的圆柱部分宽度。

3.2.6 型面定位

对于复杂外形的薄板焊接件，一般采用与工件的型面相同或相似的定位件来定位。如图 3.29 所示为常见汽车车门装焊胎具的型面定位。在加工制造工作中，像车门这样形状复杂、尺寸变化大、表面质量要求高的产品，为保证加工模型符合设计要求，制造厂家往往会使用型面定位的加工方法。应用这一定位方式进行加工配合以调整刀轴的角度可使产品符合要求。

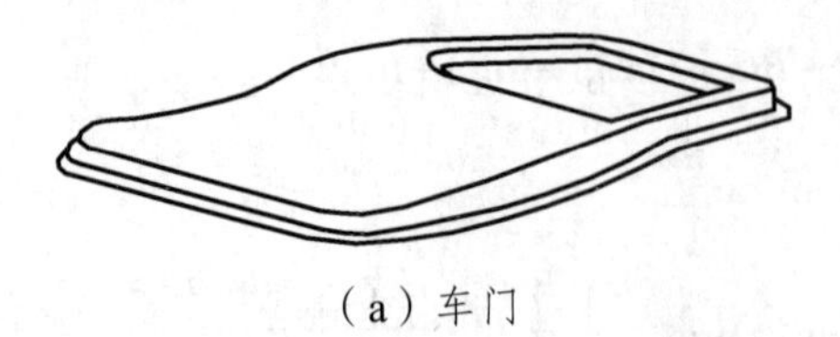

（a）车门

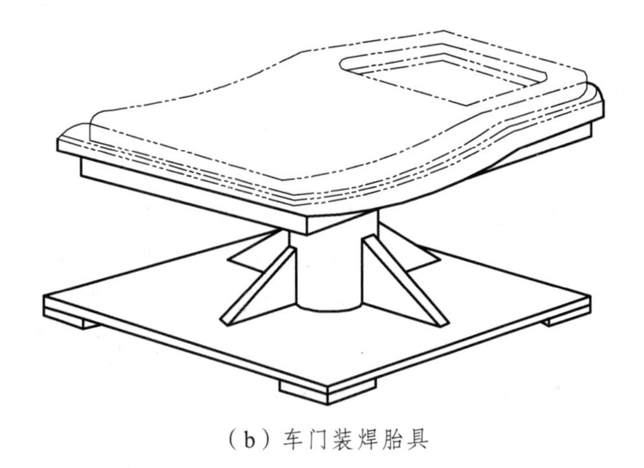

（b）车门装焊胎具

图 3.29　汽车车门装焊胎具

3.3　定位误差

定位误差是关联实际被测要素对其具有确定位置的理想要素的变动量。定位误差值用定位最小包容区域的宽度或直径表示。定位最小包容区域是与公差带形状相同、按理想被测要素的位置、包容实际被测要素且具有最小宽度或直径的区域。

所谓定位误差，是由于工件在夹具上（或者机床上）定位不准而引起的加工误差。因为对一批工件来说，刀具经调整后位置是不动的，即被加工表面的位置相对于定位基准是不变的，所以定位误差就是工序基准在加工尺寸方向上的最大变动量。

本章 3.1 所述的定位原理只解决了焊件在加工中的位置“定与不定”的问题。然而，一批焊件在夹具中定位时，各个焊件的具体表面尺寸不可能完全相同（允许在公差范围变动），各个表面都有不同的位置精度，这样同一夹具定位加工出的一批焊件必然存在误差。在定位误差分类中，一批工件的定位基准在夹具中的位置不一致，称之为定位基准位移误差（如配合间隙等）；若工序基准未被选做定位基准，称之为基准不重合误差（如其间尺寸公差）。

基准不重合误差和基准位移误差，都是由定位所引起的，由此统称为定位误差。定位误差 Δ_D 可由基准位移误差 Δ_Y 和基准不重合误差 Δ_B 合成。可表示为

$$\Delta_D = \Delta_Y + \Delta_B$$

3.4　定位方案设计与步骤

定位元件设计时有相应的技术要求，如耐磨度、刚度、制造精度和安装精度。在安装基面上的定位元件主要承受焊件的重力，其与焊件的接触部位易磨损，要有足够的硬度。在导向基面和定程基面上的定位元件，因焊件在焊接时产生的变形力，所以要有足够的强度和刚度。

如果夹具承重很大，焊件装卸又很频繁，也可考虑将定位元件与焊件接触而易磨损的部位做成可拆卸或可调节的，以便适时更换或调整，保证定位精度。因此定位方案的设计，不仅要求符合定位原理，满足定位精度，还要求定位器的结构简单、定位可靠，而且应使其加

工制造和装配容易。在设计定位方案时，要对定位误差大小、生产适应性、经济性等多方面进行分析和论证，才能确定出最佳方案。

1．确定定位基准

根据工件的技术要求和所需限制的自由度数目，确定好工件的定位基准，可以按下列原则去选择：当在零部件的表面上既有平面又有曲面时，优先选择平面作为主要定位基准面或组装基准面，尽量避免选择曲面，否则夹具制造困难；应当选择零部件上窄而长的表面作为导向定位基准，窄而短的表面作为止推定位基准；应尽量使定位基准与设计基准重合，以保证必要的定位精度；尽量利用零件上经过机械加工的表面或孔等作为定位基准，或者以上道工序的定位基准作为本工序的定位基准。上述原则要综合考虑，灵活应用。检验定位基准选择得是否合理的标准是能否保证定位质量、方便装配和焊接，以及是否有利于简化夹具的结构等。

2．确定定位元件的结构及布局

定位基准确定之后，设计定位元件时，应结合基准结构形状、表面状况，限制工件自由度的数目、定位误差的大小，以及辅助支承的合理使用等。

如图 3.30 所示，定位元件的结构和布局转变，以便于在兼顾夹紧方案的同时进行分析比较，以达到定位稳定、安装方便、结构工艺性和刚性好等设计要求。

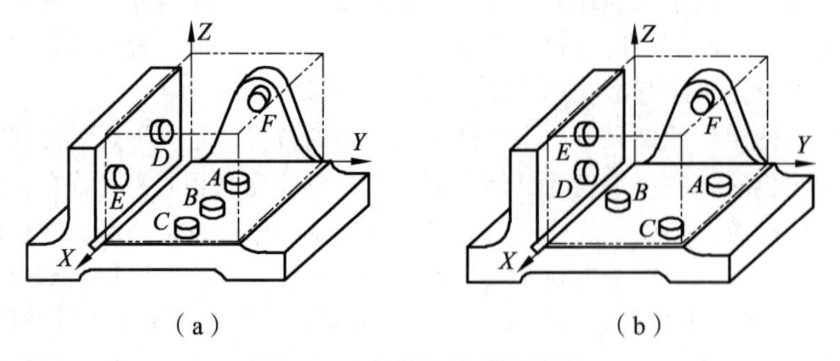

图 3.30　定位元件布局选择

3．确定必限的自由度

根据工序图中装配顺序和技术要求，正确地确定必须限制的自由度，并用适当的定位器将这些自由度加以限制，即当确定工件定位精准面形状类型、定位元件，可估计支点数，从而知道限制自由度情况。表 3.3 列出了常用定位器所相当的支点数和所能限制工件自由度的情况，供分析参考。

表 3.3　定位器所限制的自由度

工件定位基准面	定位元件	相当支点数	限制自由度情况
平　面	宽长定位板	3	1 个移动，2 个转动
	窄长定位板	2	1 个移动，1 个转动
	定位钉	1	1 个移动

续表

工件定位基准面	定位元件	相当支点数	限制自由度情况
圆柱孔	长圆柱销	4	2 个移动，2 个转动
	短圆柱销	2	2 个移动
	短削边销	1	1 个转动
	短圆锥销	3	3 个移动
	前后顶尖联合使用	5	3 个移动，2 个转动
圆柱体	长 V 形块	4	2 个移动，2 个转动
	长圆柱孔	4	2 个移动，2 个转动
	短 V 形块	2	2 个移动
	短圆柱孔	2	2 个移动
	三爪卡盘夹持短工件	2	2 个移动
	三爪卡盘夹持长工件	4	2 个移动，2 个转动
	短圆锥孔	3	3 个移动
	前后锥孔联合使用	5	3 个移动，2 个转动

4．提出定位器的材料和技术要求

夹具精度应不低于 IT11，定位元件、配合元件可更高；夹具定位元件工作表面粗糙度不应大于 *Ra*3.2；常用材料 45、40Cr 等优质碳素结构钢或合金钢制造，或选用 T8、T10 等碳素工具钢制造，并经淬火处理；表面耐磨（硬度 40 ~ 65 HRC）。

5．定位方案设计实例

（1）铣床铣槽定位方案实例。

如图 3.31 所示，要求在零件表面加工 4 个槽，4 个槽宽度、深度相同，且与打孔中心对称。

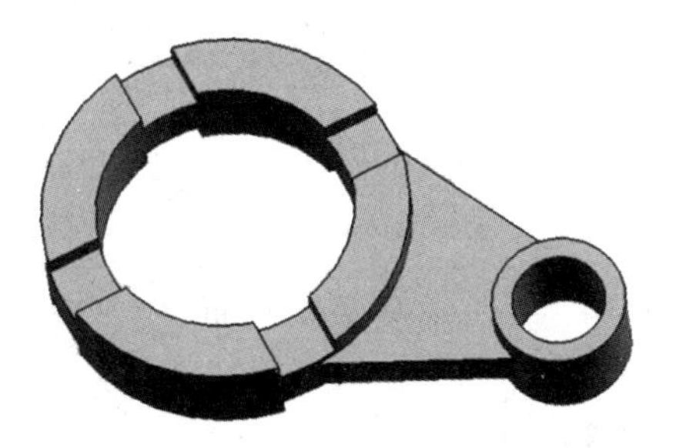

图 3.31　连杆铣槽

① 确定定位基准。

槽口尺寸如图 3.32 所示，要求加工连杆两端的 4 条槽，且槽宽、槽深对大孔中心对称，槽与两孔中心连线夹角为 45° ± 30′。

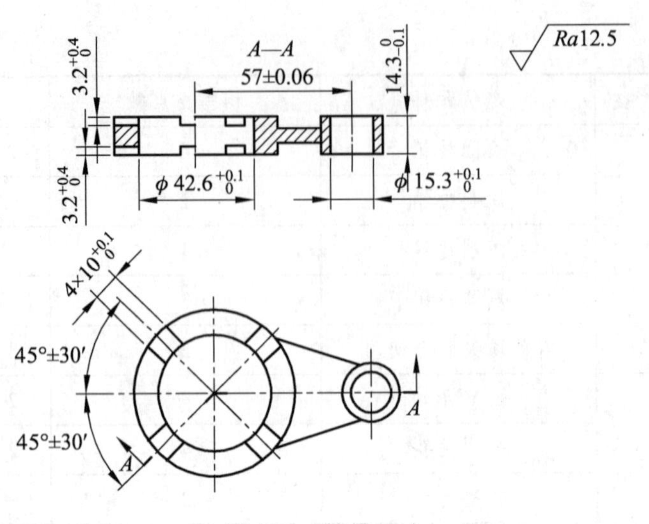

图 3.32　铣槽尺寸

根据连杆的技术要求，连杆在加工过程中需要完全固定，即需要限制六个自由度。因此选用大圆孔作为槽口加工的导向定位基准，选用大圆孔端面作为主要定位基准，同时考虑定位质量、装配和拆卸的需求。

② 确定定位器的结构及布局。

加工时需要对工件进行水平定位，为确保其定位基准稳定性，采用不联动螺旋压板机构夹端面固定，需要借助螺栓实现夹紧，如图 3.33 所示为夹紧后的三维示意图。

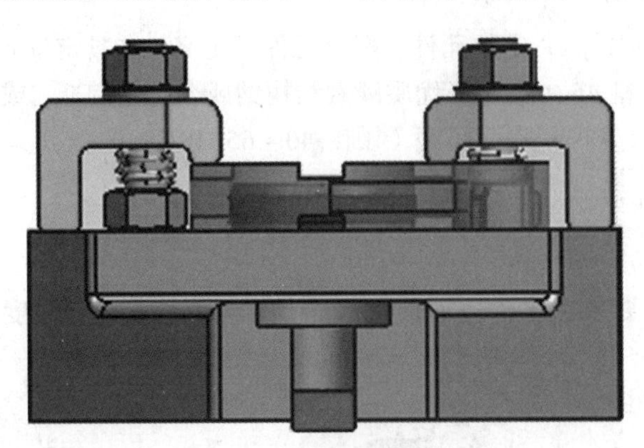

图 3.33　铣槽基准定位

③ 确定必限的自由度。

根据图 3.32 铣槽正视图和俯视图，需要限制端面（*Z*、*X*、*Y*）、大孔（*X*、*Y*）、小孔（*Z*）的自由度，即需要完全定位。

④ 提出定位器的材料和技术要求。

夹具定位元件工作表面粗糙度不应大于 *Ra*12.5，可采用 45 号优质碳素结构钢或合金钢制造。

（2）横梁焊接定位方案设计实例。

要求对如图 3.34 所示的 Q235 横梁进行焊前工装组焊定位。

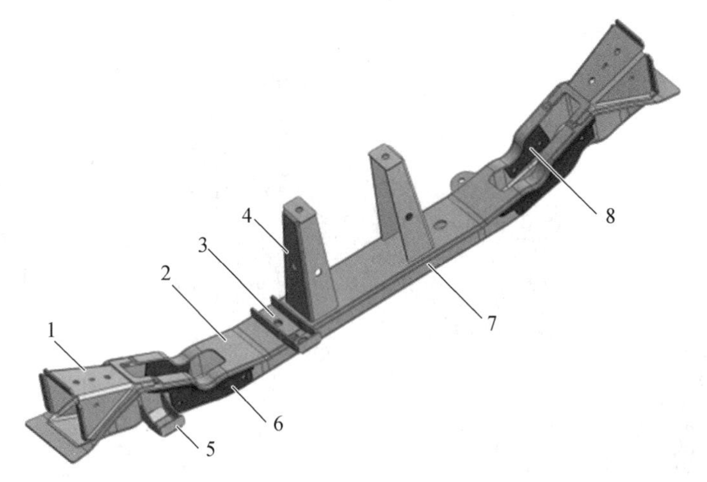

1—第五横梁加强板；2，6，7，8—第五横梁下板焊接组件；3—油箱前右支架焊接组件；
4—传动轴中间支撑左、右焊接组件；5—油箱前左支架焊接组件。

图 3.34　横梁焊接总成

① 确定定位基准。

自动焊接生产线主要由 4 个工位组成，前 3 个工位为各部件的组对、焊接工位，第 4 个工位为补焊、检验工位。工位之间物料传输采用叉车或行车吊运。料架采用用户的标准料架。如图 3.35 所示为焊接工位效果图。

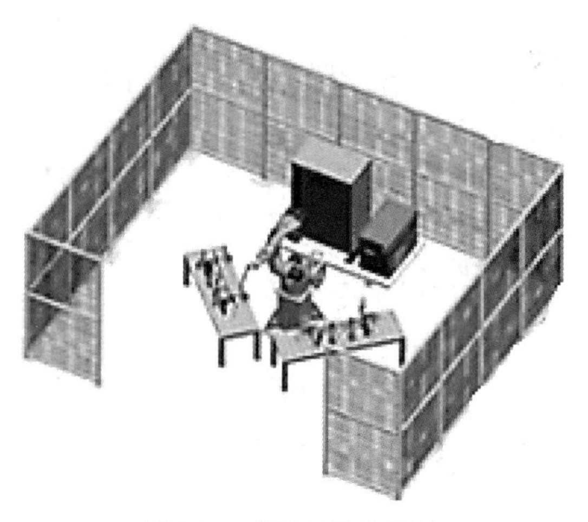

图 3.35　焊接工位效果图

② 确定定位器的结构及布局。

焊接时需要对横梁进行夹紧定位，为确保其定位基准稳定性，采用组对工作台和快速卡钳为焊接工装进行夹紧，横梁夹紧后的三维示意图如图 3.36 所示。图中Ⅰ、Ⅱ、Ⅲ为工件的 3 个零件。

其中Ⅰ号工件定位采用定位销 4 定位零件Ⅰ上的一个孔，定位块 6 定位零件Ⅰ长度方向，再用快速卡钳 5 压紧工件。Ⅱ号工件定位采用磁性压头 3 带磁性，内侧有两定位销与零件Ⅱ两孔配合。Ⅲ号工件定位采用磁性定位块 7 带磁性、上边缘仿形制作。零件Ⅲ放在定位块 6 上，翻边紧靠定位块上边缘定位。

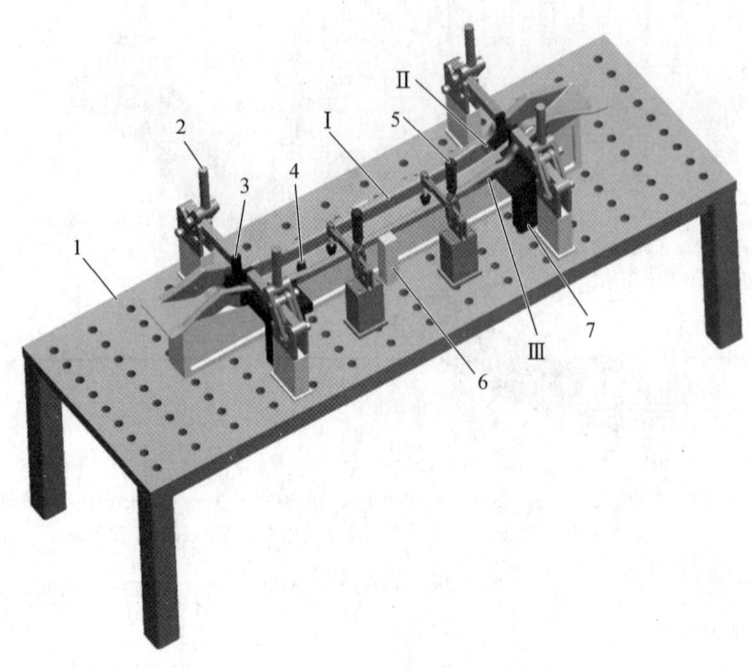

1—组对工作台；2，5—快速卡钳；3—磁性压头；
4—定位销；6—定位块；7—磁性定位块。

图 3.36　工装夹紧示意

③ 确定必限的自由度。

根据图 3.35，需要限制各个工件端面（*Z*、*X*、*Y*）的自由度，即需要完全定位。

④ 提出定位器的材料和技术要求

夹具定位元件工作表面粗糙度不应大于 *Ra*12.5，可采用材料 KR5-F4 组对、焊接工装平台。

4 焊件的夹紧

焊件在定位完成后应予以夹紧。由于焊接过程中局部受热且各部分冷却速度不同，焊接过程必将产生应力与变形。因此，焊前将焊件可靠地固定夹紧，从而减小焊后变形变得至关重要。本章从夹紧装置、焊接工装夹具的设计、夹紧机构、焊件夹紧方案设计实例讲述焊件夹紧的相关内容。

4.1 夹紧装置

4.1.1 夹紧装置及其组成

焊件在工装夹具上安装的过程包括定位过程和夹紧过程，这两个过程是密切联系的。定位过程不准，难以确保工件在机床上或夹具中占有正确位置。夹紧不良，在完成工件固定的定位后，不能保证其在加工过程中保持定位位置不变。因此要使焊件在定位件上所占有的确定位置在焊接过程中保持不变，就必须采用夹紧装置将焊件夹紧，才能保证焊件的定位基准与工装夹具上的定位表面可靠地接触，防止装配和焊接过程中的移动或变形。在焊接作业中，使焊件一直保持确定位置的过程叫作夹紧。使焊件保持确定位置的机构叫作夹紧装置。夹紧装置对焊件起夹紧作用，是工装夹具组成中最重要的部分。

典型的机动夹紧装置如图 4.1 所示，通过汽缸 1 作为力源装置压缩气体促使斜楔 2 运动，滚轮 3、斜楔 2 作为中间传力机构，斜楔 2 的运动促使滚轮 3 在斜楔 2 上竖直向上运动，连接滚轮另一端的夹紧元件（压板 4）会在中间轴承作用下通过杠杆原理向下运动从而挤压工件，起到夹紧工件的效果。

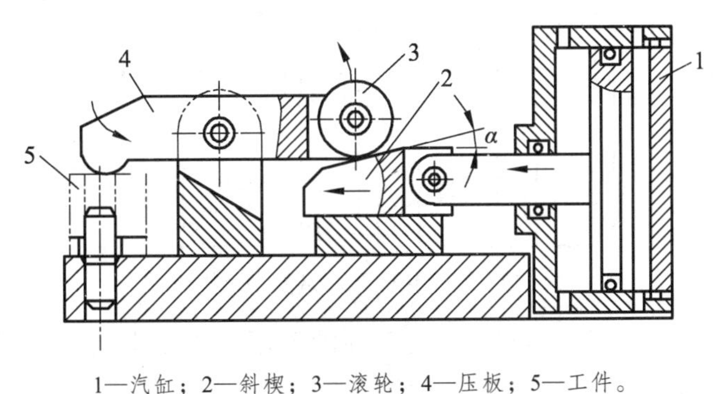

1—汽缸；2—斜楔；3—滚轮；4—压板；5—工件。

图 4.1 装夹装置组成

一般来说，夹紧机构主要由以下三个部分组成：

（1）力源装置，它是产生夹紧作用力的装置，通常是指机动夹紧时所用的气动、液压、电动等动力装置，图 4.1 中的汽缸 1 便是一种非机动的气动力源装置。手动夹紧时的力源是由人力保证的，因此手动夹紧时没有力源装置。

（2）中间传力机构，它是将力源产生的力传递给夹紧元件的机构，图 4.1 中的斜楔 2、滚轮 3。传力机构的作用有改变夹紧力的方向，改变夹紧力的大小（扩力），保证夹紧的可靠性、自锁性。

（3）夹紧元件，即与工件相接触的部分，它是夹紧装置的最终执行元件。通过它和工件直接接触而完成夹紧动作。图 4.1 中的压板 4 即为夹紧元件。

夹紧装置的设计就是设计这 3 个部分。夹紧装置的具体组成是由工件特点、定位方式、工艺条件等来综合考虑的。

4.1.2 夹紧装置分类

夹紧装置的分类及基本要求：

1．按作用力的来源分

夹紧装置可分为手动夹紧与机动夹紧两大类。其中手动夹紧是夹紧装置中最简单、最原始的形式，在小批和成批生产中仍然广泛应用。机动夹紧装置主要有气压传动、液压传动、气液压传动、磁力传动、真空传动、电动传动、混合传动共 7 类。

手动夹紧装置是以人力为动力源，通过手柄或脚踏板，靠人工操作用于装焊作业的机构。手动夹紧装置主要有手动螺旋夹紧器、手动螺旋拉紧器、手动螺旋推撑器、手动螺旋撑圆器、手动楔夹紧器、手动凸轮偏心夹紧器、手动弹簧夹紧器、手动螺旋-杠杆夹紧器、手动凸轮偏心-杠杆夹紧器、手动杠杆-铰链夹紧器、手动弹簧-杠杆夹紧器、手动杠杆-杠杆夹紧器，如图 4.2 所示。

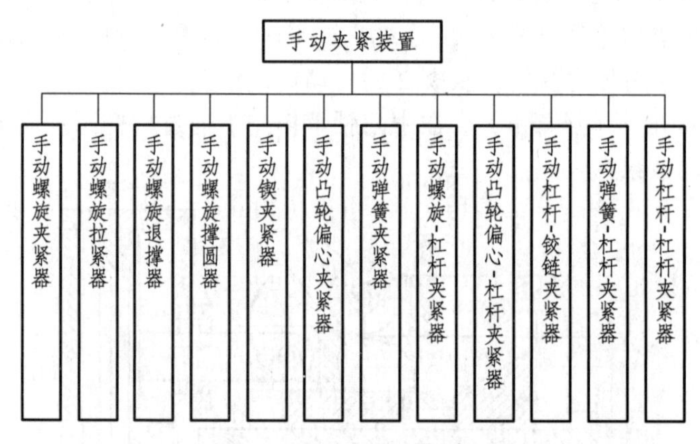

图 4.2　手动夹紧装置分类

手动夹紧装置的动力来源通常可以不受车间设备条件的限制，构造简单、维护方便，操作者可以在一定范围内根据实际需要改变夹紧力的大小，从而得到最合适的夹紧力，且大都具有自锁和扩力性能，因而一般在单件和小批量生产中应用较多。但是，手动夹紧装置夹紧缓慢，劳动条件不如机动夹紧装置好，夹紧力大小不能保持在严格的范围内，并且也难以产生很大的夹紧力，因此在实际应用中受到了较大的限制。

2．按转变原始力为夹紧力的机构分类

按照机构的繁简程度，夹紧装置可分为简单夹紧机构和组合夹紧机构。简单夹紧机构中将原始力转变为夹紧力的机构只有一个，如螺旋式、楔式、偏心式、杠杆式和弹簧式夹紧机构等。而组合夹紧机构则是由两个或两个以上的简单夹紧机构所组成，如螺旋-杠杆式、螺旋-楔式、偏心-杠杆式及偏心-楔式等。组合夹紧机构可以进一步增大夹紧力或得到适当要求的夹紧力作用点及夹紧方向。

3．按夹紧方向及位置分类

按机构对工件所作用的夹紧力方向及位置的不同，夹紧装置又可分为垂直夹紧、平行夹紧、对向夹紧、张开夹紧、沿圆周径向夹紧或内部夹紧、外部夹紧等。

4.1.3　夹紧装置的基本要求

选择工件的夹紧方式，一般与定位方式一起考虑，有时工件的定位也是在夹紧过程中实现的。设计夹紧装置时，必须满足下列基本要求。

（1）焊接工装夹具应动作迅速、操作方便，操作位置应处在工人容易接近、适宜操作的部位，以减轻劳动强度、缩短辅助时间、提高生产率。特别是手动夹具，其操作力不能过大，操作频率不能过高，操作高度应设在工人最易用力的部位。

（2）焊接工装夹具应有足够的装配、焊接空间，不能影响焊接操作和焊工观察，不妨碍焊件的装卸。所有的定位元件和夹紧机构应与焊道保持适当的距离，或者布置在焊件的下方或侧面。夹紧机构的执行元件应能够伸缩或转位。

（3）夹紧装置结构要力求简单、夹紧可靠、刚性适当。夹紧时不破坏焊件的定位位置和几何形状，夹紧后既不使焊件松动滑移，又不使焊件的拘束度过大而产生较大的应力。特别是夹具体的刚度，对结构的形状精度、尺寸精度影响较大，设计时要留有较大的裕度。

（4）夹紧机构一般要有自锁作用，为了保证使用安全，应设置必要的安全联锁保护装置。

（5）夹紧力大小适中，保证在装配焊接过程中工件不会松动，又不会使工件产生的变形和表面损伤超出技术条件的允许范围，夹紧薄件和软质材料的焊件时，应限制夹紧力，或者采取压头行程限位，加大压头接触面积，加添铜、铝衬垫等措施。

（6）接近焊接部位的夹具，应考虑操作手把的隔热和防止焊接飞溅物对夹紧机构和定位器表面的损伤。

（7）夹具的施力点应位于焊件的支承处或者布置在靠近支承的地方，要防止支承反力与夹紧力、支承反力与重力形成力偶，不能破坏工件在定位元件上所获得的正确位置，为此要正确选择夹紧力的方向和作用点。

（8）注意各种焊接方法在导热、导电、隔磁、绝缘等方面对夹具提出的特殊要求。例如，凸焊和闪光焊时夹具兼作导电体，钎焊时夹具兼作散热体，因此要求夹具本身具有良好的导电、导热性能。再如，真空电子束焊所使用的夹具，为了不影响电子束聚焦，在枪头附近的夹具零件，不能用磁性材料制作，夹具也不能带有剩磁。

（9）在同一个夹具上，定位器和夹紧机构的结构形式不宜过多，并且尽量只选用一种动力源。

（10）工装夹具本身应具有较好的制造工艺性和较高的机械效率。

（11）尽量选用已通用化、标准化的夹紧机构以及标准的零部件来制作焊接工装夹具。

（12）夹紧装置的复杂程度和自动化程度应与生产批量和生产条件相适应。

4.1.4 简单夹紧装置

在夹具中，用以防止工件在加工过程中产生位移或振动的装置，称为夹紧装置。它通常在实际生产应用中用来保证工件在夹紧过程中不改变位置；夹紧力大小应能保证工件在加工过程中不产生位移或振动，又不致压伤工件表面或引起变形；操作方便、夹紧动作迅速，以提高生产率；结构简单、易于制造，以降低夹具的成本；能自锁，即在原始力去除后，仍能保持工件的夹紧状态；操作安全、劳动强度小。常见简单夹紧装置分类如图 4.3 所示。

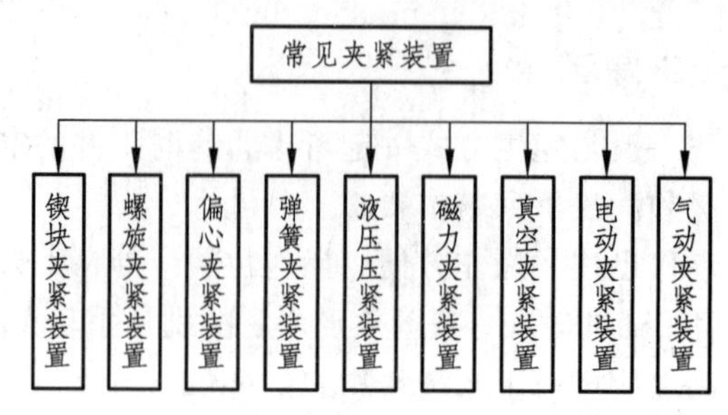

图 4.3 常见简单夹紧装置

1．楔块夹紧装置

楔块夹紧装置是利用楔的斜面将楔块的推力转变为夹紧力从而将工件夹紧的一种机构。在装配焊接过程中常作为独立的夹具而被广泛应用。

在装配中应用该装置来对齐两块对接的板材或者曲板，并使其保持必要的装配间隙等。通常使用时用手锤直接敲击楔块的端部以获得夹紧力，有时将楔块与杠杆、螺旋、偏心轮、气动或液压装置等配合使用。楔块夹紧机构及其作用力如图 4.4 所示。

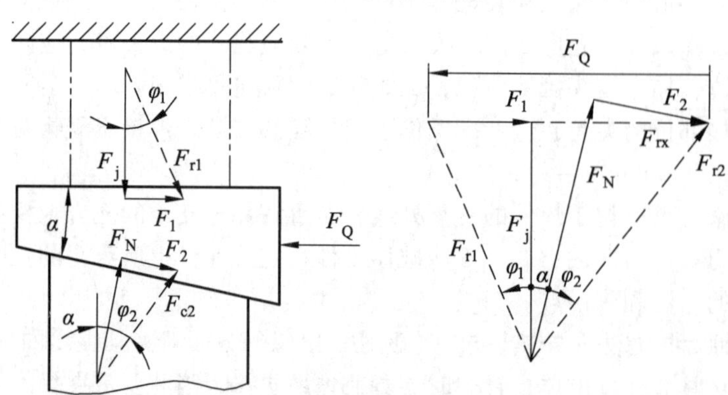

图 4.4 楔块夹紧结构及其作用力

当施以原始作用力 F_Q 时，在工件与斜模间产生夹紧力 F_j 和摩擦力 F_1，而夹具体与斜楔间产生正压力 F_N 和摩擦力 F_2。而 F_N 和 F_2 的合力为 F_{r2}，F_{rx} 为 F_{r2} 在原始作用力 F_Q 方向上的分力。

在进行楔块机构设计时，最关键的是设计楔块升角α，该参数不仅决定了夹紧力，还能在外力作用消失的条件下保证装置实现自锁，因此在确定斜楔夹紧装置的升角α时，应兼顾增力比、行程大小和自锁条件在不同工作条件下的实际需要。一般来说，升角α越小则增力比i越大，当原始作用力F_Q恒定时则夹紧力F_j随α减小而增大，自锁越可靠。但在斜楔移动距离s增大，影响夹紧速度。反之升角α越大，则夹紧力F_j越小，自锁性差，夹紧迅速。为了既夹紧迅速又自锁可靠，可采用双升角斜楔，如图 4.5 所示，前部用大升角$\alpha_1(30° \sim 45°)$，实现快速夹紧，后部用小升角$\alpha(6° \sim 8°)$，实现自锁。

通常来说楔块夹紧机构的摩擦损失是很大的。如果单面斜楔升角$\alpha = 5°$，若不计摩擦损失时，$F_j = 11.5F_Q$；若计算摩擦损失时，则$F_j = 3.4F_Q$，其损失为 70%。如果$\alpha = 45°$，不计摩擦损失时，$F_j = F_Q$：若考虑摩擦损失时，$F_j = 0.8F_Q$，即摩擦损失为 20%。要减少斜楔的摩擦损失，可以采用滚子进行传动。

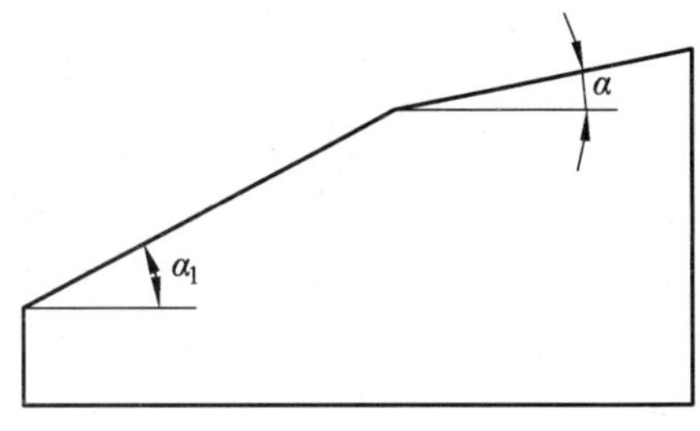

图 4.5 双升角斜楔

2．螺旋夹紧装置

利用螺旋直接夹紧或与其他元件组合实现夹紧工件的装置，统称螺旋夹紧装置。这类夹紧装置由于结构简单、夹紧可靠、通用性强，既可独立使用，也可以安装在夹具上和定位器配合使用，所以在焊接生产中广为应用。其缺点是夹紧和松开工件时比较费时费力。

螺旋夹紧装置有螺钉夹紧机构和螺母夹紧机构两种基本形式，目前已实现标准化，在特殊需要时根据情况自行设计。如图 4.6（a）所示为简单螺钉夹紧机构，由于螺钉的脚部与工件为点接触，易将工件压伤，且夹紧力集中，易引起不允许的变形。为保护工件表面不被压伤，往往在下面装上压块，如图 4.6（b）所示。旋转螺杆 1 通过压块 4 将工件压紧。压块 4

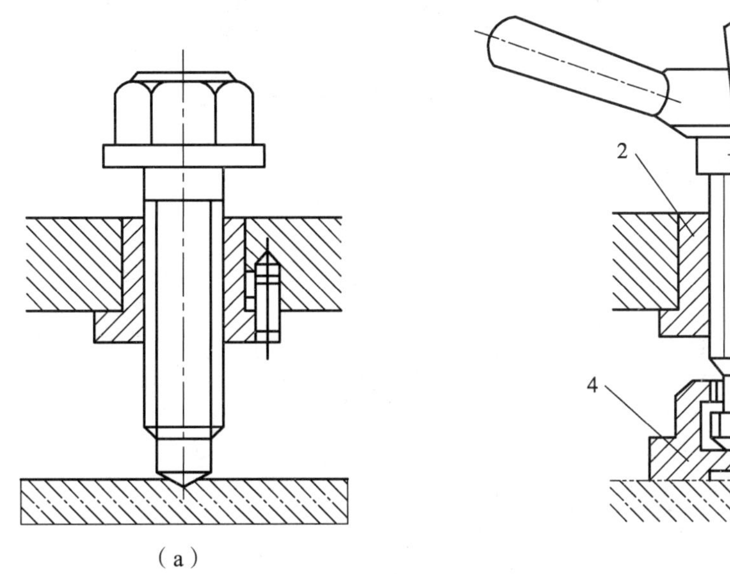
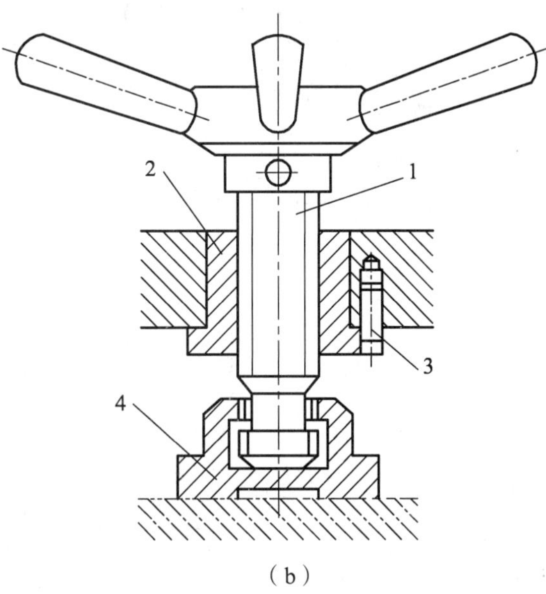

（a）　（b）

1—螺杆；2—螺纹衬套；3—止动销；4—压块。

图 4.6 螺钉夹紧机构

的作用是防止在旋紧螺杆时带动工件一起转动，并避免螺杆头部直接与工件接触而造成压痕，同时也可增大与工件的接触面积，使夹紧更可靠。在成批生产用的夹具上，与螺杆相配的螺孔，如结构上允许，最好做在螺纹衬套 2 上，而不直接做在夹具体上，以便于修理更换。止动销 3 用来防止螺纹衬套 2 松动。

由于螺旋夹紧机构操作费时，因此需设计快速操作机构，如图 4.7（a）所示为悬臂式回转夹紧器，只需将螺栓松两扣，然后将夹紧器主体旋转一角度，即可退出工件，压紧时也可快速动作。如图 4.7（b）所示为带回转支承的夹紧器，夹紧工件时，合上回转支承，靠销钉挡在工作位置；松开时，倒下回转支承，螺杆和螺母便可迅速后退。如图 4.7（c）所示为枪栓螺旋式快速夹紧器，用于夹紧件头部需要退出一定长度才能装卸工件的情况。夹紧时，先推动手柄，使销子沿直槽前进，当夹紧头靠近工件后，转动手柄，用销子带动螺纹套旋转，从而夹紧工件。如图 4.7（d）所示为带闭锁套的螺旋夹紧器，当杆上的凸块在 *A—A* 剖面位置时，即可夹紧工件；当螺杆反转 90° 时，螺杆的凸块可通过螺套的内槽迅速退出，直至碰到右端的挡销为止。

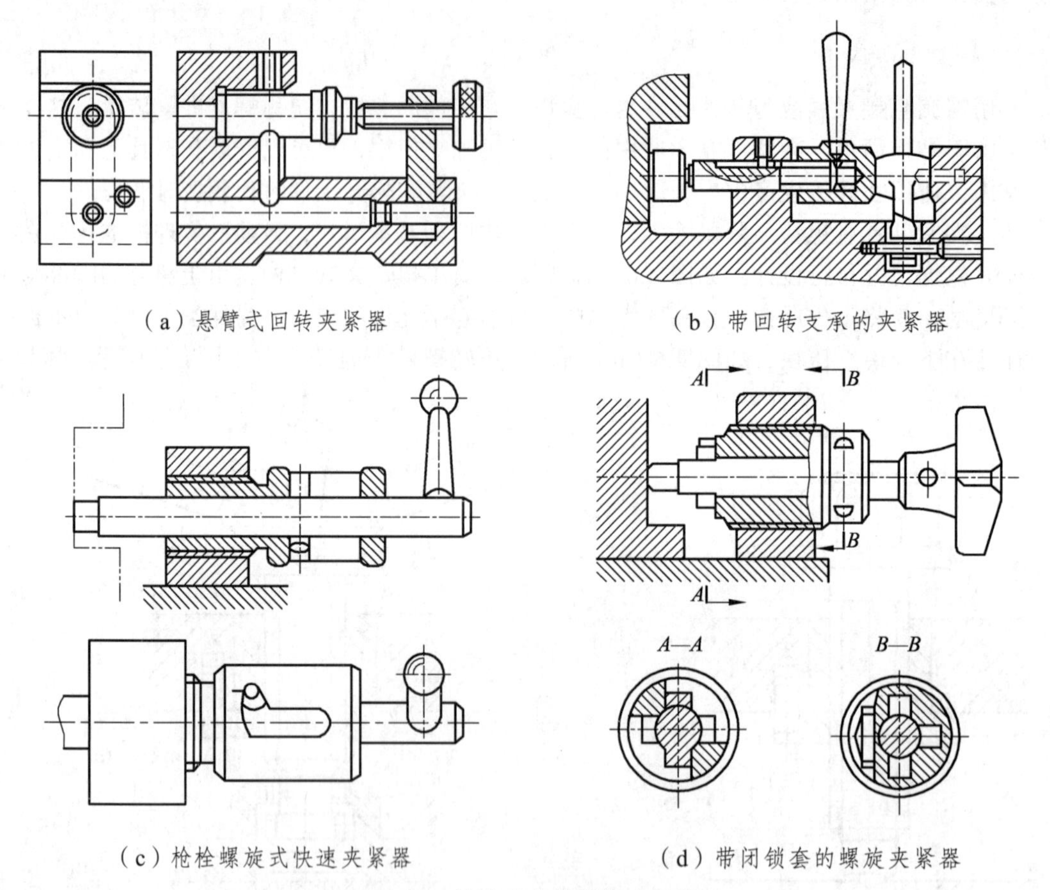

（a）悬臂式回转夹紧器　（b）带回转支承的夹紧器

（c）枪栓螺旋式快速夹紧器　（d）带闭锁套的螺旋夹紧器

图 4.7　快速动作的螺旋夹紧器

螺旋夹紧时，螺杆可认为是绕在圆柱体上的一个斜面，螺母看成是斜面上的一个滑块，因此其夹紧力可根据楔的工作原理来计算，这里不详细叙述。螺旋夹紧产生的夹紧力 F_j 见表 4.1。选用时，夹紧工件的力应小于表中所列的数值。

表 4.1　单个螺旋夹紧的许用夹紧力

螺纹直径 /mm	R_0/mm	手柄长度 L/mm	原始作用力 F_Q/N	产生的夹紧力 F_i/N		
				电接触	圆周线接触	圆环面接触
10	4.50	120	25	4 200	3 000	4 000
12	5.43	140	35	5 700	4 000	5 800
16	7.35	190	65	10 600	7 200	8 500
20	9.19	240	100	16 500	11 400	11 500
24	11.02	310	130	23 000	16 000	14 600

3．偏心夹紧装置

偏心夹紧机构是指用偏心件直接或间接夹紧工件的机构。偏心件有圆偏心和曲线偏心（即凸轮）两种。圆偏心外形为圆，制造方便，应用最广。曲线偏心的外形是某种曲线，目的是为了使升角不变，从而保持夹紧性能稳定，一般常用阿基米德螺线及对数曲线。但曲线偏心的制造不如圆偏心方便，故只在夹紧工件行程较大时采用。这两类偏心轮虽然结构形式不同，但其夹紧原理完全一样。下面将着重讨论圆偏心夹紧机构。

如图 4.8（a）所示，圆偏心轮 1 上有一偏心孔，通过此孔自由地安装在轴 2 上并绕该轴旋转，手柄 3 是用来控制圆偏心轮旋转的。当转动手柄使圆偏心轮的工作表面与焊件或中间机构在 K 点接触后，圆偏心轮应能依靠其自锁性将焊件夹紧。圆偏心轮的几何中心 C 与轴心 O 之间的距离 e 为偏心距。垂直于轴向和接触点连线的直线与接触点切线之间所形成的锐角 λ，称为该接触点的升高角（升角）。

由图 4.8（a）可以看出，在偏心机构上实际起夹紧作用的是图上画有细实线的部分，将它展开后即近似于楔的形状，如图 4.8（b）所示，也即偏心夹紧相当于楔夹紧。

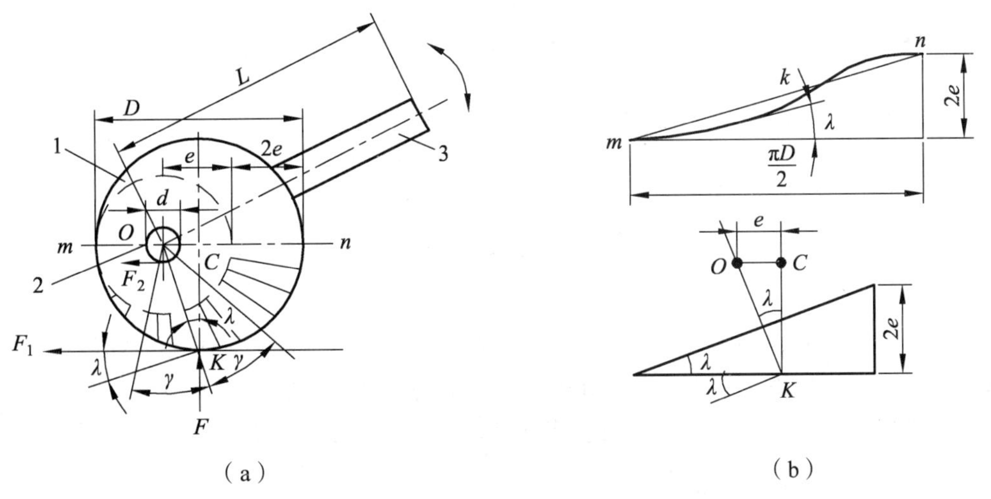

1—圆偏心轮；2—轴；3—手柄。

图 4.8　圆偏心夹紧装置

实际应用过程中，圆偏心夹紧装置的扩力比远小于螺旋夹紧装置的扩力比小。由于圆偏心夹紧机构的扩力比小，且自锁性能随升高角的变化而变化，因而夹紧稳定性不够，所以多用在夹紧力不大、振动较小、开合频繁的场合。

偏心夹紧机构的特点明显，在理论上偏心轮的工作段可取回转角为 ± 90°，但实际应用时，为了加大工件的装卸空间，非工作部分可削去一部分，有效工作区一般取升角最大点左、右各 30° ~ 50°。在这一工作段内，各点升角变化较小，近似常数，夹紧力稳定，但自锁性能较差。

偏心夹紧机构的主要优点是操作迅速，且具有自锁作用，其构造也不复杂。其主要缺点是工作行程小，故适用于被夹紧表面的位置尺寸公差较小的情况。同时偏心夹紧机构只靠摩擦锁紧，而且夹紧力不算大，故不宜用于振动较大的场合。因其需要带手柄，故也不宜用于旋转的夹具，若手柄设计成活动的，可取下，就不受此限制。通常选取的偏心轮材料为 T7A 钢（45 ~ 50 HRC）或 T8A 钢（50 ~ 55 HRC），也可采用 20 钢或 20Cr 钢（渗碳 0.8 ~ 1.2 mm，淬火 55 ~ 60 HRC）。

斜楔、螺旋和偏心夹紧机构的对比分析见表 4.2。

表 4.2　斜模、螺旋和偏心夹紧机构的对比分析

项　目	斜　楔	螺　旋	偏　心
运动特性	直线运动转为另一方向直线运动	回转运动转为直线运动	回转运动转为直线运动
增力比 i	$i=2\sim5$	$i=65\sim175$	$i=10\sim20$
自锁情况	自锁条件：$\alpha<\varphi_1+\varphi_2$ α 越小，自锁性越好	单头螺纹都具有良好的自锁性能	自锁条件：$2e/D\leqslant f$ D/e 越小，自锁性越好
保证自锁时夹紧行程 h	较小（欲增大 h，需增长斜楔）	无限制	较小（增大 D，可相应使 e 及 h 增大）
结构情况	组合使用时结构庞大	结构简单	结构简单
手工操作	费时、费力	费时、费力	迅速、方便
动力源	多数用气动、液压	多数用手动	多数用手动
应用情况	单独用少，常作增力机构	适应性强	行程小、负荷小且平稳的场合

4．弹簧夹紧装置

弹簧夹紧装置是利用弹簧变形产生的力作为持续动力，然后将力转变为夹紧力将工件夹紧。弹簧夹紧装置有以下主要优点：限制并稳定夹紧力。在夹紧状态下调整弹簧的变形量，则夹紧力被限定在某范围内；在批量生产使用时，夹紧力稳定，大小无变化；弹簧夹紧容易实现自动夹紧。

弹簧夹紧机构应用较多的有圆柱形螺旋弹簧（拉伸弹簧和压缩弹簧）和碟形弹簧两种结构形式。若要夹紧力很大，轴向尺寸较小时，则采用碟形弹簧，如图 4.9 所示。图（a）中碟形弹簧受压缩产生原始力，将心轴下移使弹簧夹头向外扩张，将工件夹紧、心轴往上顶动时，弹簧夹头内缩，工件被松开。图（b）为碟形弹簧产生原始力，由摆动压板将工件夹紧。松开

时将可卸手柄 1 套在偏心轮 2 的短柄上，操作偏心轮而将压板压向中间则松开工件。夹紧与松开工件时，弹簧都处在压缩状态。

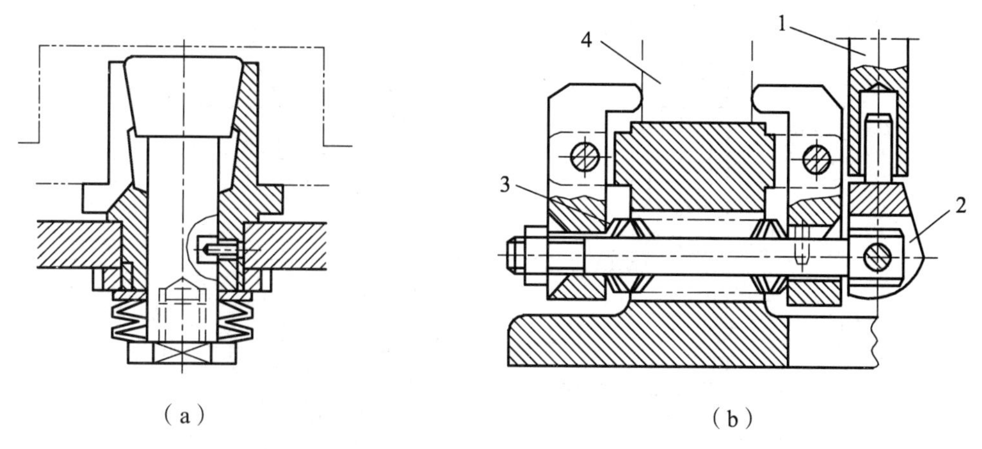

1—可卸手柄；2—偏心轮；3—碟形弹簧；4—工件。

图 4.9 弹簧夹紧装置

弹簧的热处理是保证弹簧夹紧的关键，其热处理规范可参见表 4.3。

表 4.3 弹性夹头的材料及热处理规范

材料牌号	淬火		回火		硬度/HRC	
	加热温度/°C	冷却介质	加热温度/°C	冷却介质	工作部分	尾部
65Mn	830	油	480	油	57 ~ 62	40 ~ 45
60Si2A	870	油	420	油	58 ~ 62	42 ~ 48
50CrVA	850	油	520	油	58 ~ 62	42 ~ 48
18CrMnTi	880	油	200	水、油	58 ~ 62	40 ~ 45
T7A	820	水	450 ~ 480	油	43 ~ 52	30 ~ 32
T10A	800	水	450 ~ 480	油	52 ~ 56	40 ~ 45
4CrSiV	900	油	450	油	57 ~ 60	47 ~ 50
9CrSi	860	油	450	油	56 ~ 62	40 ~ 45

5. 液压压紧装置

液压压紧装置，一般来说包括液压缸、推动杆、滑块、压板、转轴、压紧支座、固定工作台等。通过滑块在液压缸和推动杆的作用下来回移动，驱动压块以转轴为支点旋转，从而松开或压紧移动工作台或工作台上的工件，可以大大缩短装夹时间，因此液压压紧装置的可控性强，结构简单合理。

如图 4.10 所示为液压千斤顶工作原理，它由手动柱塞液压泵和液压缸两大部分组成。当千斤顶处于工作状态时，放油阀 8 处于关闭状态。此时若向上提动杠杆 1，小活塞 3 上升，在油液压力作用下单向阀 7 关闭，油腔 4 的容积增大并形成局部真空，于是油箱 6 中的油液在大气压力作用下推动单向阀 5 打开，油液沿吸油管道进入油腔 4。再向下压动杠杆 1 时，小活塞 3 将向下运动，在油液压力作用下，单向阀 5 关闭，而单向阀 7 打开，油腔 4 中的油液通过管道 9 进入油腔 10，推动活塞 11 向上运动，举起重物 12。反复提压杠杆 1，就能使活塞 11 不断上升，达到起重的目的。

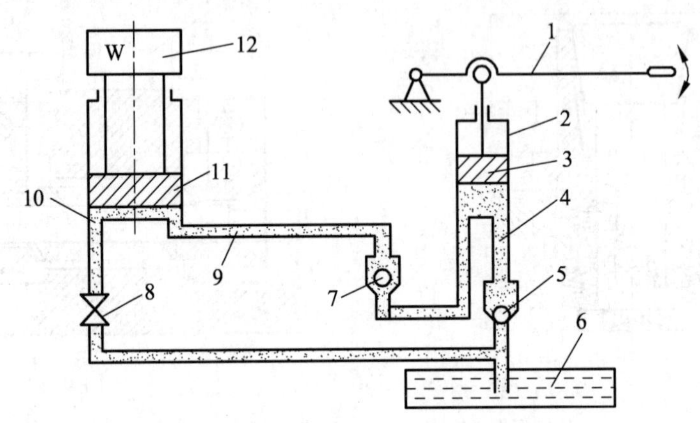

1—杠杆；2—小液压缸；3—小活塞；4，10—油腔；
5，7—单向阀；6—油箱；8—放油阀；9—管道；
11—活塞；12—重物。

图 4.10　液压千斤顶工作原理

从液压千斤顶这个简单例子可以看到：

（1）在液压传动中，以油液为工作介质来传递动力和能量，油液是传动件。而在机械传动中，轴、齿轮、带和带轮等是传动件，用来进行动力和运动的传递。所以液压传动和机械传动是两种完全不同的传动方式。

（2）液压传动是在密封容器内，利用液体传递压力能，然后通过执行机构，把压力能转换成机械能而做功的一种传动方式。

（3）液压传动中的工作介质是在受控制、受调节的状态下进行工作的。

液压传动具有下列优点：液体的工作压力比气体工作压力高，一般为 1.96 ~ 7.84 MPa，有时可达 9.8 MPa 以上，传递的力或力矩大。与气压传动相比，在同等功率下，液压执行元件体积小、质量小、结构紧凑；液体具有不可压缩性，夹紧刚性较高；液压传动装置工作平稳，由于质量小、惯性小，液体（一般是油液）又有吸振能力，便于实现快速启动、制动和频繁换向；使用油液作为工作介质时，可以自行润滑运动构件，有利于提高元件使用寿命；由于液压传动的压力、流量及方向是可控制的，再加上电子技术的配合，便于实现自动化，控制方便，可在很大范围内实现无级变速，调速范围可达 2 000：1，还可以在运动过程中进行调速，容易实现直线运动；液压传动的元件已实现标准化、系列化，对于设计、制造和使用都很方便。

液压传动的缺点：液压系统结构复杂，液压元件制造精度要求高，使加工制造比较困难，尤其是用于控制的液压阀，为防止油液的泄漏，对零件的加工精度要求非常严格，因而成本比气压元件高；为防止泄漏对工作效率及工作平衡性的影响，对密封要求较为严格，即便如此，泄漏也难以避免；油液的黏度随温度的变化而变化，会直接影响传动机构的工作性能，因此在低温及高温条件下采用液压传动较为困难；控制部分比气压传动复杂，不适合远距离操纵，除非采用电液联合控制。

6．磁力夹紧装置

磁力夹紧装置通常来说分为永磁夹紧装置和电磁夹紧装置两种。永久磁铁常用镍钴合金和铁氧体等永磁材料来制作，特别是后者中的锶钙铁氧体，其资源丰富、性能好、价格低廉，得到了广泛的应用。电磁夹紧装置是利用电磁力来夹紧焊件的一种器具，其夹紧力较大，按供电电源不同，又可分为直流和交流两种。

直流电磁夹紧器，其电磁铁励磁线圈内通过的是直流电，所建立的磁通是不随时间变化的恒定值，在铁心中没有涡流和磁滞损失，铁心材料可用整块工业纯铁制作，吸力稳定、结构紧凑，在电磁夹紧器中应用较多。交流电磁夹紧器，其电磁铁励磁线圈内通过的是交流电，所建立的磁通随电源频率而变化，因而磁铁吸力是变化的，工作时易产生振动和噪声，且有涡流和磁滞损耗，结构尺寸较大，故使用较少。

电磁夹紧装置的应用如图 4.11 所示，焊件筒体两端的法兰被定位销定位后，其定位不受破坏，就是靠固定和移动式电磁夹紧器来实现的。

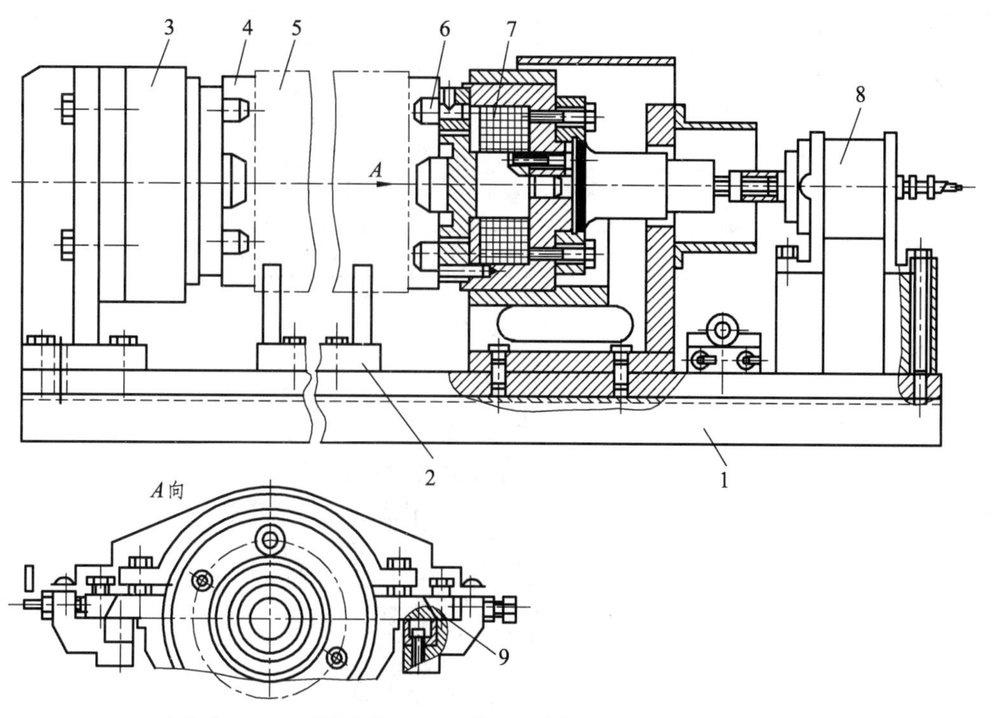

1—夹具体；2—V 形定位器；3—固定电磁夹紧器（同时起横向定位作用）；
4—焊件（法兰）；5—焊件（簧体）；6—定位销；
7—移动式电磁夹紧器；8—汽缸；
9—燕尾栅块。

图 4.11 电磁夹紧装置的应用

机床用的直流电磁铁，又称电磁吸盘，在我国许多机床附件厂都有定型产品，型号很多，主要有圆形和矩形两种结构形式，单位面积吸力多在 0.5 ~ 1.5 MPa。也有个别厂家还生产圆形和矩形的永磁吸盘（特殊形式的还可以定制），单位面积吸力在 0.6 ~ 1.8 MPa。机床上使用的电磁吸盘，也可用在焊接工装夹具的磁力夹紧机构上，如板材拼接用的电磁平台就是由电磁吸盘拼装而成的。

7．真空夹紧装置

真空夹紧装置是利用真空泵或以压缩空气为动力的喷嘴所射出的高速气流，使夹具内腔形成真空，借助大气压力将焊件压紧的装置。它适用于夹紧特别薄的或挠性的焊件，以及用其他方法夹紧容易引起变形或无法夹紧的焊件，在仪表、电器等小型器件的装焊作业中应用较广泛。

一般来讲，在设计真空夹紧机构时，要考虑突然断电导致夹具松夹带来的危险。如图 4.12 所示的真空泵抽气控制系统就较好地解决了这一问题。当电磁阀通电后，阀芯左移，真空泵与夹具内腔接通进行抽气，使腔内形成真空而吸附焊件。当电磁阀断电、阀芯复位、电磁阀通电、阀芯左移后，夹具内腔与大气接通，焊件松夹。若突然断电，则阀芯因弹簧作用而处在图示位置，将夹具内腔通道封死；如果夹具密封性好，就不会立即造成松夹事故。另外，为了使夹具内腔很快形成真空，可在系统内设一真空罐，夹具工作时，内腔中的空气迅速进入真空罐，然后由真空泵抽走。这样不仅提高了夹具的工作效率，而且也增加了工作过程的可靠性。

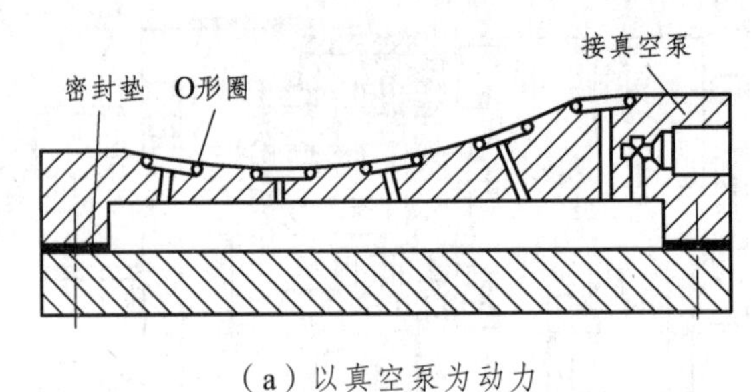

（a）以真空泵为动力

（b）压缩空气为动力

图 4.12　真空夹紧装置

通过喷嘴喷射气流而形成真空的夹紧装置如图 4.12（b）所示，由于利用车间内的压缩空气为动力，省去了真空泵等设备，比较经济。但因其夹具内腔的吸力与气源气压和流量有关，所以要求提供比较稳定的气源。另外，工作时会发出刺耳的噪声，不宜用在要求工作安静的场所。通常在设计这种喷嘴式真空夹紧机构时，要注意喷嘴结构尺寸，如孔径、长度、锥角等对夹具工作的稳定性、吸力的大小和耗气量的多少都有直接影响。喷嘴通道长度不能过长；通道内壁表面粗糙度 *Ra* 应控制在 3.2 μm 以下；各通道截面的过渡处不能出现涡流，否则，气流会受到很大的阻碍。上述这些结构尺寸，往往通过实验最后确定。通常，喷嘴的尺寸 d_1 取 1 ~ 1.8 mm，d_2 取 3 ~ 3.5mm。喷嘴常采用青铜制造。

8．电动夹紧装置

电动夹紧装置一般由电动机、传动机构、控制设备和电源等基本环节组成，其中电动机是一个机电能量转换元件，它把从电源输入的电能转换为生产机械所需要的机械能。传动机构则用以传递动力，实现速度和运动方式的变换。电力传动系统按电流类型可分为交流传动系统和直流传动系统。

交流传动系统用同步电动机或异步电动机作为执行元件，具有结构简单、价格便宜、维护方便、单机容量大以及能实现高速传动等优点。在某些不适合用直流电动机的场合，如需要防爆、防腐蚀及高转速的场合，交流电动机都能应用。但是交流电动机调速装置复杂，某些简单的方案存在功率因数低或效率低的缺点。随着变频技术的发展，特别是大功率的电力电子器件的出现，为交流调速开辟了广阔的前景，是一个主要发展方向。

直流传动系统采用各种形式的直流电动机，有良好的调速性能，在需要进行调速，特别是需要进行精确控制的场合，直流调速系统一直占据统治地位。例如，焊接变位机、滚轮架、回转台等大多采用直流电动机进行无级调速。

在电力传动系统中除了作为动力的交、直流电动机以外，还有用作检测、放大、执行和计算用的各种小功率交、直流电动机，称为控制电动机或伺服电动机。就电磁过程以及所遵循的基本规律而言，控制电动机和一般旋转电动机没有本质上的区别，只是后者的主要任务是完成机电能量的转换，要求有较高的力能指标。而前者除了实现能量转换外，更主要的是完成信号的传递和变换，因此对它们的要求是运行可靠、响应速度快及定位精确。控制电动机的种类繁多，但在焊接工装中常用作电气驱动功能的有直流伺服电动机、力矩电动机和步进电动机。

不同传动方式的特点比较见表 4.4。

表 4.4　不同传动方式的特点比较

比较项目	机械传动	气动传动	液压传动	电力传动
传递力	中	较大	大	中
动作快慢	一般	较快	较慢	快
传递位置精度	高	较低	较高	高
操纵距离	短距离	中距离	短距离	远距离
无级调速	困难	较容易	容易	容易
环境温度	普通	普通	要注意	要注意
危险性	没问题	没问题	注意防火	注意漏电
载荷变化影响	没有	较大	有一些	几乎无
构造	一般	简单	复杂	稍复杂
维护	简单	一般	要求高	要求较高
价格	低	低	高	较高

9．气动夹紧装置

通常来讲气动夹紧装置可分为三个部分，如图 4.13 所示。第一部分为气源部分，包括空压机、冷却器、蓄气罐三个主要装置，这一部分一般置于单独的动力站内，也可以采用小型移动式空压机。第二部分为控制部分，包括分水滤气部件、减压阀、压力继电器等，这些部件一般安装在工装的附近。第三部分为执行部分，包括汽缸等，它把气体压力能转变为机械能，以便实现所需要的动作，如定位、夹紧等，通常直接装在夹具上。压缩空气经分水滤气部件滤去水分和杂质，再经减压阀，使压力降低至工作压力（0.3 ~ 0.6 MPa），然后通过油雾器混以雾化油，以保证系统中各元件内部有良好的润滑条件。最后经过单向阀和换向阀进入汽缸。需要注意的是，气动琴键式焊接夹具采用消防水带作为气囊时，不得使用油雾器。

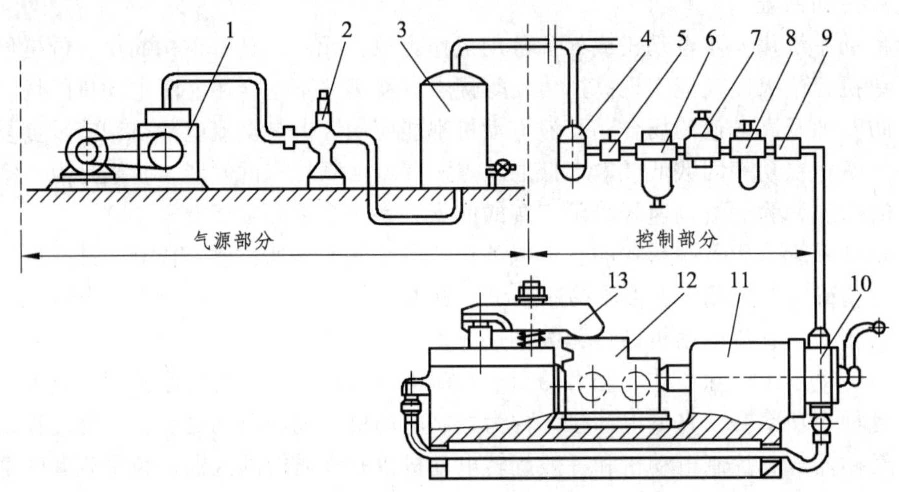

1—空压机；2—冷却器；3—蓄气罐；4—油水分离器；5—截止阀；6—过滤器；
7—减压阀；8—油雾器；9—单向阀；10—换向阀；11—动力汽缸；
12—被加工工件；13—气动夹紧机构。

图 4.13　气动夹紧装置的组成

为防止因冲击破坏定位或导致工件变形，可在汽缸内部或气动回路的适当部位设置节流阀，起缓冲作用。当气动夹具动作频繁或集中时，可在换向阀或快速排气阀的排气口安装消声器，以减小噪声。

气压传动与液压传动相比，气压传动动作迅速、反应快（汽缸或活塞的平均速度一般为 0.5 ~ 1 m/s），操作控制方便，每次夹紧或松开所用的辅助时间极少；压缩空气来源于大气，用后排入大气，不需要回收装置，万一管路有泄漏，除引起能量损失外，不致产生不利于工作的严重影响；对环境的适应性强，在易燃、易爆、多尘、强磁、辐射、潮湿、振动及温度变化大的场合下也能可靠地工作，并便于实现过载保护，比液压、电气控制优越；结构简单，维护方便。由于压缩空气的工作压力较低（一般为 0.3 ~ 0.6 MPa），因而气动回路结构较为简单；空气黏度小，在管道中压力损失较小，一般其阻力损失不到油路损失的千分之一，对元件的材质和制造质量要求较低；管道不易堵塞，也无介质变质、补充和更换等问题；便于集中供应和远距离输送；气动元件均已标准化和系列化，便于维护；容易集中控制、程序控制和实现工序自动化，因此，比液压传动的成本低。

由于空气具有可压缩性，与液压传动相比，气压传动还有一些不足之处：载荷变化时，传递运动不够平稳、均匀，夹紧的刚性较低；执行元件的结构尺寸较大；排气噪声较大。

4.2 组合夹紧装置

生产中除了上述简单夹紧装置以外，还根据需要采用几种简单夹紧装置来组合使用。生产中常用的组合夹紧装置有螺旋-杠杆、斜楔-杠杆、偏心-杠杆、铰链-杠杆等。由于夹紧装置必须具有自锁性能，因此，组合夹紧装置中必须有一个夹紧件具有自锁能力。组合夹紧装置通常用于机械化、自动化的成套作业工序中，常用来扩大行程或夹紧力。

组合夹紧装置可看作是由几种简单夹紧件和传力件利用杠杆原理和自锁原理组成的夹紧机构，用途很广，与简单夹紧机构比较有下列优点：

① 扩大夹紧力。

② 可使整个夹紧机构得到自锁，以弥补无此作用的简单夹紧机构的缺点。

③ 能在最合适的部位与方向夹紧工件。采用复合夹紧机构可以方便地改变夹紧力的作用点和方向，便于装配与焊接工序的进行。

1．螺旋-杠杆夹紧机构

螺旋-杠杆夹紧机构是经螺旋扩力后，再经杠杆进一步扩力或缩力来实现夹紧作用的一种夹紧装置。如图 4.14 所示是常见的螺旋-杠杆夹紧机构，图（a）和图（b）两种机构只是施力螺钉位置不一样，两者压板中间都有长孔，以便压板松开时能往后移动，方便工件装卸。两者压板的高低位置也可调整，即把支承螺钉和施力螺钉高低位置调节适中即可。图（c）所示为铰链压板，螺母略转几圈不必取下即可夹紧或松开。按照杠杆原理可知，三种螺旋-杠杆的结构形式所产生的夹紧力是不一样的，其受力图已绘出，夹紧力 F_j 可由式（4.1）计算。

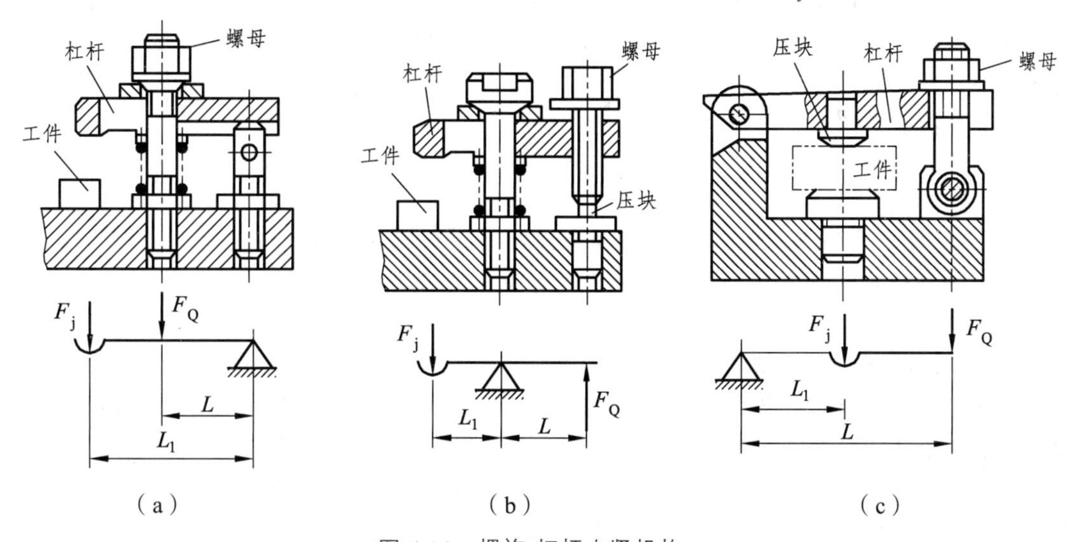

图 4.14 螺旋-杠杆夹紧机构

$$F_j = \frac{F_Q L}{L_1} \tag{4.1}$$

式中　F_Q——作用力；

L——作用力臂长度；

L_1——夹紧力臂长度。

螺旋-杠杆夹紧机构除上述简单结构形式外，还有其他的结构形式。

如图 4.15 所示为带斜支承槽的螺旋压板双分力夹紧装置。夹紧时，压板右端沿斜面移动，使压板产生向下和向右移动，因而工件受到水平方向的摩擦力和垂直方向的夹紧力，这两个力，把工件压向两个定位表面。当工件不能从左边夹紧时，可采用这种方法夹紧。为使压板自动脱离工件，装置中设有弹簧和顶销。

如图 4.16 所示为利用铰链压板进行夹紧的双分力夹紧装置。夹紧时，拧动螺钉产生水平方向的夹紧力 F_1，把工件压向垂直定位面。与此同时，压板绕销子做逆时针转动，压板的圆弧面压向工件的上表面，工件受到水平方向的摩擦力 F_3 和垂直方向的夹紧力 F_2，F_2 把工件压向水平定位面。

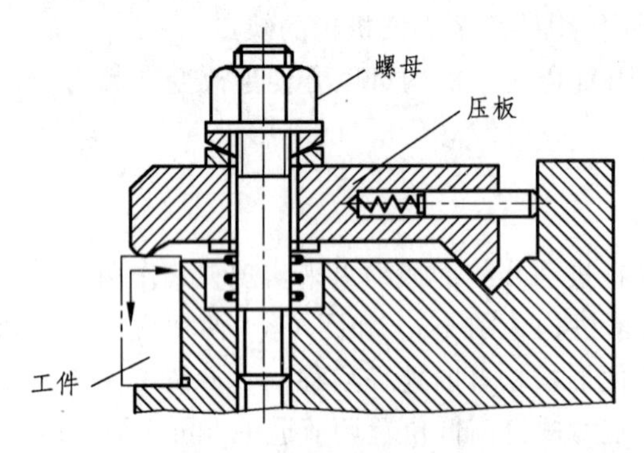

图 4.15　带斜支承槽的螺旋

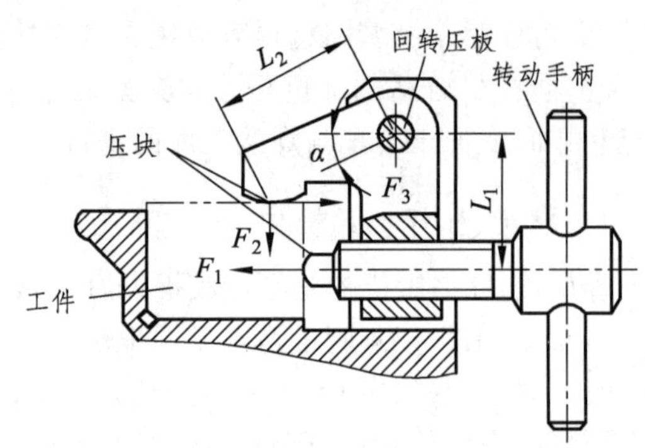

图 4.16　铰链压板双分力夹紧装置

由此可知，工件水平和垂直方向的总夹紧力与夹紧力 F_1、力臂 L_1 和 L_2 以及上部夹紧点与铰链轴的位置角 α 有关。必须指出，要保证工件在两个定位面上有可靠的夹紧力，角度 α 应尽量小，并且 L_1 不宜过大，一般可使 $L_1 \leqslant L_2$。如果 L_1 比 L_2 大很多，而角度 α 又相当大，夹紧时工件将发生转动，设计时应加以注意。

2．铰链-杠杆夹紧机构

铰链-杠杆夹紧机构是利用杠杆原理将杠杆系通过固定铰链和活动铰链组成的夹紧机构，也称轴杆夹紧器。其特点是夹紧速度快，夹头开度大，适应性好，在薄板装焊作业中应用广泛。

气动铰链-杠杆夹紧机构一般不具有自锁功能。手动铰链-杠杆夹紧机构必须自锁，但其自锁原理与前面介绍的斜楔、螺旋以及偏心的自锁原理不同，它并非利用机械摩擦斜面来自锁，而是利用杠杆铰链的支反力变向（对夹紧力有利）而实现自锁的。

对于如图 4.17 所示的曲柄摇杆机构，如以摇杆为主动件，而曲柄为从动件，则当摇杆摆到极限位置 C_1D 和 C_2D 时，连杆与曲柄共线。若不计各杆质量，则这时连杆加给电柄的力将通过铰链中心 A，此力对 A 点不产生力矩，因此不能使曲柄转动。机构的这种位置称为死点。铰链-杠杆夹紧机构正是利用这一特殊位置来实现对工件夹紧的，其自锁位置就是铰链-杠杆机构的死点位置。

例如，如图 4.18 所示的铰链四杆机构，当工件被夹紧时，铰链中心 B、C、D 共线，工件加在夹紧杠杆上的反作用力 F_n 无论多大，也不能使连接板转动。这就保证了在去掉外力 F 之后，仍能可靠地夹紧工件。当需要取出工件时，只需向上扳动手柄，即能松开夹具。手柄杠杆在夹紧和松开的过程中起主动件的作用。在夹紧自锁后，去掉外力 F 之后，夹紧反力作用于夹紧杠杆，夹紧杠杆起主动件的作用，此时手柄杠杆和连接板均为从动件，并处于一条直线上。

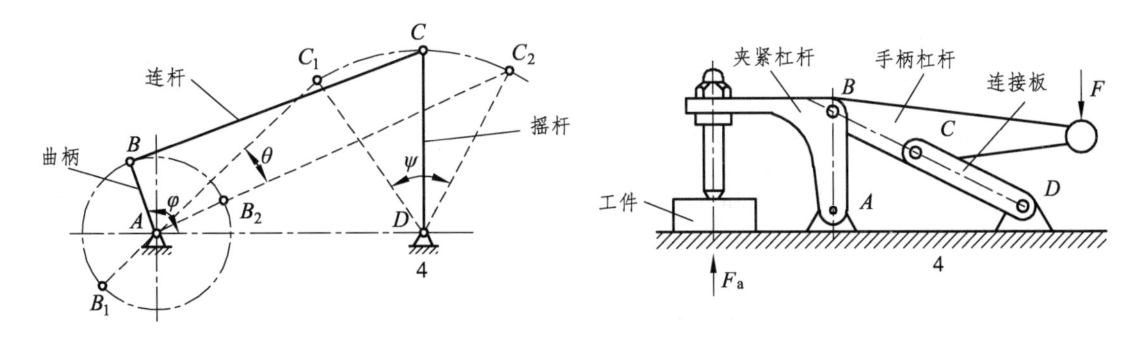

图 4.17　曲柄摇杆机构死点位置　　　　图 4.18　铰链-杠杆夹紧机构

综上所述，在设计在铰链-杠杆夹紧机构时，必须考虑到从动件与连杆共线的位置，即是出现死点的位置，也就是说要保证铰链-杠杆夹紧机构的自锁条件：手柄杠杆与连接板共线。

通常来讲在铰链-杠杆夹紧机构设计时一般需要满足以下几个要点：

（1）先按工件的夹紧要求，确定铰链-杠杆夹紧机构的基本类型，作出机构运动简图。借助于平面四杆机构的设计思想完成主要几何参数的设计，设计方法有解析法、几何作图法和实验法，解析法精确、作图法直观、实验法简便。如图 4.19 所示，用解析法求解，对于第一、二类铰链-杠杆夹紧机构，夹紧杠杆相当于 CD 杆，手柄杠杆相当于 AB 或 BC 杆，底座相当于 AD。已知连架杆 AB 和 CD 处于夹状态时的位置角 φ_1、ψ_1 和松开状态时的位置角 φ_2、ψ_2，要求确定夹紧器的各杆的长度 a、b、c、d。此机构各杆长度按同一比例增减时，各杆转角间的关系不变，故只需确定各杆的相对长度。设底座两铰接点的间距 $d=1$，则该机构的待求参数只有三个 a、b、c。

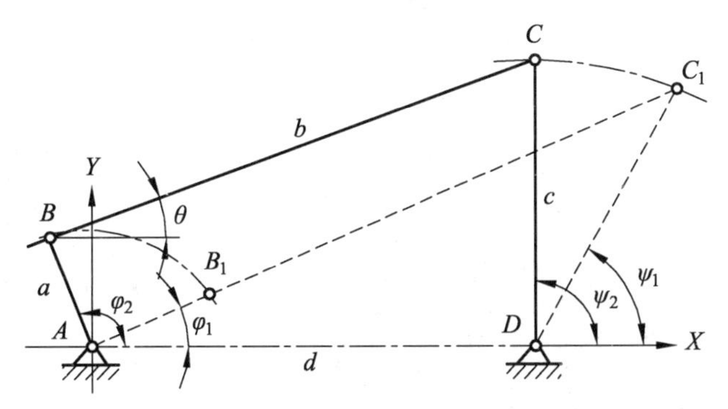

图 4.19　第一、第二铰链-杠杆夹紧机构简图

该夹紧机构松开时，四个杆组成封闭多边形 $ABCD$ 取各杆在坐标轴 X 和 Y 的投影，可得关系式

$$\begin{cases} a\cos\varphi_2 + b\cos\theta = d + c\cos\psi_2 \\ a\sin\varphi_2 + b\sin\theta = c\sin\psi_2 \end{cases}$$

经变换得

$$\begin{cases} b\cos\theta = d + c\cos\psi_2 - a\cos\varphi_2 \\ b\sin\theta = c\sin\psi_2 - a\sin\varphi_2 \end{cases}$$

分别平方后相加再整理可得

$$b^2 = a^2 + c^2 + d^2 - 2ad\cos\varphi_2 + 2cd\cos\psi_2 - 2ac\cos(\varphi_2 - \psi_2) \tag{4.2}$$

该夹紧机构夹紧时，杆 AB_1 和 B_1C_1 共线，四个杆组成 $\triangle AC_1D$，取各杆在坐标轴 X 和 Y 上的投影，可得以下关系式

$$(a+b)\cos\varphi_1 = d + c\cos\psi_1 \tag{4.3}$$

$$(a+b)\sin\varphi_1 = c\sin\psi_1 \tag{4.4}$$

将已知参数和 φ_2、ψ_2 代入，取 $d=1$，联立求解式（4.2）~ 式（4.4），即可求得 a、b、c。以上求出的四个杆的长度可同时乘以任意比例常数，所得的夹紧机构都能实现对应的转角，具有自锁条件。

（2）确定夹紧器的结构尺寸。保证夹紧与松开操作方便，没有运动干涉现象。通常手柄杠杆和夹紧杠杆伸出的长度，则要根据杠杆受力的大小、夹紧方向、夹紧点的位置以及夹紧力的大小来确定，其结构尺寸应满足强度要求。因此，要对杠杆和连接板以及销轴进行强度和刚度校核。

（3）设计的铰链-杠杆夹紧机构必须具有良好的自锁性能。理论上手柄杠杆与连接板共线就具有自锁性能，但为了防止使用过程中遇到振动等外界干扰时自行松开，通常手柄杠杆与连接板的铰接点要越过共线一定量，铰接点偏离共线量一般为 0.5 ~ 3 mm，若夹紧器的结构尺寸较大以及铰链配合间隙较大，应取上限值。

为了提高夹具的自锁能力，还采用可调弹性压头，如图 4.20 所示，它利用压缩弹簧在工件与夹头之间产生一个可调整的压力，提高了夹具停留在死点位置的稳定性。增设一个长度调节杆，以扩大夹具的使用范围。

另外，为了保证夹具准确停留在死点位置，在支座上应设置挡块，限制手柄的停留位置。

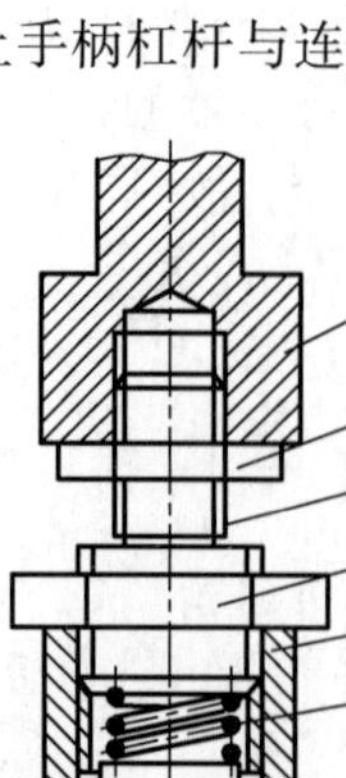

夹紧杆
螺母
调节杆
螺母
壳体
弹簧
夹头

图 4.20　可调节弹性压头

为了保证自锁的稳定性，夹紧时手柄杠杆的施力点应越过手柄杠杆支点和夹紧杠杆受力点的连线一小段距离。此连线实质上是夹紧与松开的临界线。同时，为了避免自锁铰接点越线过渡，保持自锁稳定可靠，要设计限位止推挡块，该类夹紧机构支座本身就起限位作用。表 4.5 所示为通常型号夹紧器尺寸系列。

表 4.5　CH-13005、CH-13007、CH-13008 系列夹紧器尺寸

型号	m/g	F_i/N	d /mm	B /mm	E /mm	G /mm	H /mm	I /mm	J /mm	K /mm	L /mm	M /mm	N /mm	O /mm
GH-13005	60	680	4.1	26.2	25.4	12.7	5,6	9	30.8	2	57	35.2	12.7	7.9
GH-13007	230	1 500	7	44	46	19.5	8.8	15.2	50.1	3.2	93.7	58.7	22.2	12.7
GH-13008	630	3 200	7.9	64.3	52.7	28.9	10.4	19	67.5	3.2	135	88.1	34.3	19

注：m 为质量；F_i 为夹紧力，夹紧杠杆转角 90°，手柄杠杆转角 170°。

3．偏心轮-杠杆夹紧机构

偏心轮-杠杆夹紧机构是利用偏心轮（或凸轮）和杠杆所组成的一种夹紧装置。偏心类型有两种：圆偏心、曲线偏心。通常来讲圆偏心具有结构简单、操作方便、夹紧迅速等优点，但也存在如夹紧力和夹紧行程小、自锁可靠性差、结构抗冲击性较差的缺点，故一般用于夹紧行程短及切削载荷小且平稳的场合。

为保证可靠地夹紧工件和补偿偏心轮轴线对工件夹紧面的距离误差，在偏心轮-杠杆夹紧机构设计时应设置一个调整环节（一般利用带锁紧结构的螺钉或螺母），以使偏心手柄具有合适的操作位置，或者补偿工件夹紧表面的尺寸偏差。另外，偏心轮不要直接压在工件面上，在其中间应采用可调节长度的滑动柱塞或压杆。这样，工件在压紧时不会被偏心轮带动，而且偏心轮工作面的磨损也可以定期进行补偿。

如图 4.21 所示，为带直角压板的偏心夹装置。偏心轮直接装于压板的下方，可降低操作高度；压板通过一个可调螺钉夹紧工件，可补偿工件夹紧表面的尺寸偏差。如图 4.22 所示为偏心轮装于压板上的夹紧装置。偏心轮做成手柄式，调节下面的可调螺钉，可以保证夹紧时偏心轮有适当的位置。

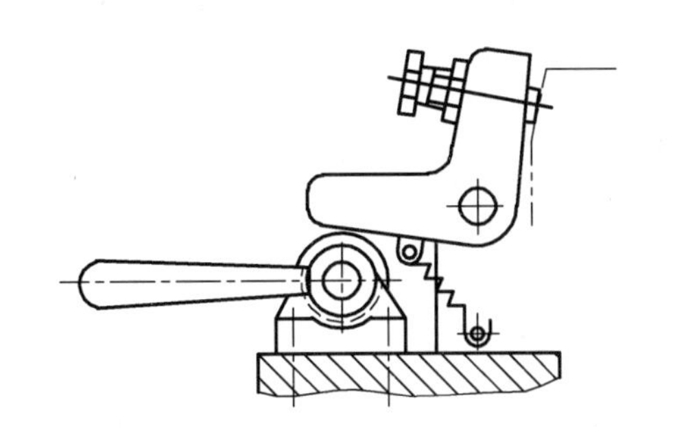

图 4.21　带直角压板的偏心夹紧装置

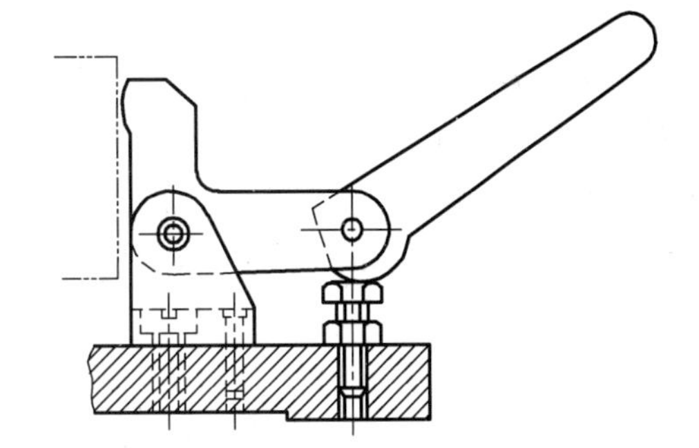

图 4.22　偏心轮装于压板上的夹紧装置

4.2.1　组合夹具

组合夹具是由可循环使用的标准夹具零部件或专用零部件组装成易于连接和拆卸的夹具。它是在夹具完全模块化和标准化的基础上，由一整套预先制造好的标准元件和组件，针对不同工件对象迅速装配成各种专用夹具，这些夹具元件相互配合部分的尺寸具有完全互换性。夹具使用完毕，再拆散成元件和组件，因此是一种可重复使用的夹具系统，如图 4.23 所示为专用夹具和组合夹具的使用过程。

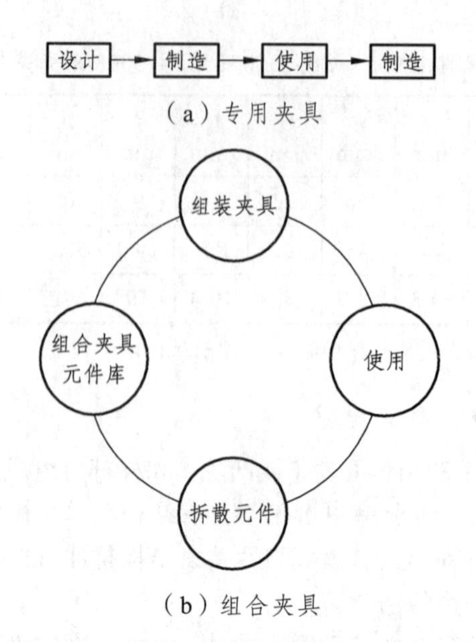

（a）专用夹具

（b）组合夹具

图 4.23　夹具使用过程

通常组合夹具具有显著的技术经济效益，符合现代生产的要求，主要表现在以下四个方面：缩短生产准备周期；降低成本，由于元件的重复使用，大大节省了夹具制造工时和材料，降低了成本；保证产品质量；扩大工艺装备的应用和提高生产率。

组合夹具也有缺点，它与专用夹具相比，体积庞大、质量较大。另外，夹具各元件之间都是用键、销、螺栓等零件连接起来的，连接环节多，手工作业量大，也不能承受锤击等过大的冲击载荷。

组合夹具按元件的连接形式不同，分为两大系统：一为槽系，即元件之间主要靠槽来定位和紧固；二为孔系，即元件之间主要靠孔定位和紧固。每个系统又分为大、中、小、微 4 个系列。

1．槽系组合夹具

槽系组合夹具就是指元件上制作有标准间距的相互平行及垂直的 T 形槽或键槽，通过键在槽中的定位，就能准确决定各元件在夹具中的准确位置，元件之间再通过螺栓连接和紧固。如图 4.24 所示为槽系组合夹具结构。

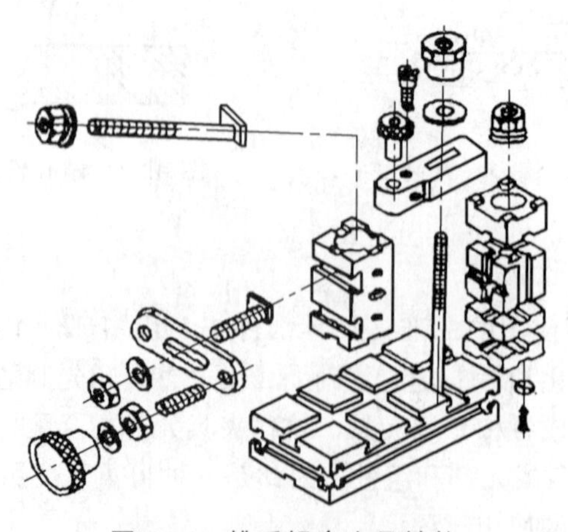

图 4.24　槽系组合夹具结构

通常来讲，槽系组合夹具元件可分为 8 类，即基础件、支承件、定位件、导向件、压紧件、紧固件、辅助件和合件，如图 4.25 所示。各类元件的功能分别说明如下。

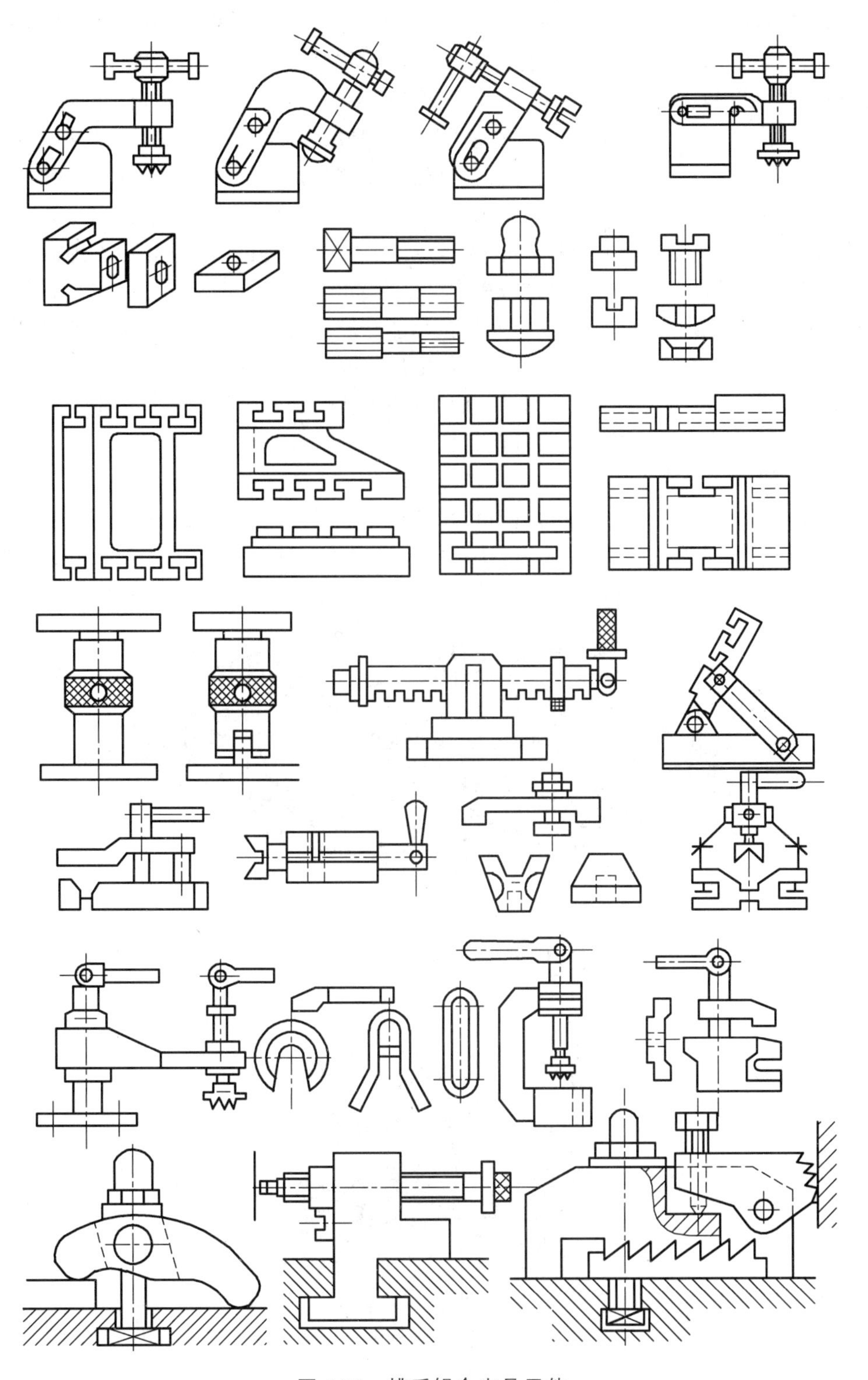

图 4.25 槽系组合夹具元件

基础件用作夹具的底板，其余各类元件均可装配在底板上，包括方形、长方形、圆形的基础板及基础角铁等。支承件从功能看也可称为结构件，和基础件一起共同构成夹具体，主要用作不同高度的支承和各种定位支承需要的平面，支承件上开有 T 形槽、键槽、穿螺栓用的过孔，以及连接用的螺栓孔，用紧固件将其他元件和支承件固定在基础件上，连接成一个整体。定位件主要功能是用作夹具元件之间的相互定位，如各种定位键以及将工件孔定位的各种定位销、菱形定位销，用于工件外圆定位的 V 形块等。导向件是用作加工孔的导向，如各种撞套和钻套等。压紧件主要功能是将工件压紧在夹具上，如各种类型的压板。紧固件包括各种螺栓、螺钉、螺母和垫圈等。辅助件不属于上述 6 类的其他元件，如连接板、手柄和平衡块等。合件是指由若干零件装配成的有一定功能的部件，它在组合夹具中是整装整卸的，使用后不用拆散，这样，可加快组装速度，简化夹具结构。合件按用途可分为定位合件、分度合件、夹紧合件等。

应该指出的是，虽然槽系组合夹具元件按功能分成各类，但在实际装配夹具的工作中，除基础件和合件两大类外，其余各类元件大体上按主要功能应用，在很多场合，各类元件的功能都是模糊的，只是根据实际需要和元件功能的可能性加以灵活使用。因此，同一工件的同一套夹具，因不同的人可以装配出各式各样的夹具。

组合夹具的拼装和使用几乎都是手工作业，因此，它也是手动夹具的一种，其应用举例见如图 4.26 所示。其中图（a）是弯管对接用的组合夹具，用它来保证弯管对接时的方位和空间几何形状；图（b）是轴头与法兰对接用的组合夹具，轴头与法兰的对中由夹具来保证。

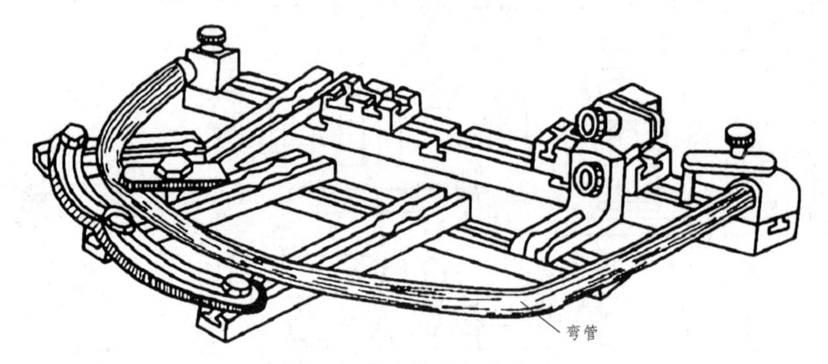

（a）弯管对接用组合夹具

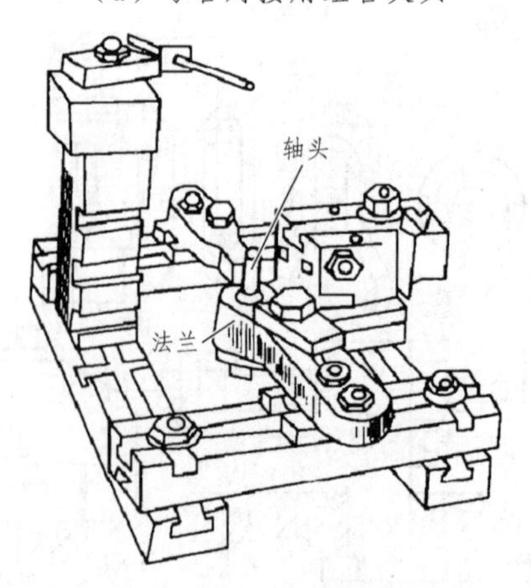

（b）轴头与法兰对接用组合夹具

图 4.26　组合夹具元件

2．孔系组合夹具

孔系组合夹具是指夹具元件之间的相互位置由孔和定位来决定，而元件之间用螺栓或特制的定位夹紧销栓连接。如图 4.27 所示为孔系组合夹具常见结构。

孔系组合夹具元件之间相互位置是由孔和销来决定的，设计时为了准确可靠地决定元件相互空间位置，采用了一面两销的定位原理，即利用相连两个元件上的两个孔，插入两根定位销，来决定其位置，同时再用螺钉将两个元件连接在一起。对于没有准确位置要求的元件，可仅用螺钉连接。部分孔系元件上有网状分布的定位孔和螺纹孔。如果采用特制的夹紧销栓连接，基础件和定位件上也可以省去螺纹孔。每个销栓的夹紧力可达 50 kN，剪切力为 250 kN 松开时，反向旋转销栓的滚花螺母，钢珠自动缩回销栓内部，这时销栓即可拔出。销栓上的 O 形圈可防止旋紧时销栓跟着转动，便于单手操作。一个销栓同时完成定位和夹紧功能，一件多用。根据使用场合的不同，销栓的形状和长度有多种规格可供选择。

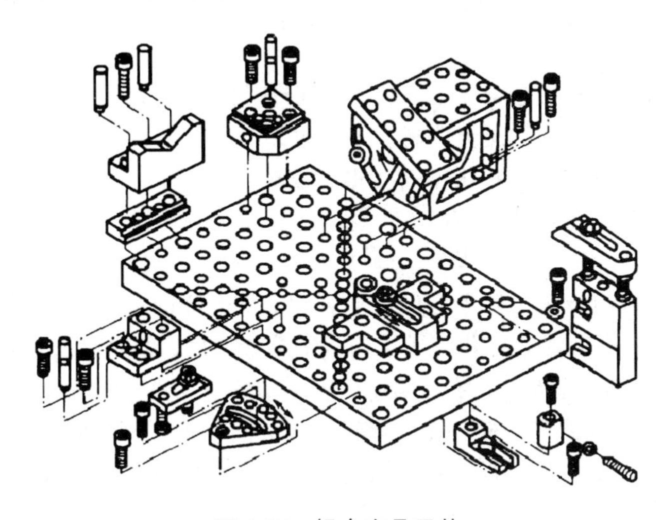

图 4.27　组合夹具元件

孔系组合夹具元件大体上可分成 6 类，即基础件、结构支承件、定位件、夹紧件、合件和静件。与槽系组合夹具相同，孔系组合夹具中多数元件的功能也是模糊的，结构件和夹紧件可以作定位件，定位件也可以作结构件，可根据实际需要和元件功能的可行性加以灵活使用。

焊接生产中使用的组合夹具可以采用机械加工使用退役下来的或低精度的组合夹具。这是因为除了一些精密焊件外，多数焊件要求的装配精度和焊接精度均低于机械加工的精度，使用这些退役或低精度的元件，完全可以满足产品质量的要求，而且比较经济。

此外，要针对焊装夹具的结构特点来设计组合夹具。焊装夹具由基础支承部件、定位件、夹紧件、辅助件和控制系统 5 个部分组成。其中基础支承部件、定位件、夹紧件是夹具结构设计的主要内容。基础支承部件包括方形基础、圆形基础、支架、基础角铁。定位件包括定位销、挡铁、平面定位板、曲面定位板等。夹紧件包括螺旋夹紧机构、杠杆夹紧机构、铰链夹紧机构、复合夹紧机构等。

焊装夹具柔性化结构设计的关键是对焊装夹具零部件进行标准化、模块化、通用化、系列化，以及采用可调式结构设计，这也是焊装夹具开发和研究的一个方向。

4.2.2　可调整夹具

可调整夹具是指通过调整或更换个别零部件能适用多种工件焊装的夹具。调整部分允许采用一定的调整方式以适应不同焊接件的安装，此部分包括一些定位件、夹紧件和支承件等元件。其主要调整方式分为更换式、可调节式和组合式。

1．更换式

图 4.28 所示为可换定位板结构。可换式定位板结构不仅使焊装夹具的设计、装配、调整和测量很方便，更重要的是，有利于焊装夹具定位板的制造，减少了定位板的规格，降低了定位板的制造成本。

更换式调整方法的优点是精度高，使用可靠。但更换件的增加会导致费用增加，并给保管工作带来不便。

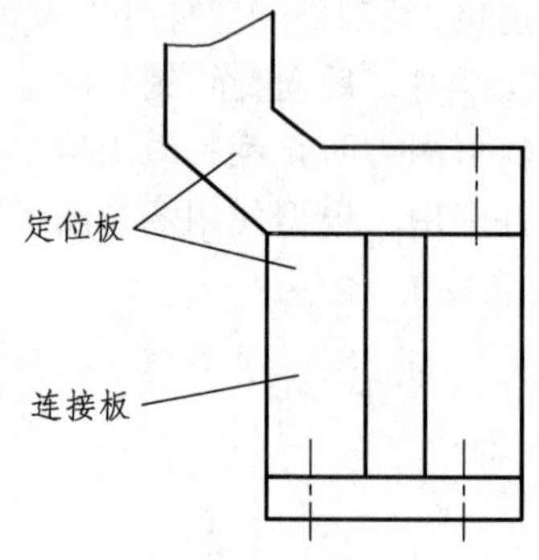

图 4.28　可换定位板结构

2．可调节式

通过改变夹具可调元件位置的方法，实现不同产品的安装要求。当不同产品定位面外形一致而定位高度不同时，就可采用调节式，如图 4.41 所示定位支承连接板不需要重新设计制造，可在定位板与连接板之间用调整垫片调节高度，也可调节连接板的支承高度。

可调节式结构零件少，夹具管理方便，但可调部件会降低夹具的刚度和精度，在夹具制造装配中应加以注意。更换式和可调节式结构常常综合使用，各取其长，可获得良好的效果。

如图 4.29 所示为 T 形槽导轨，导轨是开有 T 形槽的直构件，纵向导轨用螺钉固定在底架上，横向导轨用厚 12 mm 的连接板与纵向导轨连接成同一平面。如果松开有关连接螺钉，横向导轨能沿纵向导轨的 T 形槽平行移动。纵向导轨长 1 000 mm，横向导轨长 500 mm，定位件用 T 形槽螺钉固定在导轨上的需要位置。T 形槽安装在底架上，底架是保证胎具具有足够刚度的基础部件，采用工字钢或槽钢焊接成框架结构，框架的尺寸和横直档的位置应根据导轨的布置情况确定。

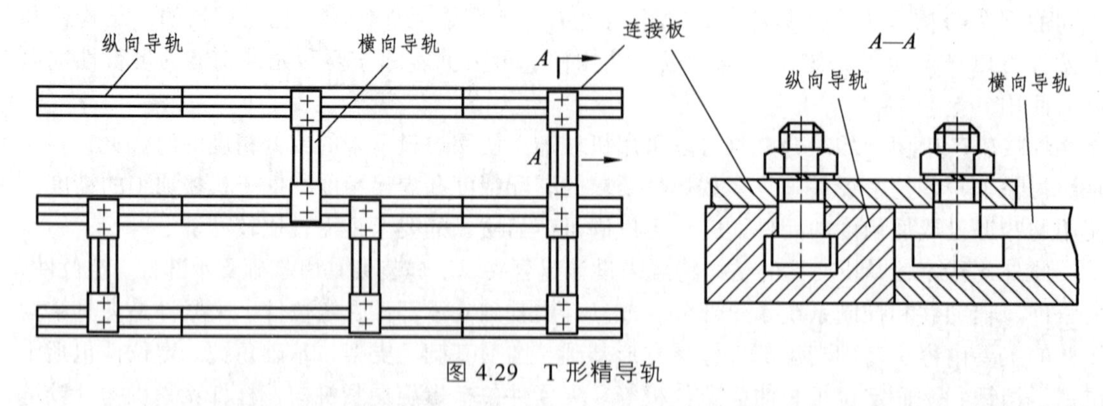

图 4.29　T 形精导轨

图 4.30 所示为可调节式定位件，它由支承座和调节架两部分构成。支承座用螺钉与调节架连接，调节架通过 T 形槽螺钉固定在导轨上。调节架有升降式和升降旋转式两种，它们都具有 10 mm 的垂直高度调节量，升降旋转式是通过一对平面齿轮轮齿间相对位置的改变来调

节倾斜角度的，以使定位面处于构件曲面的切平面位置。当垂直高度大于 10mm 的调节量时，可在事先加工好的标准垫块中选择合适厚度的垫块垫上，再进行高度小调整。标准垫块的厚度设计为 10 mm、20 mm 和 50 mm。

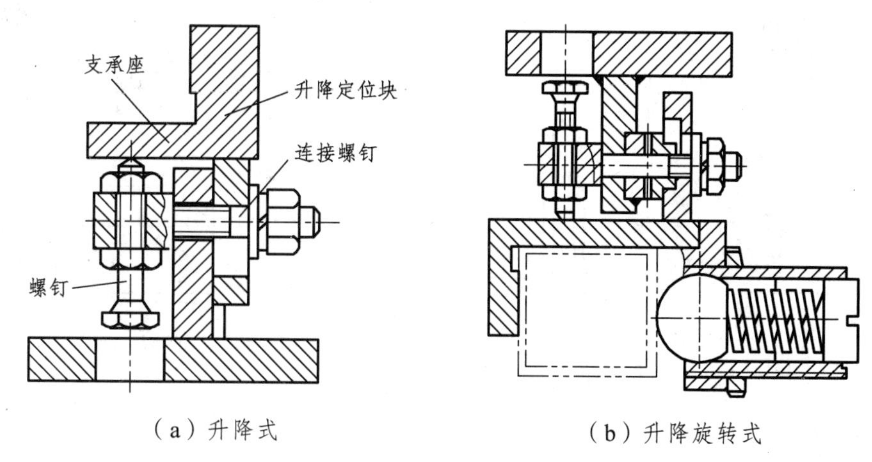

图 4.30　可调式定位件

为了获得水平面上的转动，采用在调节架底板上铣腰形槽的办法来实现。这样，就成功地实现了可调式夹具设计的基本要求，使空间系统的六个自由度均得到控制和调整。此外，对定位要求不很严格的短直杆件，采用了弹簧单向自紧定位器，如图 4.30（b）所示，以简化装夹。

图 4.31 所示为可调节式定位及夹紧装置示例，其主要结构特点是利用定位块和角铁上的长圆孔调节上下高度和左右位置。

（1）图（a）中的 U 形附加定位块可更换调整，通过连杆可翻转工件。

（2）图（b）中高度调节式定位块通常与 45° 的夹具配合使用，在该位置上有高度不同的工件，这样可减少更换定位块的次数，实现一块多用。主要用于矩形管、U 形件和 Z 形件。

（3）图（c）采用 L 形可调节式定位块。

（4）图（d）采用 U 形可调节式定位块，主要用于矩形管、H 形件、角铁和 Z 形件。

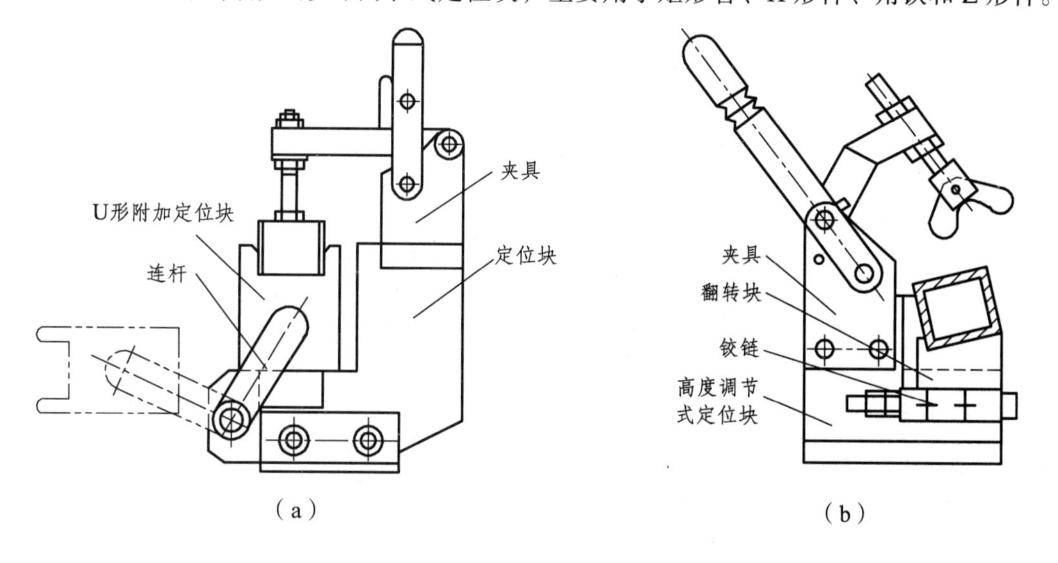

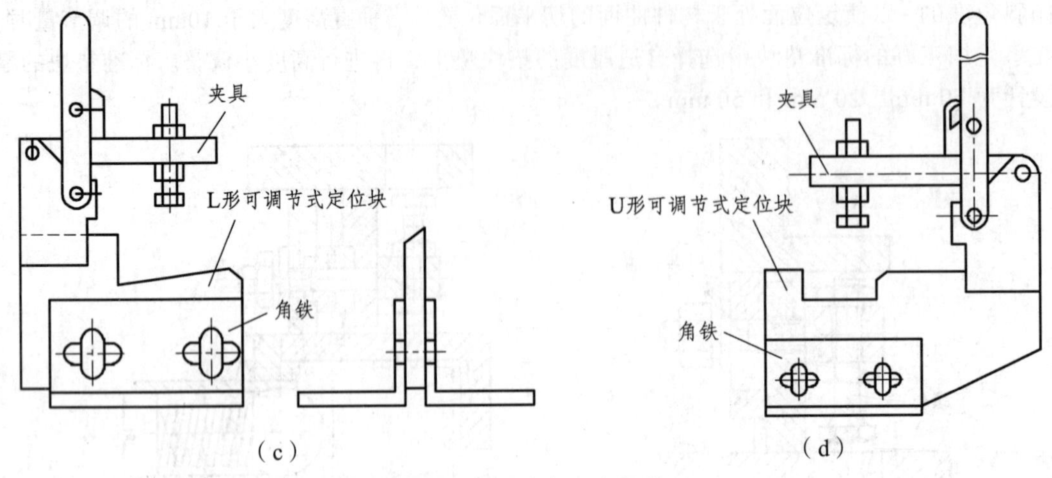

图 4.31　可调式定及夹紧装置

3．组合式

在同一焊装夹具基体的不同位置安装不同机构，可满足不同产品焊装的需要。在这种焊装夹具结构中，可最大限度地采用标准化机构，按不同产品要求的部分机构布置在夹具基体的不同位置。这些机构结构和尺寸应尽量模块化、标准化、通用化。

4.2.3　专用组合夹具

专用夹具是在专用夹具体上，由多个不同的定位器和夹紧机构组合而成的具有专一用途的复杂夹具，如图 4.32 所示。专用夹具中，夹具体的结构形式，定位器和夹紧机构的类型选择与布置，都是根据被装焊焊件的形状、尺寸、定位和夹紧要求以及装配焊接工艺决定的。

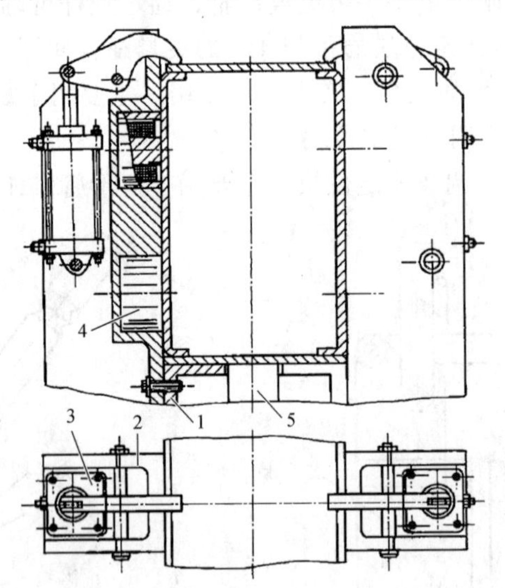

1—底座（起夹具基体和定位器的作用）；2—立柱（起夹具基体和定位器的作用）；3—液压夹紧机构；4—电磁夹紧机构；5—顶出液压缸。

图 4.32　箱型梁装焊夹具

例如，设计用于大型内燃机车顶盖侧沿的装配夹具时，如图 4.33 所示，其装配胎模是长约 20m 的长方体框架式焊接结构，由于胎模很长，而且沿胎模的装配作业都是相同的，所以将夹紧机构设计成移动式的，当安装着气动夹紧机构的台车在平行于胎模的轨道上移行时，便依次将铺设在胎模上的盖板、型钢式棚条等焊件压贴在胎模上，随之用手工 CO_2 气体保护焊进行定位焊接。

这种设计，用一个移动式的夹紧机构，取代了沿胎模长度上布置的多个夹紧机构，使夹具结构大大简化，是一种经济实用的设计。

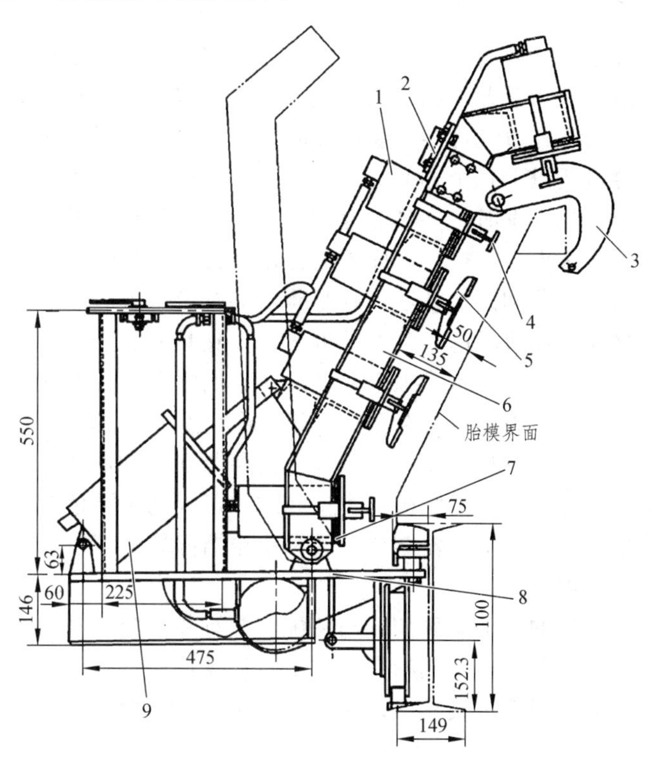

1—汽缸总成Ⅰ；2—汽缸总成Ⅱ；3—挂钩；4—压头组成Ⅰ；
5—压头组成Ⅱ；6—摇臂；7—铰链支座：
8—行走台车；9—汽缸总成Ⅲ。

图 4.33　移动式气动夹紧机构

4.3　焊接工装夹具的设计

焊接生产过程中，根据生产需要往往会使用各种各样的夹具。常见的简单夹紧装置由于结构简单，可以按照实际需要自行设计制造，复杂的工装夹具应综合考虑工件的加工精度、生产效率、工艺性能、使用性能和经济性等方面的需求。因此，本节主要介绍焊接工装夹具设计的一般步骤、夹紧力的确定原则等内容。

4.3.1　焊接工装夹具设计的一般步骤

设计焊接工装夹具时，要了解产品功能需求及实际使用工况，同时要准备设计工装夹具所需要的资料，包括零件设计图样和技术要求、工艺规程及工艺图、有关加工设备等资料。零件的基本结构、尺寸精度、形位公差等技术要求是设计必不可少的部分，还要根据零件的关键和重要尺寸（必须要保证的尺寸），确定工装夹具的设计方案。重要的工装夹具的设计方案，还需要进行充分的讨论和修改后再确定。这样，才能保证此工装设计方案能够适应生产的要求。焊接工装夹具设计的一般步骤如图 4.34 所示。

功能分析 → 方案设计 → 资料整理

图 4.34　焊接工装夹具设计一般步骤

1．功能需求分析

在焊接生产中，焊接所需要的工时较少，大部分时间主要用于备料、装配及其他辅助的工作，由此可见焊前准备尤为重要。如前文所述，合适的焊接工装有助于减少装配等辅助工作时间，提高生产率，因此在设计焊接工装夹具时，首先应分析焊接工装夹具功能，焊接工装夹具的功能分析主要包括以下几个方面：

（1）确定焊接工装夹具方案时，夹具的合理性和经济性是主要考虑的因素。当焊件的焊接方法及工艺确定后，所选夹具结构，首先要能保证焊接工艺的实施。同时，焊件结构尺寸以及组成焊件坯料的制作工艺和制造精度，则是确定夹具定位方法、定位基准和夹紧机构方案的重要依据。除此之外，还应考虑经济上的因素，使夹具的制造、使用费用最低而取得的经济效益最大。由于上述各因素都不是孤立存在的，它们之间往往有联系又有制约，所以在确定夹具方案时要对上述各因素进行综合分析，只有通盘考虑，才能制订出最佳的设计方案。

（2）焊件的整体尺寸和制造精度以及组成焊件的各个坯件的形状、尺寸和精度。其中，形状和尺寸是确定夹具设计方案、夹紧机构类型和结构形式的主要依据，并且直接影响其几何尺寸的大小；制造精度是选择定位器结构形式和定位器配置方案以及确定定位器本身制造精度和安装精度的主要依据。

（3）装、焊工艺对夹具的要求。例如，与装配工艺有关的定位基面、装配次序、夹紧方向对夹具结构提出的要求。再如，不同的焊接方法对夹具提出的要求，像埋弧焊，可能要求在夹具上设置焊剂垫，电渣焊要求夹具保证能在垂直位置上施焊，电阻焊要求夹具本身就是电极之一等。

（4）装、焊作业可否在同一夹具上完成，或是需要单独设计装配夹具和焊接夹具。这往往与下述因素有关：在装、焊夹具上，焊件的所有焊缝能否在最有利的施焊位置上焊完。从装配夹具上取下由装配点定好位的部件时，是否会破坏各零件的相互位置。若部件刚性不好，则会发生整体变形，甚至定位焊点发生开裂，使已装配好的零件发生位置变化；装配时不需要使焊件翻转变位，而在焊接时，则需要使焊件翻转变位，这样，若采用装、焊夹具方案，是否会使夹具结构复杂化。装配夹具，其定位器和夹紧机构较多，若用于焊接，是否影响焊接机头的焊接可达性。焊接夹具，为了防止焊件变形，虽具有较大的刚度和强度，但用于装配时，能否承受装配时的锤击力。装、焊作业若在同一夹具上完成，能否合理地组织装配工人、焊接工人相互协调作业。车间的作业面积和起重运输设备的负荷能力是否允许装配和焊接作业分别在各自的夹具上进行。

（5）焊件的产量。例如，在大批量生产中，应选用专用、高效、省力的夹具结构，像各种有动力源的夹具和联动夹具就属此类。在中小批量生产中，夹具主要以保证装、焊质量为主，效率的高低是较为次要的问题，因此应选用结构简单、适应性广的通用夹具，使结构方案与焊件的产量相匹配。

（6）结合实际分析。结合单位生产需要，尽量设计能够满足产品生产机械化、自动化的焊接工装夹具，代替手工装配零件时的定位、夹紧及工件翻转等工作。结合产品需要，确保产品处于最佳的施焊部位，保证足够的装焊空间、焊枪的可达性及焊接操作的灵活性，从而保证焊缝的成型。所设计的夹具具有良好的工艺性，便于制造、安装和操作，便于检验、维修和更换易损零件。设计前还要考虑车间现有的夹紧动力源、吊装能力及安装场地等因素，降低夹具制造成本。

此外，由于焊接工装夹具在实际生产中要承受多种力的作用，设计时需要考虑工装夹具应具备足够的强度和刚度。要确保夹紧的可靠性，不能在焊接过程中出现工件松动的现象。夹紧力大小适中，夹紧力不合适容易破坏工件的定位位置、造成工件松动滑移、产生约束应力，从而不能保证产品尺寸、形状符合产品图样要求等。

2．详细设计方案

根据上述功能分析及资料，结合现场生产实际，即可着手拟定工装的设计方案。此时可用草图的形式多绘几种不同的结构类型，然后在听取各方面意见的基础上，进行分析比较，完成结构草图设计。通常完成一个工装夹具设计需要以下基本步骤：

（1）方案构思。

夹具的机械化、自动化程度，是专用还是通用；实现某种功能拟采用的原理和相应的机构，如定位与夹紧的方式和机构、焊件的翻转或回转，焊接机头的平移或升降等动作，应选择何种传动方式和何种动力源；工装的基本构成和总体布局，夹具体和主要零部件的基本结构形式；主机或主要机构的基本参数和技术性能的初步确定，如功率、承载、速度、行程或调节幅度、外形尺寸等。

（2）绘制工装夹具结构草图。

工装结构草图的绘制过程可按以下步骤进行：布置图面，画出工件位置，选择适当的比例，尽量用 1∶1 比例，使图形的直观性好，工件过大时可用 1∶2 或 1∶5 比例，工件过小时用 2∶1 比例。在图纸上用双点画线绘出工件的外形轮廓线，视工件为透明体，不影响各夹具元件的绘制。主视图一般选取面对操作者的工作位置，设计定位元件。根据选定的定位方案和定位元件类型尺寸和具体结构绘在相应的视图上，与工件的定位基准形状和精度相适应。将夹紧装置的具体结构绘在相应的视图上，表示出工件处于夹紧状态，进行传动装置、夹具体和连接件等的绘制，形成一张完整的工装结构草图。

（3）进行必要分析计算。

在结构草图设计过程中，要进行必要的分析计算，如几何关系计算、定位误差分析、夹紧力的估算、传动计算、受力元件的强度与刚度计算等。

（4）绘制总装配图。

草图绘制后，须经审查修改后才绘制正式总装配图。总图的绘制过程与上述草图绘制过程基本相同。只是要求图面大小、比例、视图布置、各类线条粗细等均要严格符合国家制图标准的要求。总装配图中除应将结构表示清楚外，还应反映以下几方面的内容：

① 标注有关尺寸、公差及配合。

② 制订工装的技术条件。

技术条件主要是指对工件加工要求有直接影响的位置精度要求，或在视图上无法表达的有关装配、检验、调整、维护、润滑等方面的要求。夹具的各项技术条件，一般按《互换性原理与技术测量》中规定的符号标注于视图中的相关位置或用文字说明表示在图中空白处的适当位置。

③ 标注零件编号及编制零件明细表。

在标注零件编号时，标准件可直接标出国家标准号。明细表要注明工装名称、编号、序号，零件名称和材料、数量等。

（5）绘制工装零件图。

在此步骤中，主要绘制工装中非标准零件的工作图。每个零件必须单独绘制在一张标准图纸上，尽量用 1∶1 比例，按国家制图标准绘制。零件图的名称和编号要与总装图一致，零件图中的尺寸、公差及技术要求应符合总装图的要求。

（6）编写设计说明书。

3．资料整理

在设计完成后需要进行相关资料整理，以确保设计的夹具符合行业标准，同时不出现夹具设计原则性、装配困难等问题。资料整理工作包括但不限于以下：

（1）进一步按照行业技术规范、技术标准、夹具零部件标准（国家标准、行业标准、企业标准），典型结构图册和夹具设计手册等的要求，核对所设计工装夹具是否符合规范。

（2）产品的图样、焊接组件图及技术要求。

（3）产品的装配和焊接工艺文件。

（4）核对工装设计任务书中指标是否全部实现。

（5）撰写使用说明书。

4.3.2 夹紧力的确定原则

在进行焊接工装夹具设计计算时，首先要确定装配、焊接时焊件所需的夹紧力，然后根据夹紧力的大小、焊件结构形式、夹紧点位置、安装空间的大小、焊枪可达性等因素选择夹紧装置的类型和数量，最后对所选夹紧装置的强度、刚度进行必要的核算。

装配、焊接焊件时，焊件所需的夹紧力，按性质可分为四类：第一类是在焊接及随后的冷却过程中，防止焊件发生焊接残余变形所需的夹紧力；第二类是为了减少或消除焊接残余变形，焊前对焊件施以反变形所需的夹紧力；第三类是在焊接装配时，为了保证安装精度，使两相邻焊件相互紧贴，消除它们之间的装配间隙所需的夹紧力，或者根据图样要求，保证给定间隙和位置所需的夹紧力；第四类在具有翻转或变位功能的夹具或胎具上，为了防止焊件翻转变位时在重力作用下不致坠落或移位所需的夹紧力。

上述四类夹紧力，除第四类可用理论计算求得与工程实际较接近的计算值外，其他几类，则由于计算理论的不完善性、焊件结构的复杂性、装配施焊条件的不稳定性等因素的制约，往往计算结果与实际相差很大，对有些复杂结构的焊件，甚至无法精确计算。因此，在工程上，往往采用模拟件或试验件进行试验的方法来确定夹紧力，具体方法有两种：一种是经试验得到试件焊接残余变形的类型和尺寸后，通过理论计算，求出使焊件恢复原状所需的变形力，也就是焊件所需的夹紧力。这种方法，对于梁、柱、拼接大板等一些简单结构的焊件还比较有效，计算出的夹紧力与工程实际较接近，但对于复杂结构的焊件，如机座、床身、大型内燃机缸体、减速机机壳等焊接机器零件，计算仍然是困难的。另一种方法是在上述试验的基础上，实测出矫正焊接残余变形所需的力和力矩，作为焊件所需夹紧力的依据。

焊件所需夹紧力的确定方法，随焊件结构形式不同而异。所确定的夹紧力要适度，既不能过小而失去夹紧作用，又不能过大而使焊件在焊接过程中的拘束作用太强，以致出现焊接裂纹。因此在设计夹具时，应使夹紧机构的夹紧力能在一定范围内调节，这在气动、液压、弹性等夹紧机构中是不难实现的。

确定夹紧力，就是要确定夹紧力的大小、方向和作用点，这是一个综合性的问题，必须结合焊件的定位方式、结构特点、装配焊接工艺要求、焊件在装配焊接过程中受力状况等情况综合考虑。在综合考虑后，首先要确定的就是夹紧力的大小、方向和作用点，然后再根据空间位置选择适当的传力方式，具体设计夹紧装置。

1．夹紧力方向的选择原则

（1）夹紧力的方向应垂直于主要定位基准面，既能使工件在较小夹紧力的作用下与定位件接触，又能使在较小夹紧力作用下引起的变形较小。

（2）夹紧力的方向应减小工件变形：焊件变形的大小与焊件材料、结构、夹具刚性、夹紧力大小和方向、焊接工艺参数等因素有关。为了减少夹紧力所导致的变形，夹紧力方向应该选在焊件刚度最大的方向上，同时应使受力表面最好是定位件与定位基准接触面积较大的表面（最好是平面）。夹紧力方向选择主要根据工艺要求和焊接变形特点来确定，如图 4.35 所示，因为在薄板对接时主要产生波浪变形，可用琴键式压板在焊缝两侧均匀施加外力和夹紧力，从而减少焊接过程中产生的约束应力。除此之外如果在某些方面（如板平面的纵向或横向）上允许工件自由伸缩，因而这些方向就不需要夹紧。

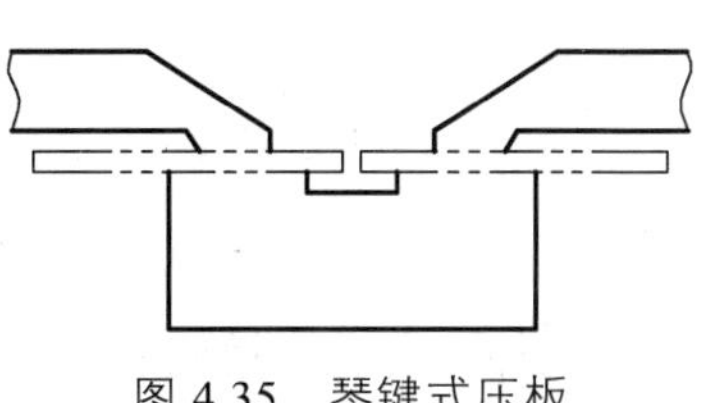

图 4.35　琴键式压板

（3）夹紧力的方向应有利于夹紧：在保证夹紧可靠的情况下，减少夹紧力可以减少工人的劳动强度，提高劳动效率，简化夹紧装置，使其轻便紧凑，并使焊件变形和压伤减少。夹紧力的方向主要根据现场工况来确定，从力学角度主要考虑构件结构形式、构件重力、焊接热效应引起的作用力等对夹紧力的影响。

2．夹紧力作用点的选择原则

夹紧力作用点是指夹紧装置与工件接触的部位（局部接触面积）。选择作用点就是指在夹紧方向一定的情况下确定夹紧力作用点的位置与数量，合理选择夹紧力作用点，一般来说，应满足以下原则：

（1）夹紧力作用点应作用在支承上或支承所组成的面积范围之内，且不能破坏工件定位位置。如图 4.36 所示，当夹紧力作用在 B 点时，夹紧力容易与支承反力形成力偶而破坏工件的定位。同时对于其他刚性较大的焊件，夹紧力的作用点要确定在支承点所形成的范围内，夹紧力的数量可以少于支承点数，但是对于刚性较小的焊件，夹紧力最好指向或靠近定位支撑件。

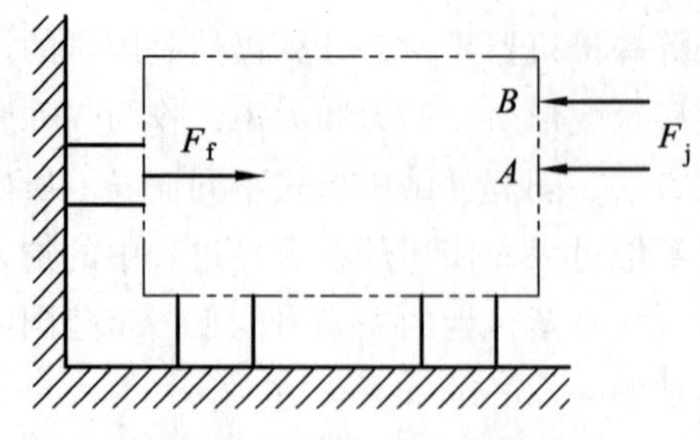

图 4.36　夹紧力作用点的选择

（2）夹紧力作用点的数目增多，能使工件夹紧均匀，提高夹紧的可靠性，减小夹紧变形。对于薄壁管类零件，径向夹紧时作用点的数目与其变形有很大的关系，如图 4.37 所示，当采用 6 点夹紧时其作用点的变形量仅为 3 点时的 1/10。当然，并非每一处夹紧时都需要一个夹紧力，实际工程中可以采用联动夹紧装置来实现。

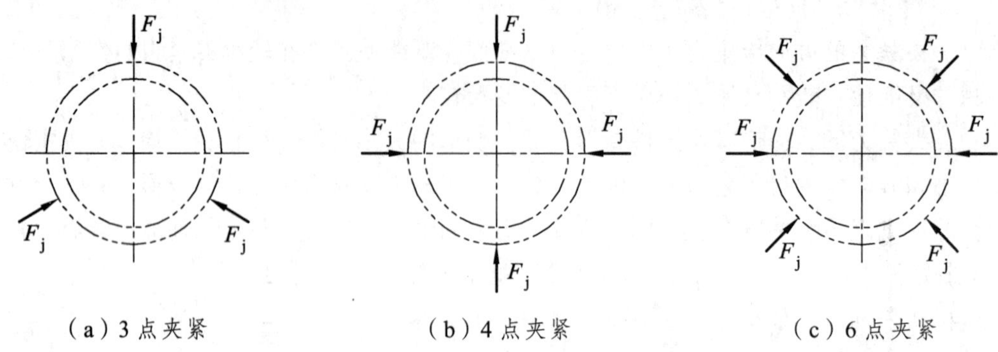

图 4.37　夹紧力作用点数目与工件变形的关系

此外，增加接触处的面积同样有利于减少工件变形。如图 4.38 所示，三爪夹头使点接触变为面接触。又如图 4.39 所示，可以在压板下面加一块厚度较大的锥面垫圈，使夹紧力通过垫圈均匀作用在薄壁上，避免薄壁管径向受压失稳。

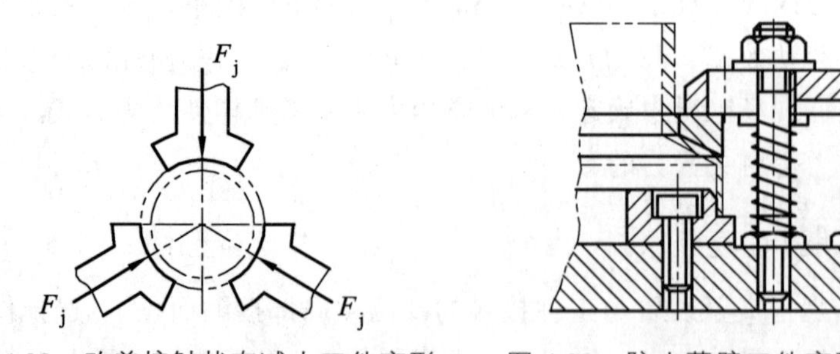

图 4.38　改善接触状态减小工件变形　　图 4.39　防止薄壁工件变形的措施

（3）夹紧力作用点应不妨碍施焊。对于薄壁零部件，夹紧力作用点往往尽量靠近焊缝边缘以减少焊接变形，但又不能够妨碍焊接操作，如图 4.39 所示。

3．夹紧力大小原则

为了选择合适的夹紧机构及传动装置，必须知道所需夹紧力的大小。在手动夹紧时，可凭人力来控制夹紧力的大小。当设计机动（如气压、液压等）夹紧装置时，则需要计算夹紧力大小。夹紧力的大小过大会使得焊件夹持部位变形，过小则在装配焊接过程中容易松动，安全性无法保证。确定夹紧力大小时，一般考虑以下原则：

（1）夹紧力应能够克服零件上局部轻微变形，这些变形不是因为长度的变长或缩短，而是因为焊件的刚性不足，在备料（剪切、气割、冷弯等）、储存或运输过程中可能引起局部不平直，严重的必须经过矫正才能投入装配，因为强行装配会引起很大的装配应力，只有轻微的变形才能通过夹紧装置去克服。

（2）当工件在胎具上实现翻转或回转时，夹紧力足以克服重力和惯性力，把工件牢牢地夹持在转台上。

（3）需要在工装夹具上实现焊件预反变形时，夹具就应具有使焊件获得预定反变形量所需要的夹紧力。

（4）夹紧力要足以应付焊接过程热应力引起的约束应力。

并不是每一个夹紧装置都会遇到上述受力情况。但是，从安全角度出发，应当全面考虑这些因素，把最不利的受力状态所需要的最大夹紧力确定下来，由于热源所引起的作用力很难精确计算，只能粗略估计，一般是将计算的理论值增加 2 ~ 3 倍（安全系数），作为设计夹紧机构的基本数据。

综上所述，夹紧力三要素是互相矛盾的，优势相互联系和统一的。在力的分析中要将作用到焊件上的各种外力综合考虑和处理。另一方面，必须以合理的结构设计实现各种矛盾因素的统一，只有这样才能使夹紧机构既能保证定位的稳定性又能保证装配焊接的安全可靠性。

另外，还应注意防止因夹紧力作用下产生的摩擦力而引起传动或移动。图 4.40 所示为因摩擦力而使工件发生传动或移动的实例及解决办法。

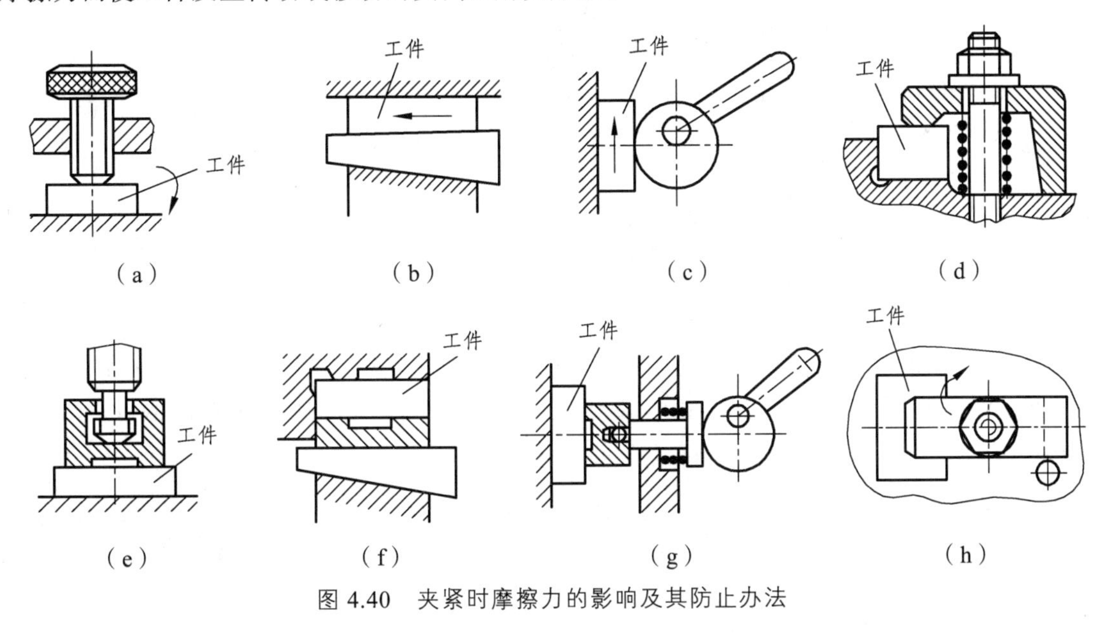

图 4.40　夹紧时摩擦力的影响及其防止办法

4.3.3　确定夹紧力实例

实践中，合理的结构设计不但能满足力学分析的要求，而且还能合理地实现焊接工艺的要求，这就需要设计者具有丰富的设计经验和工艺知识。下面，简单介绍一些焊件夹紧力的确定方法。

1．板材焊接时夹紧力的确定

板材，特别是薄板，在焊接过程中易出现波浪变形或局部的圆形或椭圆形的鼓包，在一些中厚、薄板的对接焊中，易在焊缝附近形成凹陷使整个板面扭曲变形。

对板材的圆形鼓包（见图 4.41），可看成周边固定的板材在均布载荷 q 作用下所形成的弯曲板。

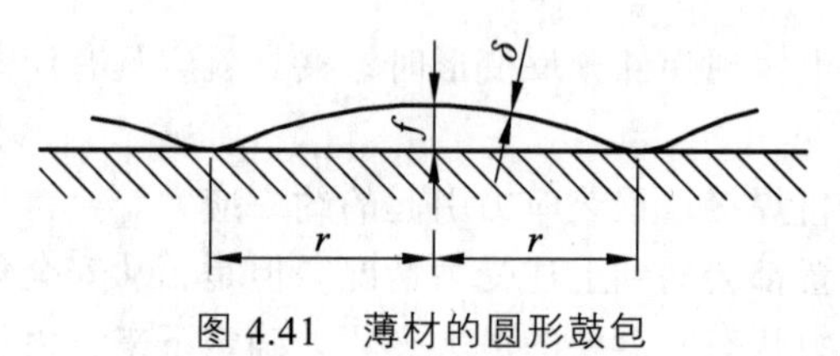

图 4.41　薄材的圆形鼓包

其中心的挠度

$$f=\frac{qr^4}{64C} \tag{4.5}$$

式中　q——均布载荷，且 $q=\frac{F}{\pi r^2}$；

F——作用在板材上的压力；

r——鼓包半径；

C——板材的圆柱刚度，且 $C=\frac{E\delta^3}{12(1-v^2)}$；

E——板材的弹性模量；

δ——板材厚度；

v——板材的泊松比，取 $v=0.3$。

将 q 值和 C 值代入式（4.5）后，经变换得

$$F=\frac{18fE\delta^3}{r^2} \tag{4.6}$$

若通过实验测得板材变形后的 f、r 值，即可利用式（4.6）计算出 F 值，此值就是所需的夹紧力。因为式（4.6）是在弹性力学基础上得出的，若夹紧后的应力超过屈服点，此式的应用便失去了意义。为此，还要验算板材鼓包中心的应力：

$$\sigma=\frac{3}{8}\frac{qr^2}{\delta^2}(1+v) \tag{4.7}$$

若将 $q=\frac{F}{\pi r^2}$、$v=0.3$ 代入式（4.7）得

$$\sigma=\frac{0.15F}{\delta^2} \tag{4.8}$$

再将式（4.6）代入（4.8）得

$$\sigma = \frac{2.8 fE\delta}{\gamma^2} \tag{4.9}$$

由式（4.9）可根据鼓包的实测尺寸算出板中的应力值 σ 。若该应力超过屈服点 σ_S，则此时的夹紧力 F_S 可利用式（4.8）并将 σ 置换成 σ_S 后得到：

$$\sigma = \frac{\sigma_S \delta^2}{0.15} \tag{4.10}$$

在实际夹紧装置上，按式（4.6）或式（4.10）算出的夹紧力并不是均匀地分布在整个鼓包上，而是分布在沿被焊坡口长约鼓包直径的两段平行线上（如在琴键式夹具中就是如此），此时，可近似认为每单位坡口长度的计算夹紧力：

$$F_d = 4.5 fE\left(\frac{\delta}{r}\right)^3 \tag{4.11}$$

同理，若 $\sigma > \sigma_S$ 时，则每单位坡口长度的计算载荷为

$$F_{ds} = \frac{F_S}{4r} = \frac{\sigma_S \delta^2}{0.6r} \tag{4.12}$$

例如，两块板材， $\delta = 5$ mm，$E = 206\ 000$ MPa，$\sigma_S = 235$ MPa，对接焊后出现鼓包如图 4.41 所示， $r = 450$ mm，$f = 13$ mm，为防止产生此种变形，求在单位坡口长度两边所需施加的夹紧力。

按式（4.9）先算出板中可能出现的应力：

$$\sigma = \frac{2.8 \times 13 \times 206\ 000 \times 5}{450^2} = 185\ (\text{MPa})$$

由于该值小于板材的 σ_S，故按式（4.11）计算单位坡口长度的夹紧力：

$$F_{ds} = 4.5 \times 13 \times 206\ 000 \times \left(\frac{3}{450}\right)^3 = 16.5\ (\text{N/mm})$$

实际上，在中厚、薄板 V 形坡口的对接焊中，还可能出现如图 4.42 所示的“屋顶式”角变形。为防止此种变形，焊接时应对板材施以弯矩 $M = FL$，其中 L 为夹紧点至坡口中心线的距离，是与板厚、焊接方法以及材质有关的量。

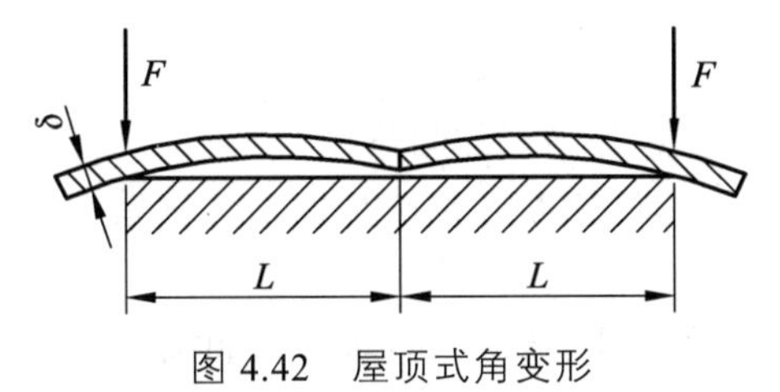

图 4.42　屋顶式角变形

一般情况下，板越薄，L 越小。此弯矩在焊缝中心所形成的应力应限定在屈服点 σ_S 以内，

按照这一要求，焊缝上每单位长度的最大允许弯矩：

$$M_{ds} = \sigma_S \cdot W \tag{4.13}$$

式中　W——焊缝单位长度的抗弯截面系数，可近似认为$W = \dfrac{\delta^2}{6}$。

考虑到单位长度最大允许弯矩$M_{ds} = F_{ds}L$，则根据式（4.13）得到每单位长度允许施加的最大夹紧力：

$$F_{ds} = \frac{\sigma_S \delta^2}{6L} \tag{4.14}$$

例如，两板材对接，$\delta^2 = 5\ \text{mm}$，$\sigma_S = 235\ \text{MPa}$，夹紧点距坡口中心线的距离$L = 45\ \text{mm}$。为防止“屋顶式”角变形，坡口每边单位长度允许施加的最大夹紧力可由式（4.14）算出：

$$F_{ds} = \frac{235 \times 5^2}{6 \times 45} = 21.8\ (\text{N/mm})$$

在上述计算中还应注意，由于焊接参数和板材本身刚度的不同，板材在自由状态下进行对接焊时发生的“屋顶式”角变形数值也不同，如果角变形超过某一临界值a_c，即使在以F_{ds}力夹紧的状态下施焊，仍会有角变形产生。这被认为是合理的，因为对工件过度的刚性夹紧，将会导致裂纹的产生。因此，在设计夹具时，还应检查在所给定的夹紧状态下，有无出现角变形的可能，其变形值是否在工程允许的范围之内。如图 4.43 所示，若焊件在夹紧状态下焊后出现角变形。

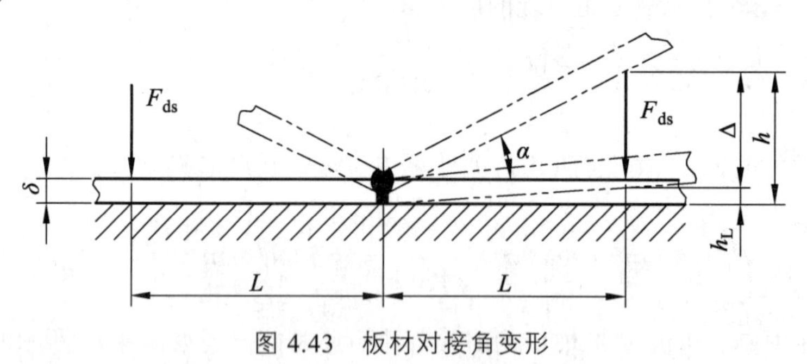

图 4.43　板材对接角变形

其大小也可用夹紧点处的间隙Δ来反映：

$$\Delta = h - h_L$$

式中　h——板材在自由状态下焊后出现的间隙；

h_L——板材在坡口每边单位长度允许施加的最大夹紧力F_{ds}作用下，所能抵消的最大间隙。

显然，若$h_L > h$则不会出现间隙；若$h_L < h$将形成间隙，其值：

$$\Delta = h - h_L = L\tan\alpha - \frac{F_{ds}L^3}{3EJ} \tag{4.15}$$

式中　J——板材单位长度的惯性矩，$J=\frac{\delta^3}{12}$；

α——板材在自由状态下焊后出现的角变形。

例如，$\delta = 5$ mm 钢板在自由状态下对接焊时，测得角度形 $\tan\alpha = 0.01$，现拟在琴键式夹具中进行对焊，夹紧点距坡口中心的距离 $L = 45$ mm，每单位坡口长度施加的最大夹紧力 $F_{ds} = 21.8$ N/mm，验证能否出现间隙 Δ。

根据式（4.15）

$$\Delta = 45\times0.01-\frac{21.8\times45^3}{3\times206\times\frac{5^3}{12}\times10^3}=0.14\ (\text{mm})$$

根据计算，在夹紧点处可出现 0.14 mm 的间隙，这样小的间隙，反映到两边的坡口上，仍可认为板材是紧贴在工艺垫板上的，同时该间隙的存在还可避免裂纹的产生，因此在工程上是允许的。

根据式（4.15），也可计算出 $\Delta = 0$ 时所需坡口每边单位长度施加的夹紧力：

$$F_d=\frac{E\delta^3\tan\alpha}{4L^2} \tag{4.16}$$

但应用式（4.16）时，应保证 $F_d < F_{dS}$，即焊缝中产生的 $\sigma < \sigma_S$。

前已述及，板材在自由状态下对接时，其角变形存在一个临界值 a_c，超过此值，即使在夹紧状态下施焊，仍会有角变形产生。此角变形的临界值，可从式（4.14）和式（4.15）并以 $\Delta = 0$ 为条件推出其计算式。

$$\tan\alpha_c=\frac{2\times40\times235}{3\times206\times2\times10^3}=0.0152$$

实测角变形 $\tan\alpha = 0.01$，小于临界角变形，所以应根据式（4.16）将 $\tan\alpha$ 值代入，求出琴键式夹具坡口每边单位长度所需的夹紧力。在板材对接时，若夹头与板材、板材与夹具体垫板之间的摩擦力不足以克服板材热胀冷缩所形成的变形力时，则在焊接加热与冷却过程中，坡口间隙会发生张开至合拢的变化。坡口间隙的变化，将影响焊接质量，应予避免，但不应采取增加夹紧机构拘束力的办法来解决。通常是在焊缝始末端用工艺连接板焊牢或沿坡口长度进行定位焊的方法来解决。

2．梁式构件焊接时所需夹紧力的确定

梁式结构易出现的焊接变形是纵向弯曲变形、扭曲变形和翼缘因焊缝横向收缩形成的角变形。

如图 4.44 所示的 T 形梁，焊后出现纵向弯曲，它是因焊缝纵向收缩产生的弯矩作用而形成的。该弯矩可用下式表达：

$$M_w = F_w e$$

式中　F_w——焊缝纵向收缩力，单面焊时，$F_w = 1.7DK^2$，双面焊时，$F_w = 1.15\times1.7DK^2$；

K——焊脚尺寸，如图 4.44（e）所示，mm；

D——工艺折算值，埋弧焊时 $D = 3\,000\ (\text{N/mm}^2)$，焊条电弧焊时 $D = 4\,000\ (\text{N/mm}^2)$；

e——梁中性轴至焊缝截面重心的距离，如图 4.44（e）所示，mm。

梁在弯矩 M_w 作用下，呈现圆弧形弯曲，其弯曲半径：

$$R_w = \frac{EJ}{M_w} \tag{4.17}$$

梁中心所形成的挠度：

$$f_w = \frac{M_w L^2}{8EJ} = \frac{F_w e L^2}{8EJ} \tag{4.18}$$

为了防止焊缝纵向收缩而形成梁的纵向弯曲变形，在大多数梁用焊接夹具中都装有成列的相同夹紧机构，其夹紧作用如同焊接梁上作用着均布载荷 q，如图 4.44（a）所示，使梁产生与焊接变形相反的挠度 f 以抵消 f_w，f 的大小可用下式表示：

$$f = \frac{5}{384}\frac{qL^4}{EJ} \tag{4.19}$$

根据式（4.18）和式（4.19）以及考虑到 f 应等于 f_w，则可求出均布载荷 q，也即防止梁焊接弯曲变形所需的夹紧力。

$$q = \frac{384 fEJ}{5L^4} = 9.6\frac{F_w e}{L^2} \tag{4.20}$$

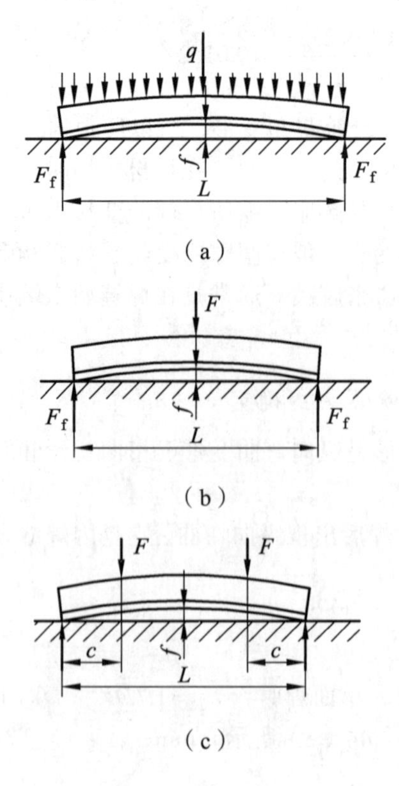

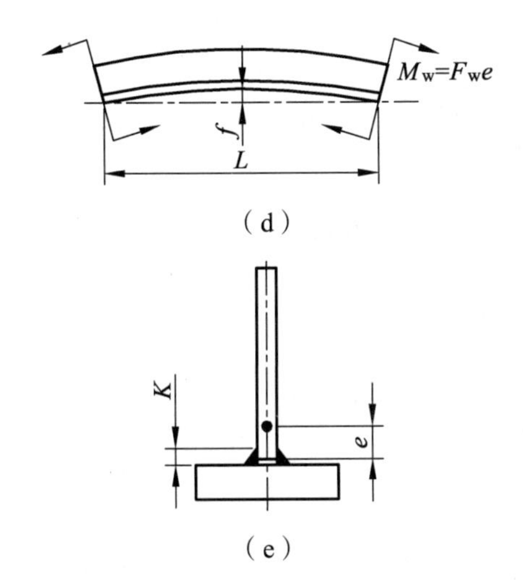

（d）

（e）

图 4.44　焊接 T 形梁的纵向弯曲

例如，T 形梁，如图 4.44（a）所示，长度 $L=6$ m，腹板截面尺寸为 10 mm×600 mm，翼板截面尺寸为 100 mm×100 mm，焊脚尺寸 $K=8$ mm，梁中性轴至焊缝截面重心的距离 $e=196$ mm，采用多点夹紧，进行双面埋弧焊，求其单位长度夹紧力 q。

根据所给条件，焊缝纵向收缩力：

$$F_{\mathrm{w}}=1.15\times1.7DK^2=1.15\times1.7\times3\ 000\times8^2=375.4\ (\mathrm{kN})$$

根据式（4.20）求出单位长度夹紧力：

$$q=9.6\frac{F_{\mathrm{w}}e}{L^2}=9.6\times\frac{375\ 400\times196}{6\ 000^2}\ (\mathrm{N/mm})$$

求出 q 值后，很容易算出夹具所需的夹紧力总和：

$$F_1=qL=19.6\times6\ 000=117.6\ (\mathrm{kN})$$

同时，也可计算出夹具两端的支撑反力：

$$F_{\mathrm{f}}=\frac{F_1}{2}=58.8\ (\mathrm{kN})$$

F_{f} 值即可作为夹具体强度、刚度的计算依据。

需要指出的是，在弯矩和 q 分别作用下，梁所呈现的纵弯变形是不相同的，前者接近圆弧状，可由单一曲率半径来描述［见式（4.17）］，而后者则否，通常要用沿梁长度方向各点的挠度来描述：

$$F_x=\frac{q}{24EJ}(2Lx^3-x^4-L^3x)$$

式中　x——距梁一端的距离。

然而，弯矩和均布载荷使梁产生的纵向弯曲变形尽管不同，但相差不是很大，其对应点的挠度相差不大于 1%～5%。所以用同样的方法计算夹紧力在工程上是可行的。

对于较短的梁，夹紧方案可采用如图 4.44（b）、（c）的形式。若按如图 4.44（b）布置夹紧力，则梁中心的挠度：

$$f=\frac{FL^3}{48EJ} \tag{4.21}$$

考虑在数值 $f=f_w$，并将式（4.18）代入式（4.21），得到所需夹紧力的公式：

$$F=\frac{6F_w e}{L} \tag{4.22}$$

若如图 4.44（c）所示，布置夹紧力，则梁中心的挠度：

$$f=\frac{F_c}{24EJ}(3L^2-4LC^2) \tag{4.23}$$

同理，也可得到所需夹紧力的公式：

$$F=\frac{3F_w eL^2}{C(3L^2-4LC^2)} \tag{4.24}$$

以上讨论了 T 形梁焊接时的夹紧力计算，现在再来讨论一下工字梁焊接时夹紧力的计算。工字梁是由四条纵向角焊缝将腹板与上、下翼板连接在一起的。由于施焊方案的不同，所需夹紧力的计算方法也不同。一种方案是先将工字梁用定位焊装配好，然后将其上的四条角焊缝一次焊成。由于焊缝和截面的对称性，从理论上讲，这种施焊方案不会产生工字梁的纵向弯曲，因此夹紧的目的不是为了防止变形，而是为了使腹板与上、下翼板接触得更加严实。这种因装配所需的夹紧力，属于前面所述的第三类夹紧力。另一种方案是对定位焊装配好的工字梁，先焊下翼板上的两条角焊缝，然后翻转 180°，再焊上翼板上的两条角焊缝。例如，用两台角焊缝专用埋弧焊小车对工字梁进行焊接，就是这种方案。此时所需的夹紧力，根据梁的长度及夹紧力的布置方案，分别按式（4.20）、（4.22）、（4.24）计算。但要注意，先焊下翼板上的两条角焊缝时尽管上翼板已定位焊，仍要用 T 形梁的 e 值代入。翻转后再焊接上翼板的两条角焊缝时，才将工字梁的 e 值代入。

上述方法，也可用于箱形梁等其他截面梁夹紧力的计算，e 值的代入与工字梁相同。

在 T 形梁和工字梁的焊接中，角焊缝的横向收缩将使翼板发生角变形（见图 4.45），为防止此种变形，每单位长度所允许施加的最大夹紧力可按式（4.14）求出：

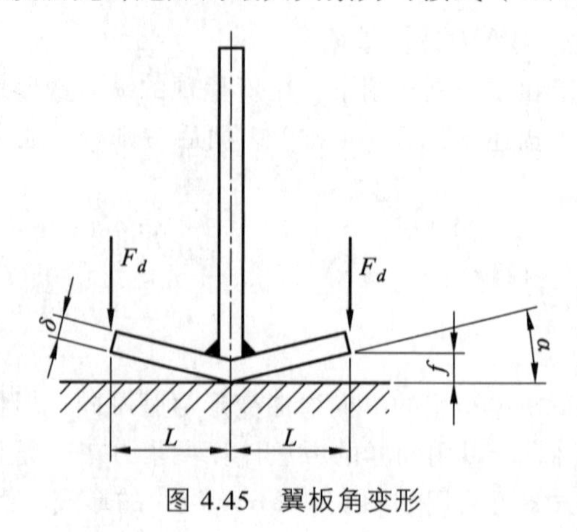

图 4.45　翼板角变形

若以翼缘与夹具工作台面紧贴为限定条件，即要求$\Delta = h - h_2 = 0$，则可按式（4.12）计算夹紧力，但应使$F_d < F_{ds}$。

如图 4.45 所示的 T 形梁，翼板$L = 150$ mm，厚度$\delta = 10$ mm，板材屈服点$\delta_s = 235$ MPa，弹性模量$E = 206\ 000$ MPa，测得翼板自由状态下的焊接角变形$\tan\alpha = 0.01$，求为防止此变形所需的夹紧力。

根据式（4.16），翼缘每单位长度应施加的夹紧力：

$$F_d = \frac{206 \times 10^3 \times 10^3 \times 0.01}{4 \times 150^2} = 22.9\ (\text{N/mm})$$

而根据式（4.14）算出：

$$F_{ds} = \frac{235 \times 10^2}{6 \times 150} = 26.1\ (\text{N/mm})$$

因$F_d < F_{ds}$所以F_d值可用。通常为了使夹紧力留有裕度，实际采用值往往大于F_d值，但不能大于F_{ds}值。

4.3.4 焊接工装夹具的精度与焊接结构制造精度等的关系

焊接工装夹具的精度与焊件的结构形式、使用工况、夹具体的刚度、夹具体制造精度以及焊接机械化、自动化程度有关。

（1）焊件由于结构形式和使用工况的不同，对制造精度的要求差别很大。如金属构件（梁、柱、桥架等）和容器类的焊接结构，由于结构形式比较单一，制造质量主要决定于焊缝质量，对形状精度、位置精度、尺寸精度的要求不是很严。而且，这类结构多是单件生产，零件间的装配关系也比较简单，许多零件在装、焊时，只是通过打磨、切割、配钻、铰孔、局部矫形和校正，依照零件间的相互位置关系，“对号入座”进行装配、定位焊，最后进行焊接。所用的夹紧机构多是出力较大的机构，如螺旋夹紧机构、气动和液压夹紧机构等，以保证被组对的零件在焊接时不发生位置变化和形状变化。由于零件的定位多是根据零件之间给定的位置关系，依靠零件本身的端面、棱边、坡口来相互定位，若使用定位器定位，也多以挡铁、样板、工作平台（主要起夹具体的作用，兼作定位器）为主。因此，这类焊接结构的制造精度，在很大程度上取决于各组对零件下料时的尺寸精度和形状精度。我国已颁布了焊缝坡口形式和尺寸的国家标准 GB/T 985.2—2008《埋弧焊的推荐坡口》，同时还颁布了 JB/T 10045.3—1999《热切割气割质量和尺寸偏差》的行业标准，零件下料时执行上述标准，是保证该类结构尺寸和形状精度的关键。另外，定位器的制造安装精度要与零件的下料精度相匹配，如果下料精度很低，定位器的精度再高也是没有意义的。

（2）夹具体的刚度对焊接结构的形位精度也会带来较大影响。因为焊接时，结构的变形在所难免，如果夹具体的刚度足够，夹紧力足够，则结构的焊接变形可限定在弹性恢复的范围内，否则，将会带来较大的残余变形。但是，对夹具体的结构刚度进行计算是很困难的，特别是结构比较复杂的夹具体。简化计算得出的刚度值往往和实际相差很大，所以工程上常用类比法、经验法、验算法来设计夹具体。

对于作为夹具体的装焊平台，建议采用铸钢或铸铁结构，因为这种铸造结构从受力后直至被破坏前，变形很小，而且比较经济。对于焊接机器零件（焊接齿轮、焊接轴类等传动机器零件；焊接箱体、焊接床身、焊接机座等机器承重结构）的制造精度，要比前述焊接构件的制造精度高。但是，这种结构的焊后尺寸，不都是最终的使用尺寸，其上的配合面、配合孔等安装其他零部件的部位，要通过机械加工得到最终尺寸。所以这种结构装焊时，一方面要控制整体变形，一方面要给各加工部位留有加工余量。焊接工装夹具在此所起的作用，一是将整体变形尽量限制在弹性恢复的范围内，若夹具夹紧可靠，夹具体刚度足够，则弹性恢复所形成的残余变形相对很小，可限定在工程允许的范围以内；二是控制加工余量不要留得太多，以免造成材料、加工工时、能源等的浪费。加工余量的大小，与结构形状、焊缝布置、坡口形式、焊缝长度、焊接热输入、焊接方法、焊接次序、是否采用反变形等影响焊接变形的各因素有关。另外，也与是否使用工装夹具以及它的制造安装精度有关。在此诸多因素中，就焊接工装夹具的精度要求而言，由于夹具的使用对象是焊接机器零件，焊前各坯件结合处，一般都进行过机械加工，不仅尺寸较规矩，偏差较小，而且加工处的表面粗糙度也比热切割的要小。因此，夹具在保证夹紧力和夹具体刚度的前提下，控制好定位器的制造精度和安装精度就特别重要。这也是此类结构要求的夹具精度高于金属构件夹具精度的原因。此类夹具虽然精度较高，但是除了精密器件用的焊接夹具外，在精度上仍低于冷加工用的夹具。这是因为在此类夹具上焊成的结构，还要进行机械加工，对于机加工的成品，只不过是一个“焊接毛坯”，也就是说，此类夹具的精度仅与“焊接毛坯”的精度有关。因此要切记不能以焊件的净尺寸（设计尺寸）来设计焊接工装夹具，夹具的制造精度和安装精度要根据焊接毛坯的精度来定，一般要高出焊接毛坯精度一个等级。

（3）焊接工装夹具的精度还和焊接机械化、自动化程度有关。总的来讲，用于手工焊接作业的夹具精度，低于机械化焊接作业的夹具精度，而后者又低于自动化焊接作业的夹具精度。例如，以埋弧焊为例，其焊件的尺寸精度、装配精度以及所使用夹具的精度，均低于焊接机器人，特别是弧焊机器人所要求的精度。再如，在先进工业国家中，为了大规模提高汽车生产的效率和整车质量的稳定性，在车体制造中广泛采用了焊接机器人，并要求汽车车体的综合误差控制在 ±2 mm 以内（日本为 ±1 mm）。汽车车体是用点焊机器人拼装成的薄板冲焊结构，焊前零件极易变形，又有一定弹性。因此，在设计制造此类装焊夹具时，不仅要求夹具本身的制造、装配精度要高，而且还要考虑到焊前、焊后零件变形的影响。只有这样，才适应自动化机器人点焊的需要和车体形状尺寸精度的要求。

4.3.5 定位及夹紧符号的标注

在选定定位基准及确定了夹紧力的方向和作用点后，应在工序图上标注出定位符号和夹紧符号。定位及夹紧符号的标注方法参见 GB/T 24740—2009《技术产品文件　机械加工定位、夹紧符号表示法》。常用定位夹紧符号标注示例，如表 4.6 所示，采用气动压板联动夹紧，其箭头方向表示夹紧力方向，止口盘端面作为主要定位基准，图中轮廓线标注“2”“3”表示定位件消除的自由度数，短圆柱面作为第二定位基准，消除 2 个自由度。

表 4.6　常用定位夹紧符号

类　型	符　号			
定　位	独立定位		联合定位	
	标注在视图轮廓线上	标注在视图正面	标注在视图轮廓线上	标注在视图正面
固定式定位				
活动式定位				
支　承	独立支承		联合支承	
	标注在视图轮廓线上	标注在视图正面	标注在视图轮廓线上	标注在视图正面
夹紧动力源	独立夹紧		联合夹紧	
	标注在视图轮廓线上	标注在视图正面	标注在视图轮廓线上	标注在视图正面
手动夹紧				
液压夹紧	Y	Y	Y	Y
气动夹紧	Q	Q	Q	Q
电磁夹紧	D	D	D	D

4.4　焊件夹紧方案设计实例

4.4.1　转向架侧梁焊接工装夹紧方案

1．功能分析

转向架是高速列车、城轨车中重要部件，在列车运营过程中承担着承载、导向、牵引制动、减振降噪等作用。转向架构架是转向架上其他部件的连接基体，主要包括横梁、侧梁、垂向减振器座、空气弹簧支撑梁等主要部件。其中，转向架侧梁主要有压型梁结构、板式结构、铸件与板式等结构，典型结构如图 4.46 所示，主要由上下盖板、左右立板等部件组成。

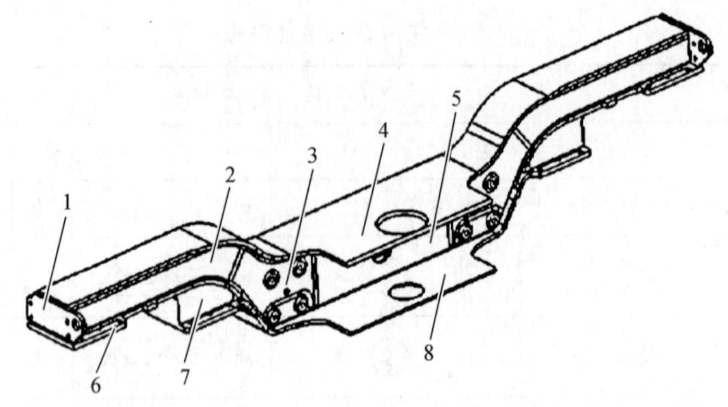

1—堵板；2，3—立板；4—上盖板；5—中间立板；
6—下盖板；7—铸件；8—下盖板。

图 4.46 侧梁结构

在转向架侧梁装配、焊接过程中，设计合适的夹紧方案及夹紧装置对于确保转向架侧梁的制造质量具有重要意义。根据现有各种侧梁长度、宽度范围，现场作业情况，拟定设计侧梁夹具体长 4 100 mm，宽 900 mm，以保证多个车型转向架侧梁制造的需要。

由于侧梁立板、盖板有整体式和分块式两种，在设计测量定位及夹紧装置时，需要确定每个部件上均有至少两个定位。定位原则上选用机加工后的面或孔，尽量选择精度高的位置。夹紧装置选择在定位的对立侧，夹紧时尽量同时进行，不能单纯夹紧某一个部件。此外，针对两个立板中的筋板，采用整体式定位，首先在夹具体上设置一个筋板的定位装置，以该筋板为定位基准，用样板定位其他筋板。

组焊侧梁时，侧梁 X 向以定位孔为基准，采用划线找正法定位，要求 X 向定位微调装置最小移动距离 0.1 mm，车型变更时 X 向定位装置移动速度要求为 0.3 m/min，同种车型侧梁 X 向定位时，X 向定位夹紧装置移动速度要求为 0.12 m/min；侧梁 Y 向定位尺寸公差要求 1 mm，要求 Y 向定位微调装置最小移动距离 0.5 mm，车型变更时 Y 向定位装置移动速度要求为 0.3 m/min，同种车型侧梁 Y 向定位时，Y 向定位夹紧装置移动速度要求为 0.12 m/min，且 Y 向定位装置要与侧梁点接触，便于侧梁的 Y 向定位及微调；侧梁 Z 向以侧梁侧面划线为基准，采用划线找正法定位，要求 Z 向定位微调装置最小移动距离 0.1 mm，车型变更时 Z 向定位装置移动速度要求为 0.12 m/min。

夹紧方案设计时，应考虑到侧梁焊接工装的通用性，侧梁焊接工装夹具体、定位块、夹紧装置可以互换使用，以节省成本、提高效率。

2．方案设计

侧梁夹紧方案设计结果如图 4.47 所示，侧梁定位夹紧模块可实现 X、Y、Z 三个方向的调整。车型变更所需三向尺寸调节由模块下部分的三向调整平台实现，X、Y 向调整方式为电动调节直线模组，Z 向调节通过举升机实现，三向调节均可实现调节后锁止。定位微调通过电动微调模块实现，调整后实现锁止。采用多重保护装置，避免操作过程发生危险。采用手动调节备用装置，防止电动调节装置出现故障造成生产停止，保证柔性焊接夹具系统的连续使用，且定位精度较高，能避免工人手工操作失误。

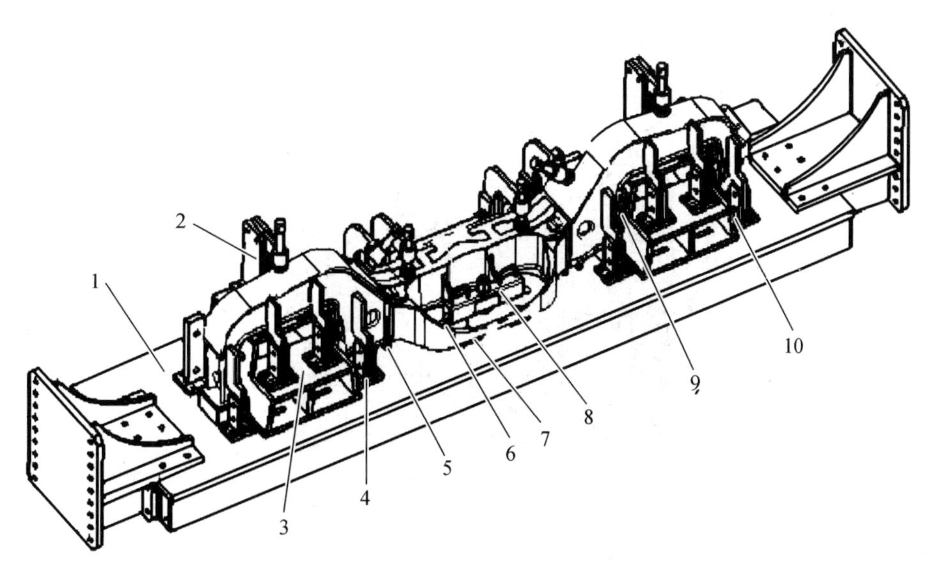

1—夹具体；2—压紧器；3—定位顶紧组成座；4—侧定位组成；
5—可调定位螺钉；6—中心销定位；7—定位板；
8—压紧杠组成；9—随行定位板；
10—可调顶紧螺钉。

图 4.47　侧梁夹紧定位

3．资料整理

夹具设计完成后，需要整理焊接工装设计时使用的相关资料，备份相应的设计原则和重要图纸和有关夹具零部件设计标准（国家标准、行业标准、企业标准），重要结构图册和夹具设计手册等，如装配图、零件图、焊接组件图等，整理与之相关的互换性与技术测量参考资料，便于后期维护整改。

4.4.2　汽车车门柔性焊接夹具设计

1．功能分析

车门是整个车身结构中相对独立的部分，也是车身工艺中最复杂的部件。车门质量主要体现在车门的防撞性能、密封性能和装配性能等方面。车门的防撞性能与车门内外板和防撞梁的结构强度、焊接质量等因素有关；密封性能与车门焊接精度以及装配精度有关；装配性能主要与零件冲压焊接质量以及工装夹具定位精度有关。焊装作为车门生产工序中关键的一个环节，焊装夹具的定位方式和定位精度对车门质量有着很大的影响。

车门系统一般由两大部分组成，车门焊接总成和车门附件，其中车门焊接总成包括车门内板、车门外板、防撞梁、车门加强板、窗框等，车门附件包括铰链及限位器、门锁机构、扶手及开关、隔音板、玻璃及升降器等。车门焊装总成结构如图 4.48 所示。由于汽车车门形状结构复杂、表面为曲面、厚度小、表面积大，属于薄板类零件，车门的定位装夹不同于普通机加工零件的定位装夹。

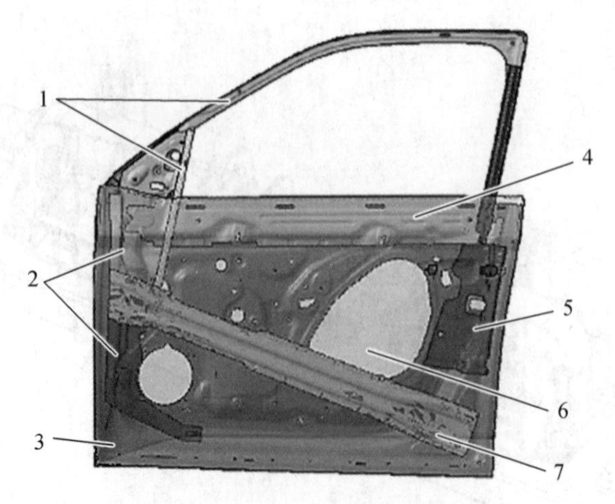

1—窗框焊接总成；2—铰链加强板；3—车门内板；
4—外板加强板总成；5—锁加强板；
6—车门外板；7—防撞梁。

图 4.48 车门焊装总成

2．方案设计

为了保证在车门制造过程中基准的统一，车门夹具设计时应首先确保车门设计基准点、工艺基准点及侧梁基准点的统一，尽量由车门基准来确定夹具主定位基准。一般情况下，定位孔及定位销应由车门基准确定，定位面在保证基准统一的情况下适当调整，前后定位基准应一致。在定位精度方面，应充分考虑车门结构的复杂性及曲面表面，尽量采用圆形定位销，必要时可根据车门定位的需要增加定位面，确保定位精度。根据上述功能分析及方案设计，待焊车门定位方案如图 4.49 所示。

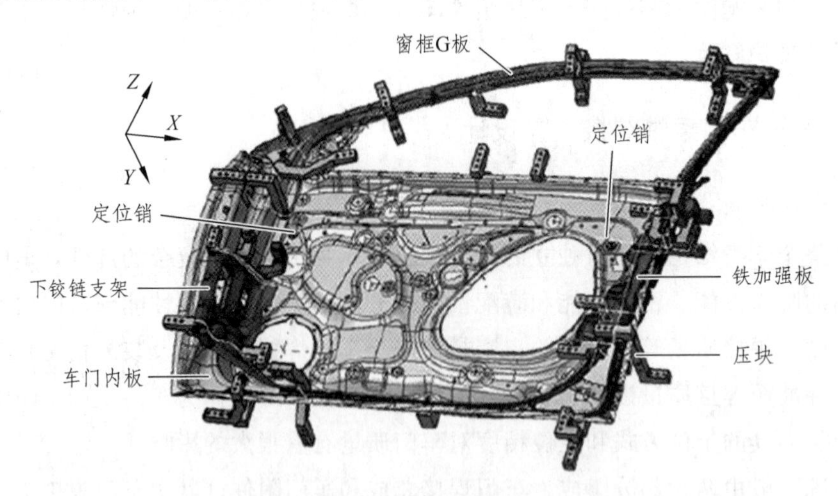

图 4.49 待焊装车门定位方案

车门装夹由每个压块和定位销开始，然后依次设计夹具机构、转接块、支座，由此构成可以对一个或多个点定位和夹紧的夹具体，按照这种设计思路和方法，对整个待焊车门夹具体进行初步设计，设计结果如图 4.50 所示。

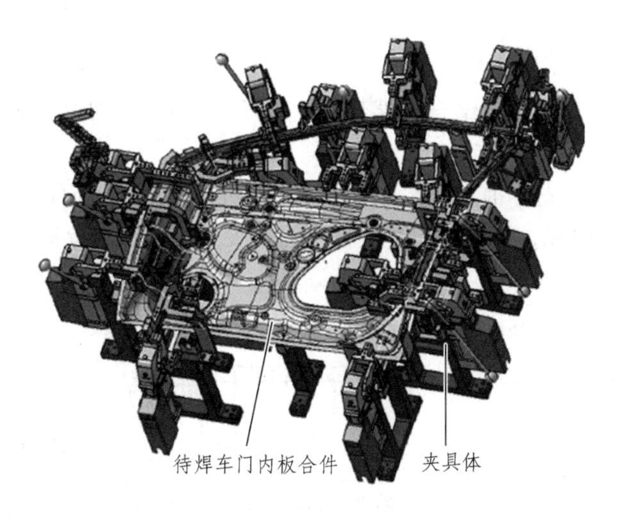

图 4.50　待焊装车门工位与夹具体

3．资料整理

在完成设计任务后，整理零部件的图样、焊接组件图及技术要求、该夹具体的装配和焊接工艺文件、相关夹具零部件选型标准（国家标准、行业标准、企业标准），典型结构图册和夹具设计手册等。

4.4.3　发动机壳体组合吊挂焊接工装设计

1．功能分析

发动机壳体组合吊挂焊接是发动机壳体加工的关键工序。它是采用电子束搭接焊法将中、后吊挂与薄壁筒体焊为一体，为大厚度差曲面搭接接头式焊接结构。设计要求焊缝强度必须满足中空导弹吊装要求，且不允许焊透发动机筒体，因此焊接难度较大。吊挂焊接时，装配精度、焊接变形的控制程度直接关系到成品合格率。

发动机壳体组合焊接结构如图 4.51 所示，由筒体、前端环、中吊挂、后吊挂等零件组成。其中筒体与前端环采用电子束对接焊缝连接，筒体与中、后吊挂采用电子束搭接焊缝连接，不允许焊透筒体，焊缝强度承载力不低于 5 kN。发动机壳体组合全长 912 mm，筒体壁厚 0.85 mm，中、后吊挂底部为弧面，距施焊部位最薄处壁厚仅 3 mm。

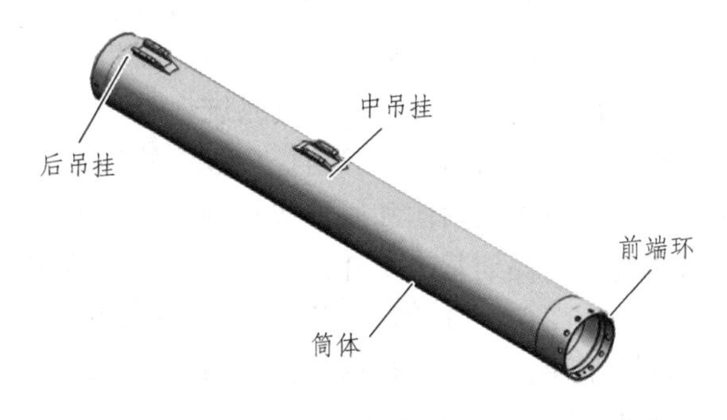

图 4.51　壳体组合结构

2．方案设计

根据中、后吊挂装配要求，结合前端环，中、后吊挂焊接顺序，设计了分体式和整体式两种工装方案。

分体式工装方案，因先焊前端环，后焊中、后吊挂，导致壳体组合件内径中间大，两端小，无法使用实体心棒内撑，为防止压紧过程中筒体变形，采用了分体式工装方案，如图 4.52 所示。

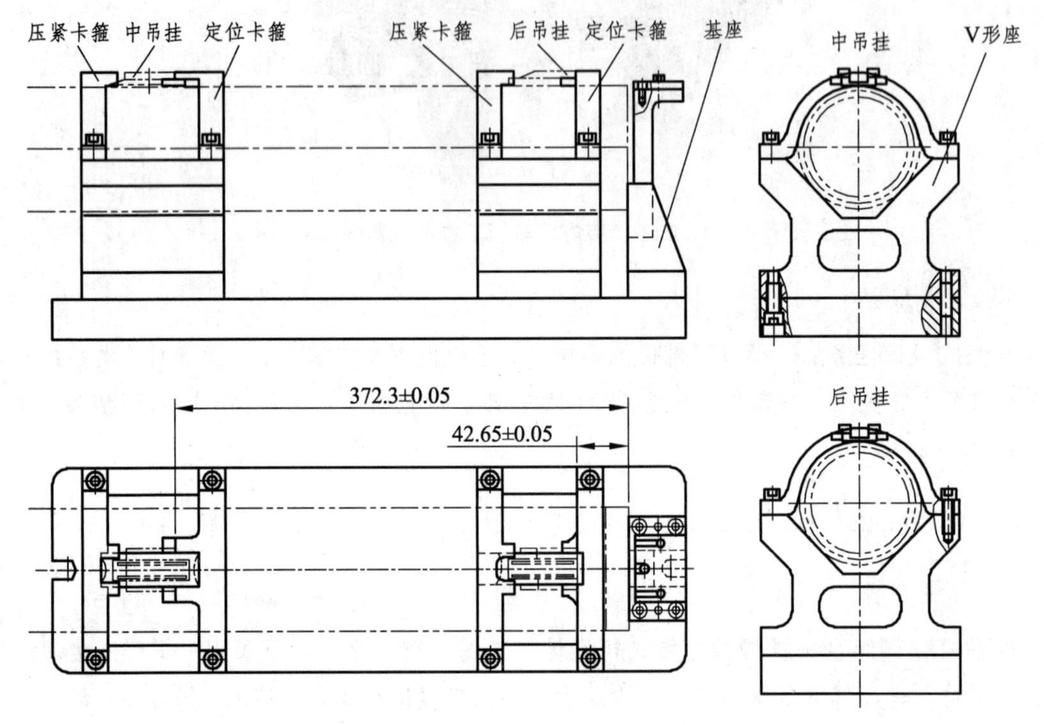

图 4.52　分体式工装方案

工装以筒体为定位基准，采用 V 形座的定位方式。V 形座上各分布 2 组卡箍，分别完成对中、后吊挂的定位及压紧。其中两个定位卡箍 V 形座接触面部分做出圆柱形凸台，沉入 V 形座相应孔中，并采用 H7/g6 精密配合，保证中、后吊挂沿筒体圆周方向位置精度。工装右端配有基座，用来确定中、后吊挂沿筒体轴向尺寸精度。

整体式工装方案，为缩短工装制造周期，降低制造成本，考虑在原有工装基础上进行改进，保留原工装底板和 V 形座，重新设计中、后吊挂及工装定位夹紧结构。如图 4.53 所示，采用整体式定位板和定位块共同完成对中、后吊挂的定位。因相关尺寸均集中在定位板组件上，可通过组合加工提高定位尺寸精度，减小工装的系统误差。

首先，为使中、后吊挂沿筒体轴向的尺寸只与定位板组件有关，可在定位板一侧靠筒体端面处，安装挡板和基准块，并使挡板内侧和基准块外侧处于同一垂直平面，从而使壳体组合件轴向测量起始点从壳体端面转换到基准块外侧面。其次，基准块高度应与中、后吊挂定位块高度保持一致，并处于工装高点，方便检验员用卡尺准确测量轴向相关尺寸。

同时压紧面移到吊挂凸台平面，在焊接过程中压紧吊挂，控制吊挂的焊接变形。压紧块在自由状态时可取下，方便使用。

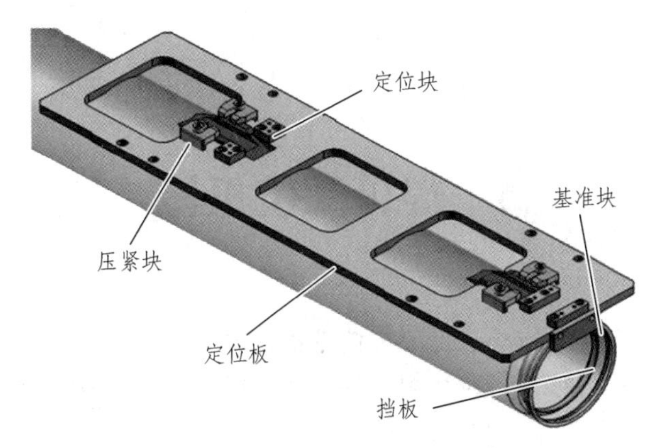

图 4.53　中、后吊挂定位压紧结构

因对吊挂定位压紧方式改变，原有 V 形座接口无法继续使用。因此，在 V 形座上加装垫板及立板，垫板起转接板作用，左右立板则控制定位板中心平面对 V 形块中心平面重合，且保证定位板底面与壳体接触。立板上做有螺纹孔，可使定位板固紧在立板上。工装定位夹紧装置如图 4.54 所示。

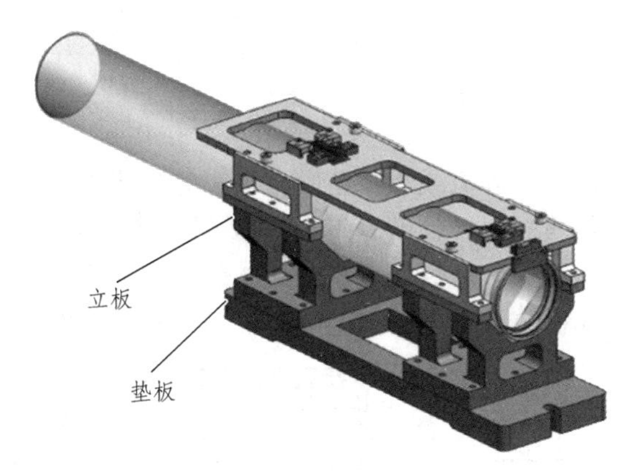

图 4.54　定位夹紧装置

3．资料整理

设计完成后，整理装配图、零件图等相关资料，撰写工装设计说明书。

5 焊接变位机械

焊接变位机械是用来带动待焊工件、焊接设备或焊工，使得焊工、焊接设备和工件位于理想位置、便于焊工操作焊接设备对待焊工件上施焊作业，完成机械化、自动化焊接的各种机械装置。

由于制造业之间发展水平的差异，我国焊接变为机械行业在制造和理论研究方面还处于发展中。一般说来，生产焊接操作机、滚轮架、焊接系统及其他焊接设备的厂家，大都生产焊接变位机；生产焊接机器人的厂家，大都生产机器人配套的焊接变位机。焊接变位机改变了可能需要立焊、仰焊等难以保证焊接质量的施焊操作，保证了焊接质量，提高了焊接生产率和生产过程的安全性。

5.1 概 述

焊接变位机械是改变焊件、焊机或焊工空间位置来完成机械化、自动化焊接的各种机械设备。使用焊接变位机械可缩短焊接辅助时间，提高劳动生产率，减轻工人劳动强度，保证和改善焊接质量，并可充分发挥各种焊接方法的效能。焊接变位机械按改变位置的对象不同可划分为焊件变位机械、焊机变位机械、焊工变位机械三类，如图 5.1 所示。

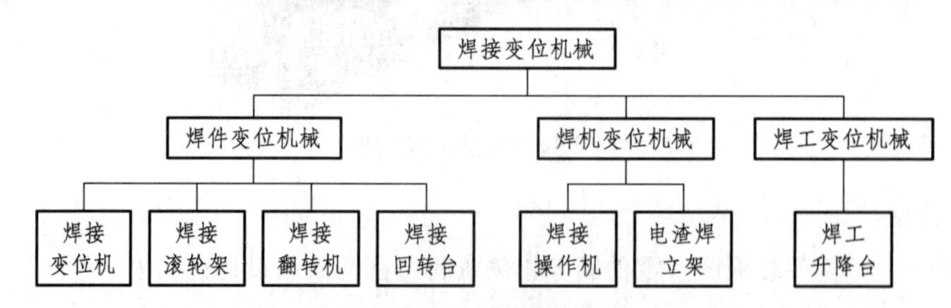

图 5.1 焊接变位机械的分类及各类所属设备

一般来说，通用的焊接变位机械应具备如下性能：

（1）对尺寸和形状各异的焊件，要有一定的适应性。

（2）焊件变位机械和焊机变位机械要有较宽的调速范围、稳定的焊接运行速度，以及良好的结构刚度。

（3）传动部分应具有一级反行程自锁传动，以免动力源突然切断时，焊件因重力作用倾覆而发生事故。

（4）焊接变位机械要有联动控制接口和相应的自保护功能，以便集中控制和相互协调动作。

（5）回程速度要快，但应避免产生冲击和振动。

（6）有良好的接电、接水、接气设施，以及导热和通风性能。

（7）整个结构要有良好的密闭性，以免焊接飞溅物对机械和人员造成损伤，易于清除散落在其上的焊渣、药皮等。

（8）与焊接机器人和精密焊接作业配合使用的焊件变位机械，根据焊件大小和工艺方法的不同，其到位精度（点位控制）和运行轨迹精度（轮廓控制）应控制在 0.1 ~ 2 mm，最高精度可达 0.01 mm。

（9）工作台面上应刻有安装基线，并设有安装槽孔，能方便地安装各种定位器件和夹紧机构。

（10）兼作装配用的焊件变位机械，其工作台面要有较高的强度和抗冲击性能。

（11）用于电子束焊、等离子弧焊、激光焊和钎焊的焊件变位机械，应满足导电、隔磁、绝缘等方面的特殊要求。

5.2 焊件变位机械

焊件变位机械是在焊接过程中改变焊件空间位置，使其有利于焊接作业的各种机械设备。焊件变位机械按功能不同，分为焊接变位机、焊接滚轮架、焊接翻转机和焊接回转台四类。

5.2.1 焊接变位机

焊接变位机是在焊接作业中，将焊件回转并倾斜，使焊件上的焊缝置于有利于施焊位置的焊件变位机械。焊接变位机主要用于机架、机座、机壳、法兰、封头等非长形焊件的翻转变位。

1．结构形式

根据结构形式的不同，焊接变位机主要包括：座式焊接变位机、双座式焊接变位机、伸臂式焊接变位机等三种形式，生产中往往根据不同变位机械的特点进行选用。

（1）座式焊接变位机。

如图 5.2 所示，其工作台连同回转机构通过倾斜轴支承在机座上，工作台以焊速回转，倾斜轴通过扇形齿轮或液压缸，多在 110° ~ 140° 恒速或变速倾斜。座式焊接变位机稳定性好，一般不用固定在地基上，搬移也方便，适用于 0.5 ~ 50 t 焊件的翻转变位，是目前产量最大、规格最全、应用最广的结构形式。由于回转工作台面的限制，主要用于非长焊件的变位，生产中常与伸缩臂式焊接操作机或弧焊机器人配合使用。

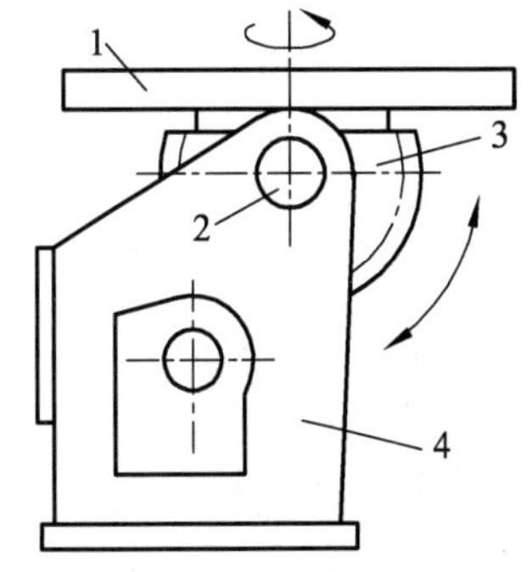

1—回转工作台；2—倾斜轴；
3—扇形齿轮；4—机座。

图 5.2　座式焊接变位机

（2）双座式焊接变位机。

如图 5.3 所示，工作台安装在回转架上提供焊接速度回转功能，回转架设在两侧的机座上，多以恒速或所需的焊接速度绕水平轴线转动。该机不仅稳定性好，而且如果设计得当，焊件安放在工作台上后，随回转架倾斜的综合重心位于或接近倾斜机构的轴线，可使倾斜驱动力矩大大减小。因此，重型焊接变位机多采用这种结构。双座式焊接变位机适用于 50 t 以上大尺寸焊件的翻转变位。在焊接作业中，常与大型门式焊接操作机或伸缩臂式焊接操作机配合使用。

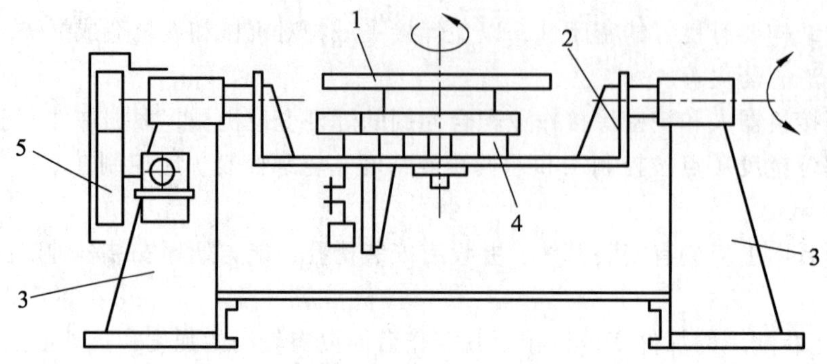

1—工作台；2—回转架；3—机座；4—回转机构；5—倾斜机构。

图 5.3　双座式焊接变位机

（3）伸臂式焊接变位机。

如图 5.4 所示，伸臂式焊接变位机回转工作台绕回转轴旋转并安装在伸臂的一端，伸臂一般相对于某一转轴成角度回转，而此转轴的位置多是固定的，但有的也可在小于 100° 的范围内上下倾斜。这两种运动都改变了工作台面回转轴的位置，从而使该机变化范围大，作业适应性好。但这种形式的变位机，整体稳定性较差。

该机多采用电动机驱动，承载能力在 0.5 t 以下，适用于小型焊件的翻转变位。也有液压驱动的，承载能力 10 t 左右，适用于结构尺寸不大，但自重较大的焊件。伸臂式焊接变位机在手工焊中应用较多。当生产中各工件距离较近，需要多个位置焊接时也可选用伸臂式焊接变位机。

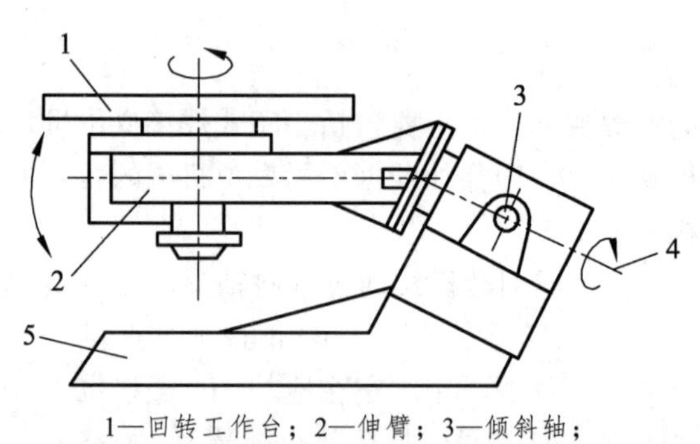

1—回转工作台；2—伸臂；3—倾斜轴；
4—转轴；5—机座。

图 5.4　伸臂式焊接变位机

焊接变位机的基本结构形式虽只有上述三种，但其派生形式很多，有些变位机的工作台还具有升降功能，如图 5.5 所示。由图中的结构形式可知，焊接变位机主要包括回转、倾斜、升降及伸缩等主要功能。其中，回转及倾斜功能几乎是所有焊接变位机都具有的。

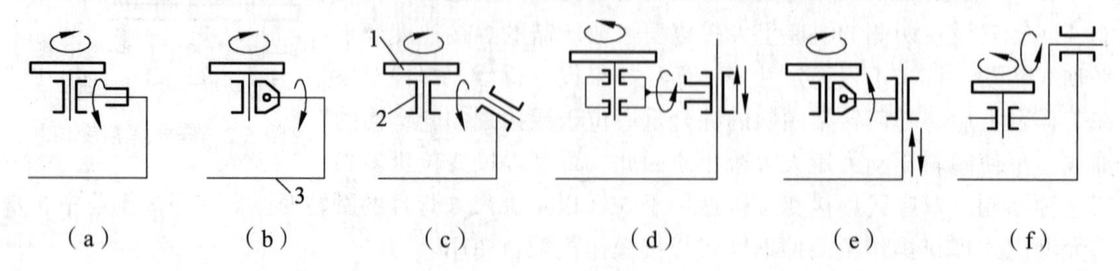

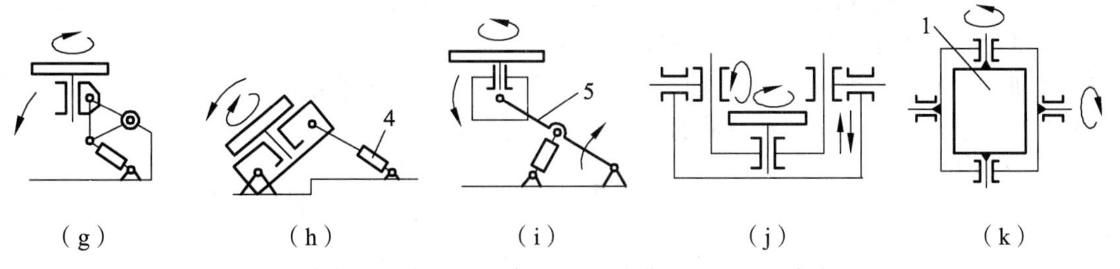

1—工作台；2—轴承；3—机座；4—推举液压缸；5—伸臂。

图 5.5　焊接变位机的派生形式

2．驱动系统

焊接变位机工作台的回转运动，多采用直流电动机驱动，无级变速。近年来出现的全液压变位机，其回转运动是用液压马达来驱动的。工作台的倾斜运动有两种驱动方式：一种是电动机经减速器减速后通过扇形齿轮带动工作台倾斜（见图 5.2），或通过螺旋副使工作台倾斜（应用不多）；另一种是采用液压缸直接推动工作台倾斜（见图 5.6）。这两种驱动方式都有应用，在小型变位机上以电动机驱动为多。工作台的倾斜速度多是恒定的，但对应用于空间曲线焊接及空间曲面堆焊的变位机，则是无级调速的。工作台的伸缩运动，主要通过液压驱动或电动机驱动。

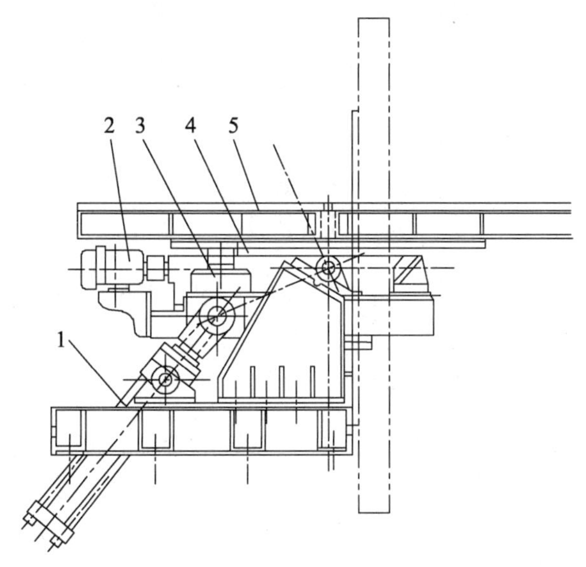

1—液压缸；2—电动机；3—减速器；
4—齿轮副；5—工作台。

图 5.6　工作台倾斜采用液压缸推动的焊接变位机

3．传动系统

在电动机驱动的工作台回转、倾斜系统中，常设有一级蜗杆传动，使其具有自锁功能。有的为了精确定位，还设有制动装置。

在变位机回转系统中，当工作台在倾斜位置以及焊件重心偏离工作台回转中心时，工作台在转动过程中，重力形成的力矩在数值和性质上是周期变化的（见图 5.7），为了避免因齿轮间隙的存在，力矩性质改变时产生冲击，导致焊接缺陷，在用于堆焊或重要焊缝施焊的大型变位机上配有抗齿隙机构或装置。另外，一些供弧焊机器人使用的变位机，为了减少倾斜和回转系统的传动误差，保证焊缝的位置精度，也配有抗齿隙机构或装置。

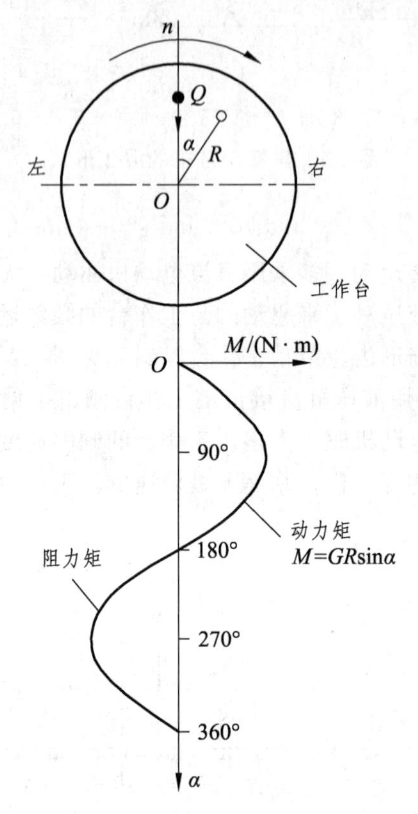

Q—综合回转中心；α—转角；O—工作台回转中心；
n—转速；G—载重量。

图 5.7　工作台回转力矩的周期变化

在重型座式和双座式焊接变位机中，常采用双扇形齿轮的倾斜机构，扇形齿轮用一个单独的电动机驱动，或用各自的电动机分别驱动。在分别驱动时，电动机之间设有转速联控装置，以保证转速的同步。另外，驱动系统的控制回路，应有行程保护、过载保护、断电保护及工作台倾斜角度指示等功能。

工作台的回转运动应有较宽的调速范围，国产变位机的调速比一般为 1∶30 左右，国外产品一般为 1∶40，有的甚至达 1∶200。工作台回转时，速度应平稳均匀，在最大载荷下的速度波动不得超过 5%。另外，工作台倾斜时，特别是向上倾斜时，运动应自如，即使在最大载荷下，也不产生抖动。图 5.8 所示为 1.5 t 座式焊接变位机，该机的工作台回转机构采用了小齿行星齿轮减速，整体结构较紧凑。其主要技术指标：工作台回转速度为 0.034～1.03 r/min，工作台倾斜速度为 0.25 r/min，工作台倾斜角度为 135°，变位机质量为 1 500 kg。

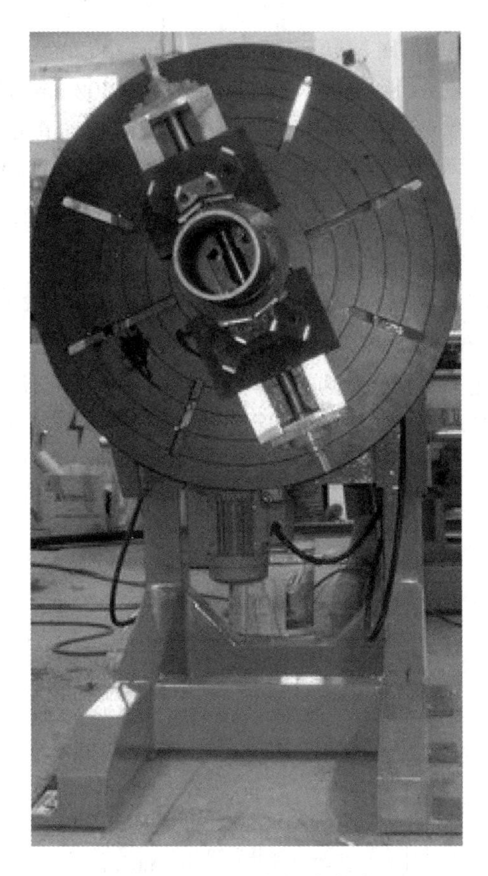

图 5.8　1.5 t 座式焊接变位机

1.5 t 座式焊接变位机载质量如图 5.9 所示，可根据综合重心高 h（工件重心至工作台面的距离）和综合重心偏心距 e（工件重心至工作台轴线的偏心距）来确定变位机的载质量 m。这种确定方式有利于合理地使用变位机，避免发生超载事故。

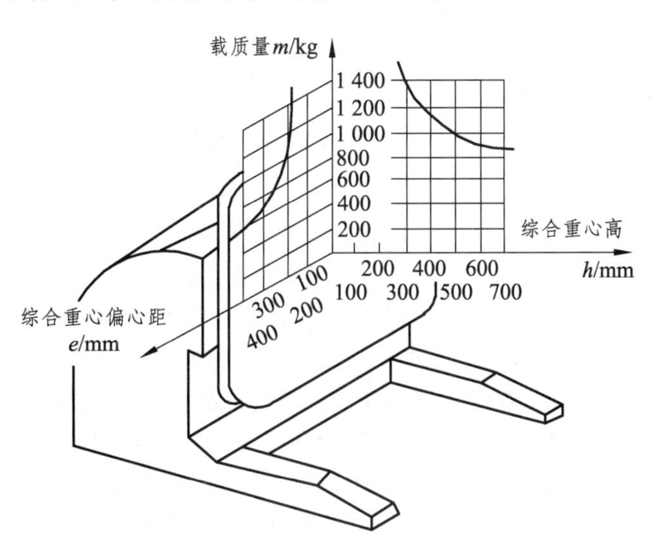

图 5.9　1.5 t 座式焊接变位机载质量

例如，$h = 300$ mm，$e = 0$ mm 时，$m = 1\,500$ kg；$h = 750$ mm；$e = 0$ mm 时，$m = 840$ kg；$h = 0$ mm，$e = 170$ mm 时，$m = 1\,500$ kg；$h = 0$ mm，$e = 500$ mm 时，$m = 500$ kg。该机工作台回转总成布置合理。在工作台上未放工件时，回转总成的综合重心位于工作台倾斜轴线的一侧；放上工件后，综合重心将移近或移到倾斜轴线的另一侧，使工作台在有载或无载的情况下，综合重心所形成的倾斜阻力矩变化不大。由此，可减小倾斜机构的驱动功率，有利于充分发挥电动机的效能。

1.5 t 座式焊接变位机的传动简图如图 5.10 所示，其回转系统采用 2.24 kW 直流电动机，通过带传动、蜗杆传动行星齿轮传动减速后，带动工作台回转。倾斜机构采用一级带传动、二级蜗杆传动及一级齿轮传动。除了起减速作用外，带传动还有减振和过载保护的作用，蜗杆传动还有自锁作用，这有利于保证变位机运转速度的平稳和安全作业。此外，该变位机装有测速发电机和导电装置，在倾斜机构上装有两个行程开关，当工作台进行倾斜运动时，起限位作用。

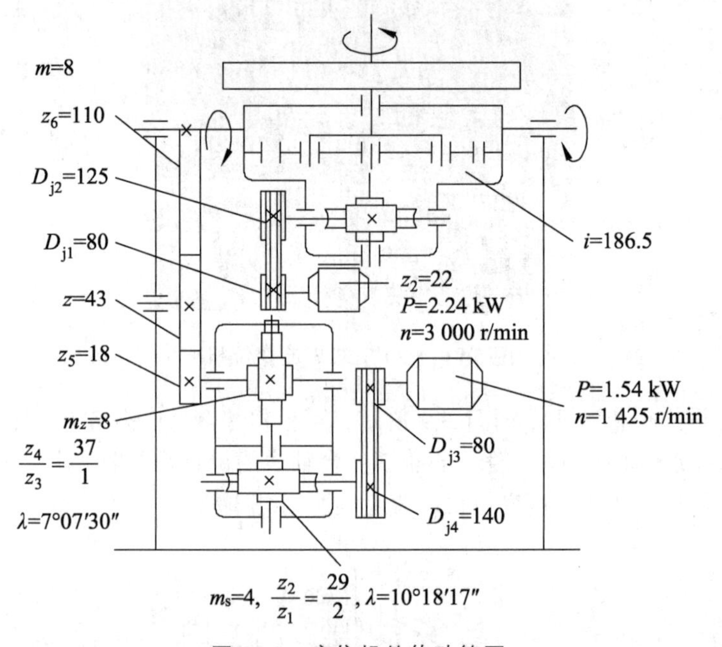

图 5.10　变位机的传动简图

图 5.11 所示的是某国产 20 t 座式焊接变位机传动简图，其回转系统由 3 kW 直流电动机，通过带传动、蜗杆传动、两级行星齿轮传动、外齿轮传动、内齿轮传动减速后，带动工作台回转。回转系统的总传动比（i）为 11 520，工作台许用回转力矩为 224 kN · m。倾斜系统由 5.5kW 直流电动机，经圆柱齿轮减速器蜗杆减速器开式扇形齿轮传动减速后，带动工作台倾斜。倾斜系统总传动比为 7 472，工作台许用倾斜力矩为 3 20 kN · m，倾斜角为 – 45°。

图 5.12 所示是国产 100 t 双座式焊接变位机的传动简图。该机是目前国内生产的一款焊接变位机（目前世界上最大的焊接变位机为 2 000 t，用于装焊分段船体时的翻转变位）。其回转系统由 22 kW 直流电动机，通过带传动变速器、蜗杆减速器、外齿传动减速后，带动工作台回转。该系统总传动比在 5 112 ~ 30 148，无级可调。工作台的许用回转力矩为 98 kN ·m。倾斜系统由两台 22 kW 直流电动机，通过蜗杆减速器、三级外齿传动减速后，带动工作台倾

斜。该系统总传动比为 13 903，工作台许用倾斜力矩为 196 kN·m，倾斜角度为 -10 ~ 20°。在电动机的输出端还安装有电磁制动器，以保证工作台倾斜时准确到位。另外，该变位机为适应空间曲线焊缝的焊接和空间曲面的堆焊，还设置了液压抗齿隙装置。

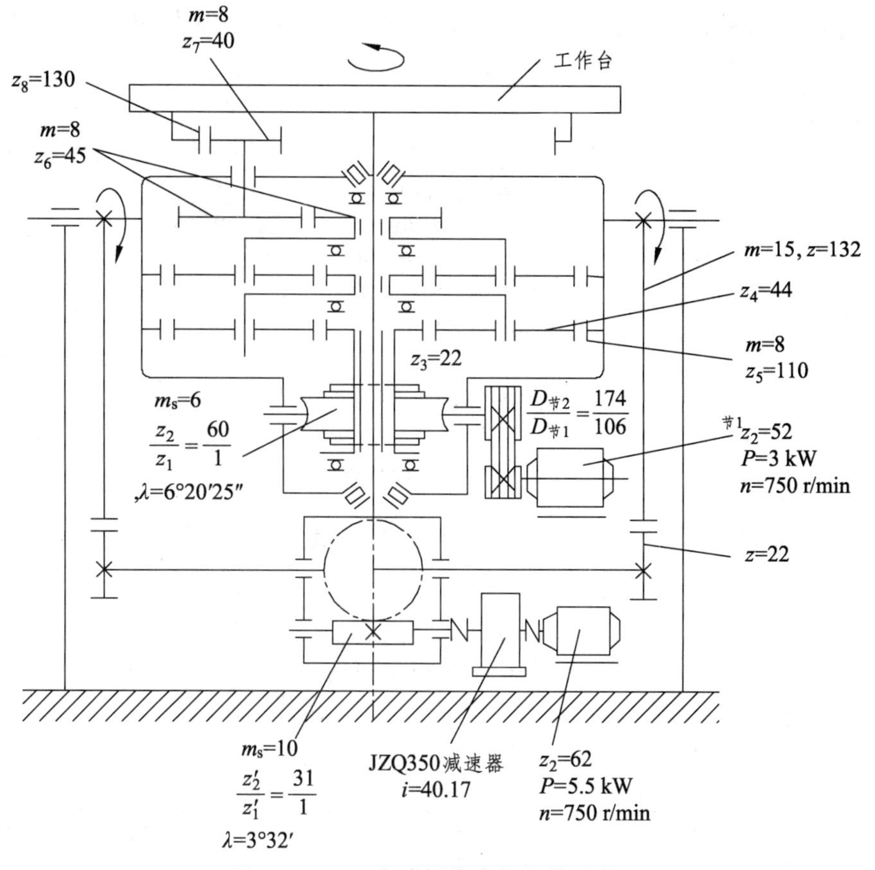

图 5.11 20 t 座式焊接变位机传动简图

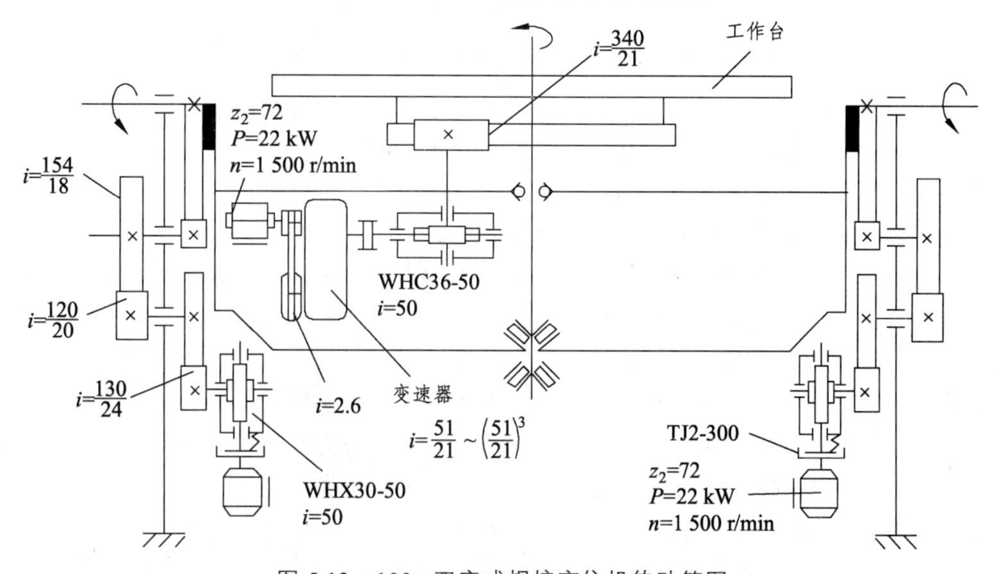

图 5.12 100 t 双座式焊接变位机传动简图

4. 导电装置

焊接变位机多用于电弧焊，此时转台和工件作为焊接电源二次回路的一个组成部分，必须设有导电装置。导电装置有电刷式、铜盘式、水银式等形式，特殊情况下可利用自身导电来实现，目前主要采用电刷式导电装置，它主要由电刷、电刷盒、刷架组成，如图 5.13 所示。

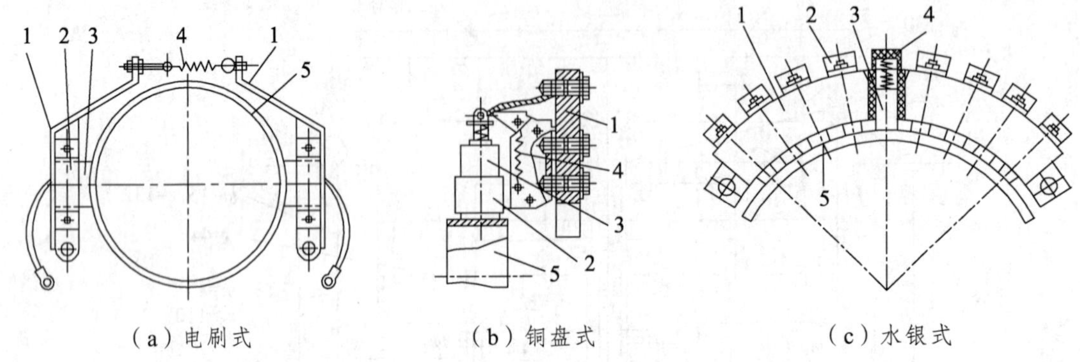

（a）电刷式　（b）铜盘式　（c）水银式

1—刷架；2—电刷盘；3—电刷；4—弹簧；5—导电环。

图 5.13　焊接变位机的导电装置

导电装置的电阻不应超过 1 mΩ，容量应满足焊接额定电流的要求，其电刷的导电性能见表 5.1。

表 5.1　电刷导电性能

电刷种类	额定电流密度/A · cm^{-2}
石墨	10 ~ 11
软质电化石墨	12
硬质电化石墨	10 ~ 11
钢的质量分数为 91% 的石墨	20
钢的质量分数为 52% 的石墨	15

导电装置设计时，要保证工件或机头转动时电缆不发生缠绕，同时要避免传动部分的啮合件（轴承、齿轮）拉弧烧坏。尤其是埋弧焊和气体保护焊时，由于使用的焊接电流较大，导电装置应能保证焊接电流不经过轴承而直接通过转台主轴传给工件。下面以钢瓶埋弧焊转台上用的导电装置为例来说明导电装置的设计要点。

液化石油气钢瓶埋弧焊的转台传动装置如图 5.14 所示。该转台原来没有设置专门的导电装置，导电回路为：电焊机输出电流负极→机座→轴承座→轴承外套→滚动体→轴承内套→主轴→工件→埋弧焊导电嘴→电焊机输出电流正极。

主轴轴承的工作状况：轻载荷，钢瓶的质量为 16 kg，转台主轴及其附件的质量约为 30 kg；低转速，实际焊接时主轴转速为 0.6 r/min；大电流，焊接电流为 290 ~ 320 A；工作时轴承发热严重，温度达 200 ~ 250 °C 时常被电弧烧伤，导致轴承失效。

为解决轴承烧损问题，试制了下列三种导电装置。

（1）炭刷-铜盘式导电装置：将与钢瓶接触的卡盘设计成铜盘，工作时焊接电流通过炭刷、铜盘传给工件，使用效果不佳，炭刷发红，导电装置易失效。

（2）铜电刷式导电装置：在主轴上安装一个固定的导电环，在其周围均匀布置 8 个紫铜电刷，电刷与导电环的接触程度用压紧弹簧来调节。工作时焊接电流通过紫铜电刷、导电环、主轴传给工件。使用效果明显好转，其缺点是导电环的运行时间仍较短，工作一段时间后其表面仍被电弧严重烧伤，结构复杂，维修不方便。

（3）轴瓦式导电装置：该导电装置是由上下轴瓦、导电板、压紧弹簧、螺栓、螺母等组成的。轴瓦式导电装置的示意如图 5.15 所示。

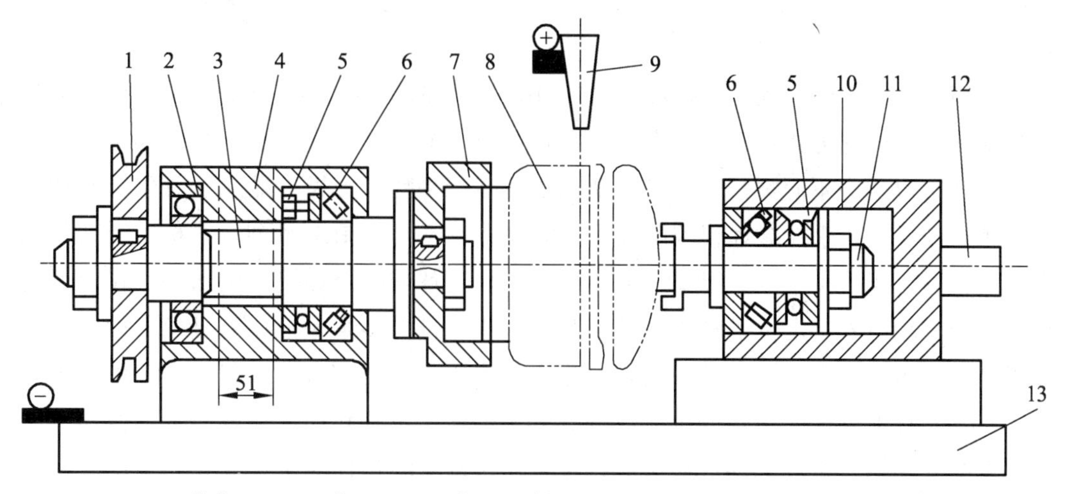

1—带轮；2—206 轴承；3—主轴；4—轴承座；5—8206 轴承；6—7206 轴承；
7—卡盘；8—工件；9—导电嘴；10—轴承架；
11—从动轴；12—汽缸；13—机座。

图 5.14　钢瓶焊接转台传动装置

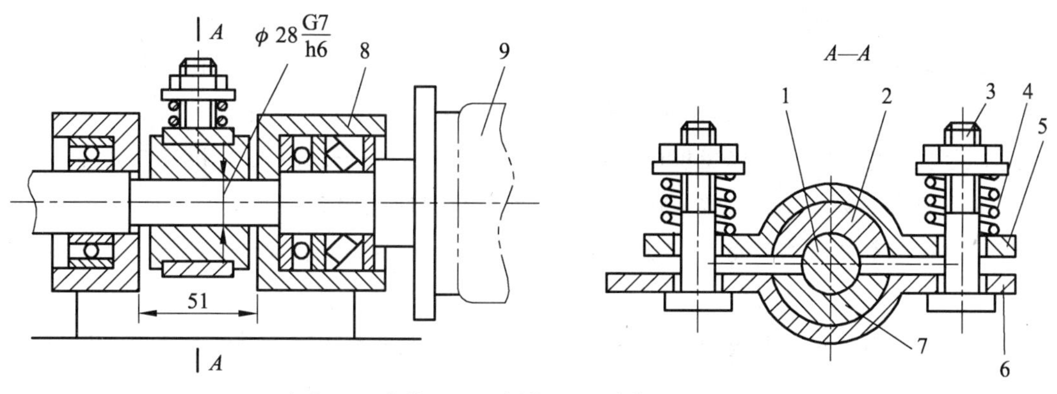

1—主轴；2—上轴瓦；3—螺栓；4—弹簧；5—上导电板；
6—下导电板；7—下轴瓦；8—轴承座；9—工件。

图 5.15　轴瓦式导电装置

在轴瓦式导电装置装配前，先在原转台左端轴承座的中间部位铣长 51 mm 的槽口，将转台主轴安装导电装置的部位磨加工至 $\phi 28_{-0.014}^{\ 0}$ mm，其表面粗糙度 Ra 为 0.8 μm，然后将上、下轴瓦及导电板安装到主轴上，再装上 M12 的螺栓、弹簧和螺母等。用弹簧来调节轴瓦与主轴的贴合程度，装配后应能使主轴转动灵活，采用润滑脂加石墨粉对装置进行润滑。

轴瓦式导电装置克服了其他导电装置易灼伤导电元件的缺点，使焊接转台轴承的寿命大大提高，具有良好的经济效益。该导电装置使焊接转台转动平稳，导电性能良好，减少了钢瓶的焊接烧穿率，提高了焊接质量，具有结构简单，制造、维修方便等优点。

5．焊接变位机现状

在先进的工业国家，焊接变位机已标准化、系列化，并由专门厂家生产，技术指标先进，品种规格齐全，不仅有各种结构形式的通用焊接变位机，也有配合焊接机器人使用的高精度变位机。

我国制造的焊接变位机，载质量在 0.5 ~ 100 t，大都是座式的。例如，某厂生产的升降式焊接变位机，升降方式可通过手动调整插销位置、液压升降或电动丝杠调高的方式调整工作台高度，以适应不同类型的工件。负载工作运行平稳、可靠，能在任意位置制动，配备抗干扰电控系统，手控盒远程控制技术。除此之外还生产 HB 系列变位机，该变位机适功能强大，适用于各种轴类、盘类、筒体等回转体工件的变位焊接、精加工工作台，配备优质变频器、均布若干定位线和 T 形槽、机械、电气部分多重保护，整机稳定性好，一般不用固定在地基上，安装、搬移方便。产品主要应用于轴类、盘类、圆筒形工件及球形、管板封头等工件的翻转、回转变位，以得到理想的加工位置和焊接速度，常与操作机、焊机等设备配套使用，组成自动焊接中心，也可用于复杂结构件的手工焊接、装配、修补等场合的工作变位。国产焊接变位机，特别是大吨位焊接变位机，能满足一般焊件的施焊要求。在配合焊接机器人使用的焊接变位机领域目前还不够领先，我国大多都是作为焊接柔性加工单元（FMC）和柔性加工系统（FMS）的组成部分一并引进的，主要用于汽车工程机械等有关结构的焊接。

从整体看，无论是品种规格还是性能质量，与先进工业国家相比，在大吨位焊接变位机于速度平稳性、变位精度、驱动功率指标与焊接操作机的联机动作等方面，存在着一定的差距。我国已经制定了焊接变位机的行业标准（JB/T 8833—2001)，标准中规定了焊接变位机的主要技术参数，见表 5.2，在设计焊接变位机时应遵照执行。型号中字母“HB”表示焊接变位机的名称，数字表示最大负荷值。焊接变位机行业标准中规定的主要技术要求如下。

（1）回转驱动应实现无级调速，并可逆转。在回转速度范围内，承受最大载荷时转速波动不超过 5%。

（2）倾斜驱动应平稳，在最大负荷下不抖动，整机不得倾覆。最大负荷 Q（变位机所允许承载的工件最大质量）超过 25 kg 的，应具有自行驱动功能。倾斜机构要具有自锁功能，在最大负荷下不滑动，安全可靠。应设有限位装置，控制倾斜角度，并有角度指示标志。

（3）变位机应设有导电装置，以免焊接电流通过轴承、齿轮等传动部位。导电装置的电阻不超过 1 mΩ，其容量应满足焊接额定电流的要求。

（4）最大负荷与偏心距及重心距之间的关系应在变位机使用说明书中说明。

表 5.2　焊接变位机的主要技术参数

<table>
<tr><th>型号</th><th>最大负荷
Q/kg</th><th>偏心距
A/mm</th><th>重心距
B/mm</th><th>台面高度
H/mm</th><th>回转速度
$n_1/(\mathrm{r\cdot min^{-1}})$</th><th>焊接额定
电流 I/A</th><th>倾斜角度
α/(°)</th></tr>
<tr><td>HB25</td><td>25</td><td>≥40</td><td>≥63</td><td rowspan="3">—</td><td>0.5 ~ 16.0</td><td>325</td><td rowspan="12">≥135</td></tr>
<tr><td>HB50</td><td>50</td><td>≥50</td><td>≥80</td><td>0.25 ~ 8.0</td><td>500</td></tr>
<tr><td>HB10</td><td>10</td><td>≥63</td><td>≥100</td><td>0.1 ~ 3.15</td><td>500</td></tr>
<tr><td>HB250</td><td>250</td><td>≥160</td><td rowspan="9">≥400</td><td>≤1 000</td><td rowspan="3">0.05 ~ 1.6</td><td>630</td></tr>
<tr><td>HB500</td><td>500</td><td>≥160</td><td>≤1 000</td><td>1 000</td></tr>
<tr><td>HB1000</td><td>1 000</td><td rowspan="5">≥250</td><td>≤1 250</td><td>1 000</td></tr>
<tr><td>HB2000</td><td>2 000</td><td>≤1 250</td><td rowspan="3">0.03 ~ 1.0</td><td rowspan="4">1 250</td></tr>
<tr><td>HB3250</td><td>3 250</td><td rowspan="4">≤1 600</td></tr>
<tr><td>HB4000</td><td>4 000</td></tr>
<tr><td>HB5000</td><td>5 000</td><td rowspan="3">0.025 ~ 0.80</td></tr>
<tr><td>HB8000</td><td>8 000</td><td rowspan="5">≥200</td><td rowspan="3">1 600</td></tr>
<tr><td>HB10000</td><td>10 000</td><td>≤2 000</td></tr>
<tr><td>HB16000</td><td>16 000</td><td>≥500</td><td>≤2 000</td><td rowspan="3">0.016 ~ 0.50</td><td rowspan="3">≥120</td></tr>
<tr><td>HB20000</td><td>20 000</td><td>≥630</td><td>≤2 500</td><td rowspan="4">2 000</td></tr>
<tr><td>HB32500</td><td>32 500</td><td>≥800</td><td>≤2 500</td></tr>
<tr><td>HB40000</td><td>40 000</td><td rowspan="3">≥160</td><td>≥800</td><td rowspan="3">≤3 250</td><td rowspan="3">0.010 ~ 0.325</td><td rowspan="3">≥105</td></tr>
<tr><td>HB50000</td><td>50 000</td><td>≥1 000</td></tr>
<tr><td>HB63000</td><td>63 000</td><td>≥1 000</td></tr>
</table>

6．焊接变位机选用注意事项

（1）应根据工件的质量、重心距和偏心距来选择适当吨位的变位机。

（2）在变位机上焊接圆环形焊缝时，应根据工件直径与焊接速度计算出工作台的回转速度，该速度应在变位机的调节范围之内。另外，还要注意工作台的运转平稳性是否满足施焊的工艺要求。变位机仅用于工件的变位时，工作台的回转速度及倾斜速度应根据工件的几何尺寸及质量选择，对大型、重型工件速度应慢些。

（3）若焊件外廓尺寸很大，则要考虑工作台倾斜时，其倾斜角度是否满足焊件在最佳施焊位置的要求，是否会发生焊件触及地面的情况。如有可能发生，除改选工作台离地面的间距更大的变位机外，也可用增加基础高度或采用设置低坑的方式来解决。工作台的倾斜速度一般是不能调节的，如在倾斜时要进行焊接操作，应对变位机提出特殊要求。

（4）批量生产定型产品时，可选用具有程序控制功能的变位机。变位机只能使工件回转、倾斜，要使焊接过程自动化，还应考虑配用相应的焊接操作机。

（5）变位机上若需要安装气动、电磁夹具以及水冷设施时，应向相应的厂家提出接气、接电、接水装置的要求。

（6）变位机的许用焊接电流，应大于焊接施焊工艺所要求的最大焊接电流。

5.2.2 焊接滚轮架

1. 焊接滚轮架分类

焊接滚轮架是借助主动滚轮与焊件之间的摩擦力，带动焊件旋转的焊接变位机械。焊接滚轮架按结构形式分为两类。

第一类是长轴式焊接滚轮架（见图 5.16），滚轮沿两平行轴排列，与驱动装置相连的一排为主动滚轮，另一排为从动滚轮，也有两排均为主动滚轮的，主要用于细长薄形焊件的组对与焊接。有的长轴式焊接滚轮架其滚轮为一长形滚柱，直径为 0.3 ~ 0.4 m、长度为 1 ~ 5 m。筒体置于其上不易变形，适用于薄壁、小直径、多筒节焊件的组对和环缝的焊接。长轴式焊接滚轮架多是用户根据焊件特点自行设计制造的，市场上可供选用的定型产品很少。

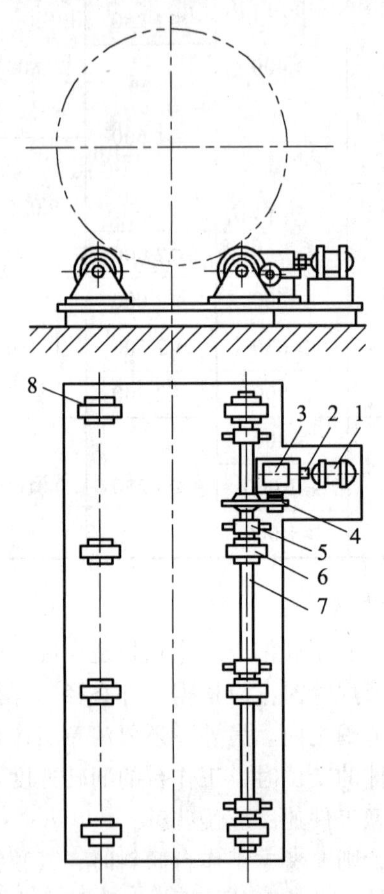

1—电动机；2—联轴器；3—减速器；
4—齿轮副；5—轴承；6—主动滚轮；
7—公共轴；8—从动滚轮。

图 5.16　长轴式焊接滚轮架

第二类是组合式焊接滚轮架（见图 5.17），按传动方式不同可分为双主动滚轮架［见图 5.17（a）］、从动滚轮架［见图 5.17（b）］、单主动滚轮架［见图 5.17（c）］。它的主动滚轮架、从动滚轮架、混合式滚轮架（即在一个支架上有一个主动滚轮座和一个从动滚轮座）都是独立的，使用时可根据焊件的质量和长度进行任意的组合，其组合的比例也不仅是 1∶1 的组合，使用方便灵活。图 5.17（a）中旋转轴与电机轴平行时可实现长距离输送，对焊件的适应性很强，是目前应用最广泛的结构形式。焊接滚轮架通常根据焊件直径、长度、刚性、质量等设计。国内外相关生产厂家，均有各自的系列产品。

若装焊壁厚较小而长度很长的筒形焊件，宜用几台混合式滚轮架的组合，这样，沿筒体长度方向均有主动滚轮的驱动，焊件不致打滑和扭曲。若装焊壁厚较大、刚性较好的筒形焊件时，则常采用主动滚轮架和从动滚轮架的组合，这样即使是主动滚轮架在筒体一端驱动焊件旋转，但因焊件刚性较好，仍能保持匀速，而不发生扭曲变形。

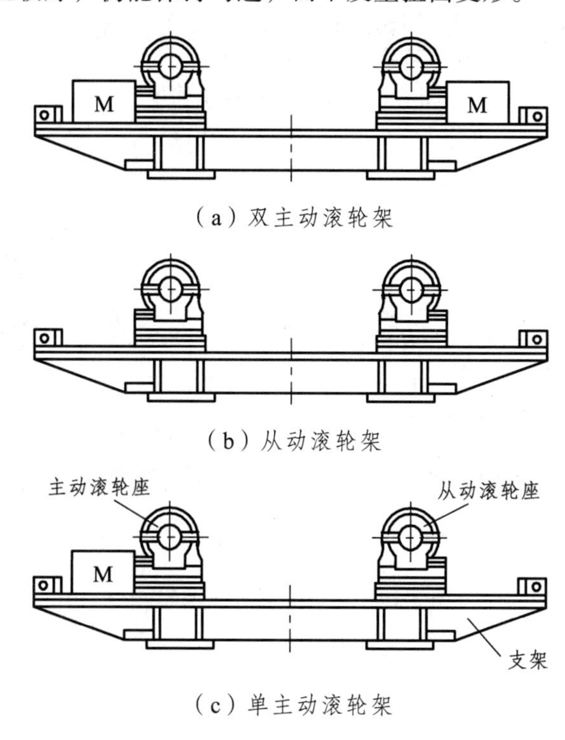

图 5.17　组合式滚轮架

为了焊接不同直径的焊件，焊接滚轮架的滚轮间距应能调节。调节方式有两种：一种是自调式，另一种是非自调式。自调式焊接滚轮架可根据焊件的直径自动调节滚轮架的间距（见图 5.18）。自调式焊接滚轮架是由差动滚轮组成的滚轮架，当工件直径变化时，在工件重力作用下，滚轮随摆架自动调节滚轮中心距，使工件获得平衡支承。自调式焊接滚轮架可适用于不同直径的工件焊接。当直径为最小值时，每侧只有一个滚轮接触工件。当工件直径大到一定值时，所有滚轮才接触工件。非自调式焊接滚轮架是靠移动支架上的滚轮座来调节滚轮的间距的（见图 5.19）。也可将从动轮座设计成如图 5.20 所示的结构形式，以达到调节便捷的目的，但调节范围有限。

对重型滚轮架，多采用车间起重设备挪动滚轮座进行分段调节；对轻型滚轮架，多采用手动或电动丝杠和螺母机构来移动滚轮座进行连续调节。为了便于调节滚轮架之间的距离，以适应不同长度焊件的装焊需要，有的滚轮架还装有机动或非机动的行走机构，沿轨道移动，以调节相互之间的距离。

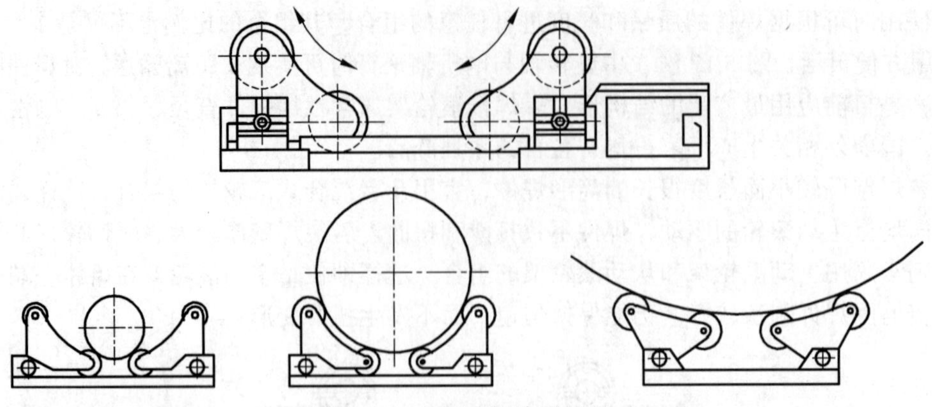

图 5.18　自调式焊接滚轮架

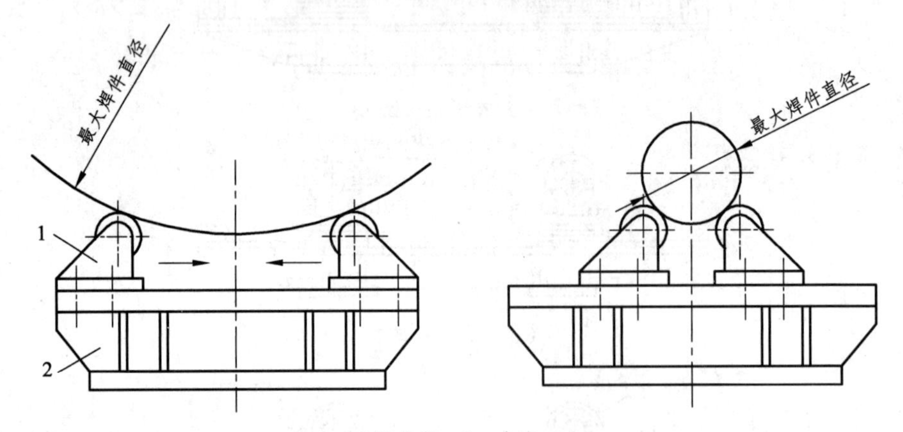

1—滚轮架；2—支座。

图 5.19　非自调式焊接滚轮架

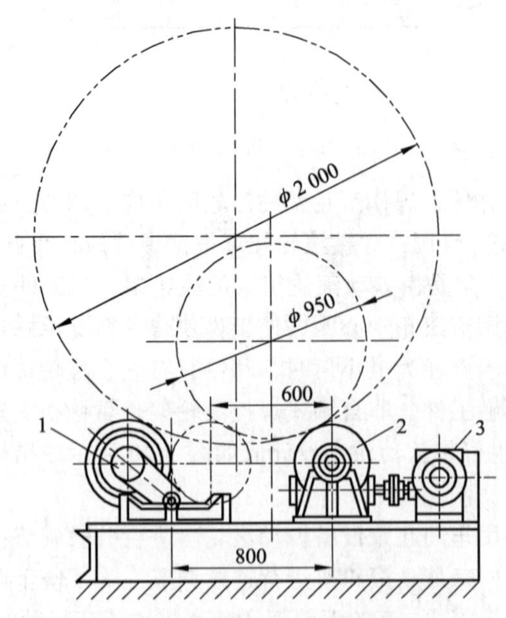

1—从动轮；2—主动轮；3—驱动装置。

图 5.20　从动滚轮调节的焊接滚轮架

焊接滚轮架多采用直流电动机驱动，降压调速。但用于装配作业的滚轮架则采用交流电动机驱动，恒速运行。近年来，随着晶闸管变频器性能的完善以及价格的下降，采用交流电动机驱动、变频调速的焊接滚轮架也日趋增多。

2．焊接滚轮架的主要技术要求

焊接滚轮架的行业标准（JB/T 9187—1999）中规定了焊接滚轮架的技术要求。

（1）主动滚轮应采用直流电动机或交流宽调速电动机通过变速箱驱动。

（2）主动滚轮圆周速度应满足焊接工艺的要求，在 6 ~ 60 m/h 无级调速。速度波动量按不同焊接工艺要求划分为 A 级（小于等于 ± 5%）和 B 级（小于等于 ± 10%）滚轮转速应平稳、均匀，不允许有爬行现象。

（3）焊接滚轮架的制造和装配精度应符合国家标准中的 8 级精度要求。滚轮架应采用优质钢制造，如用焊接结构的基座，焊后必须进行消除应力热处理。

（4）滚轮架必须配备可靠的导电装置，不允许焊接电流流经滚轮架的轴承。

（5）滚轮直径、滚轮架的额定载质量以及筒体类工件的最大、最小许用直径应符合表 5.3 的规定。如果筒体类工件在防轴向窜动滚轮架上焊接时，在整个焊接过程中工件的轴向窜动量应小于等于 ± 3 mm。

（6）焊接滚轮架每对滚轮的中心距必须能根据筒体类工件的直径做相应的调整，保证两滚轮对筒体的包角大于 45°，小于 110°。

表 5.3　焊接滚轮架技术数据

<table>
<tr><th rowspan="2">滚轮直径
/mm</th><th colspan="9">额定载质量 X_1/t</th><th colspan="2">筒体工件直径/mm</th></tr>
<tr><th>0.6</th><th>2</th><th>6</th><th>10</th><th>25</th><th>60</th><th>100</th><th>160</th><th>250</th><th>最小直径</th><th>最大直径</th></tr>
<tr><td>200</td><td>+</td><td></td><td></td><td></td><td></td><td></td><td></td><td></td><td></td><td>200</td><td>1 000</td></tr>
<tr><td>250</td><td></td><td>+</td><td>+</td><td>+</td><td></td><td></td><td></td><td></td><td></td><td>250</td><td>1 600</td></tr>
<tr><td>325</td><td></td><td></td><td>+</td><td>+</td><td>+</td><td></td><td></td><td></td><td></td><td>325</td><td rowspan="3">2 500
3 250
4 000</td></tr>
<tr><td>400</td><td></td><td></td><td></td><td>+</td><td>+</td><td></td><td></td><td></td><td></td><td>400</td></tr>
<tr><td>500</td><td></td><td></td><td></td><td>+</td><td>+</td><td>+</td><td>+</td><td></td><td></td><td>500</td></tr>
<tr><td>630</td><td></td><td></td><td></td><td></td><td>+</td><td>+</td><td>+</td><td>+</td><td></td><td>630</td><td rowspan="4">5 000
6 300
8 000</td></tr>
<tr><td>800</td><td></td><td></td><td></td><td></td><td></td><td>+</td><td>+</td><td>+</td><td>+</td><td>800</td></tr>
<tr><td>1 000</td><td></td><td></td><td></td><td></td><td></td><td></td><td></td><td>+</td><td>+</td><td>1 000</td></tr>
<tr><td>1 250</td><td></td><td></td><td></td><td></td><td></td><td></td><td></td><td></td><td>+</td><td>1 250</td></tr>
</table>

注：符号“+”表示直径可选择的额定载质量。

3．焊接滚轮架设计选用要点

选用焊接滚轮架时，除使焊接滚轮架满足焊件质量、筒径范围和焊接速度的要求外，还应使滚轮架的驱动力矩大于焊件的偏心阻力矩，但目前国内外生产厂家标示的滚轮架性能参数，均无此项数据。所以，为使焊件转速稳定，避免打滑或因偏重而造成的自行下转，对大偏心矩焊件使用的滚轮架，进行驱动力矩和附着力的校验是非常必要的。

另外，对薄壁大径焊件使用的焊接滚轮架，为防止筒体轴向变形，宜选用多个混合式滚轮架的组合。

当选不到合适的焊接滚轮架而需自行设计时，应充分考虑以下几点：

（1）驱动与调速。

焊接滚轮架的驱动与调速主要有两种方式：一种是直流电动机驱动，降压调速；另一种是交流异步电动机驱动，变频调速。前者沿用已久，技术很成熟，电动机的机械特性较硬，启动力矩较大，是目前滚轮架使用最广的驱动、调速方式。缺点是电动机结构复杂，调速范围较窄，一般恒转矩的调速范围为 1∶10 左右，低速时的速度不够稳定，有爬行现象。后者则随着电子逆变技术的发展和大电流晶闸管性能的完善，在技术上日趋成熟。其优点是调速范围宽，可达 1∶20，转动平滑性好，低速特性硬。缺点是低速段过载倍数降低较大，变频电源的价格也较高，但随着电动机额定功率的增加，价格上升相对平缓。

例如，一台 11 kW 的变频电源和同功率的晶闸管调压直流电源相比，在价格上相差并不很大。所以在重型焊接滚轮架上，采用交流异步电动机驱动和变频调速方式较为适宜。目前，普遍使用的 250 t 焊接滚轮架（用 4 台 3 kW 的交流电动机驱动）采用了交流变频调速。

（2）电动机的选配。

为使焊接滚轮架的滚轮间距调节更为方便，机动性更强，组合更加便利，采用单独驱动的焊接滚轮架日益增多。但是，每个主动滚轮均由一台电动机驱动时，应解决好各滚轮转速的同步问题。由于制造工艺、材料性能等因素的影响，同一型号规格的电动机，其额定转速实际上并不一致，因此，要把实测数据最相近的一组电动机作为滚轮架的驱动电动机。另外，对重型焊接滚轮架，还应考虑用以测速发电机为核心的速度反馈装置来保证各滚轮转速的同步。

（3）导电装置。

国外生产的焊接滚轮架，若滚轮是全钢结构的，多自带如图 5.13（a）所示的电刷式导电装置。电刷与金属轮毂或轮辋接触，形成焊接电源的二次回路。若是橡胶轮缘，则常采用的导电装置为旋转式，如图 5.21 所示。

图 5.21　旋转导电装置

国产焊接滚轮架，即使滚轮是全钢结构的，也很少自带导电装置。使用的导电装置多数是用户自行设计制造的，结构形式较多，其过流能力在 500 ~ 1 000 A，最大可达 2 000 A。如图 5.22（a）、（b）所示的导电装置都是卡在焊件上，前者用电刷导电，后者用铜盘导电，其导电性能可靠，不会在焊件上起弧。如图 5.22（c）~（e）所示导电块与焊件接触直接导电，导电块用含铜石墨制作，许用电流密度大，但若焊件表面粗糙或氧化皮等脏物较多时，易在接触处起弧，对焊件表面造成损伤。因此在设计导电装置时需考虑导电性能的可靠度，不会在焊件上起弧，不能对焊件造成损伤。

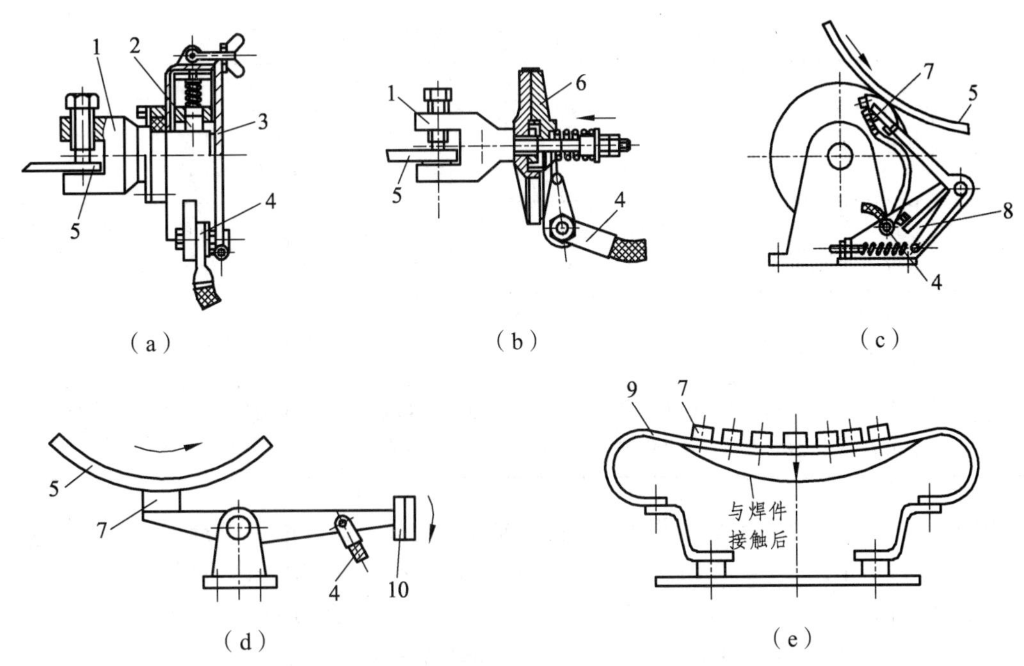

1—夹持轴；2—电刷；3—电刷盒；4—接地电缆；5—焊件；6—铜盘；
7—导电块；8—限位螺栓；9—黄铜弹簧板；10—配重。

图 5.22 焊件滚轮架的各种导电装置

（4）滚轮结构。

焊接滚轮架的滚轮结构主要有四种类型，适用于不同场合。滚轮结构如图 5.23 所示，结构特点和适用范围见表 5.4。其中，橡胶轮缘的滚轮常因结构不合理、橡胶质量不佳或挂胶

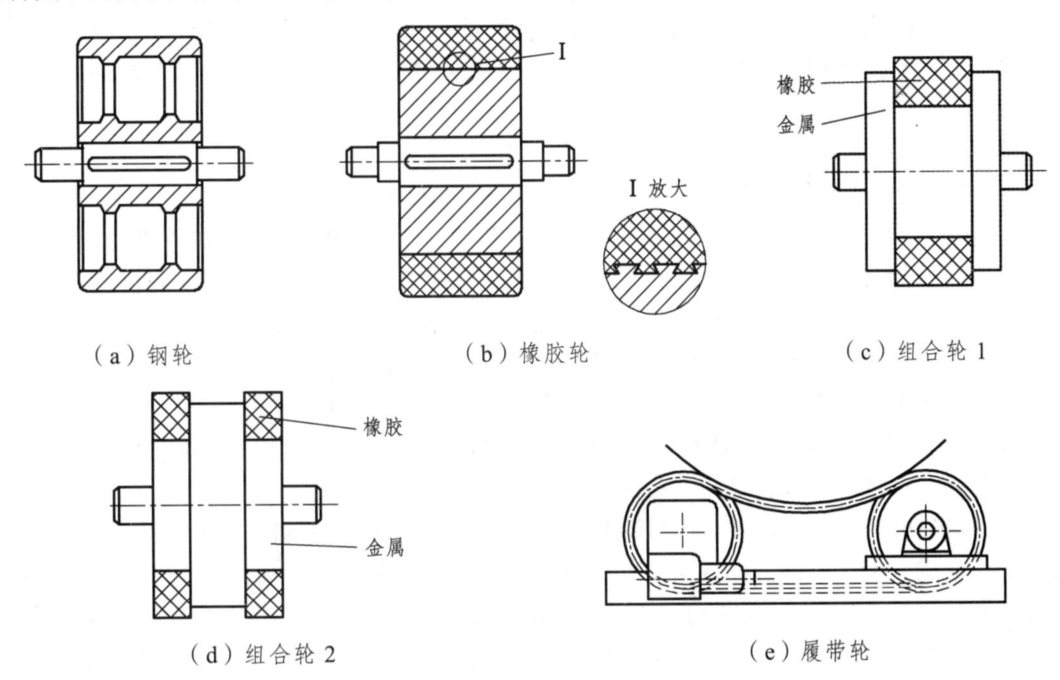

图 5.23 滚轮结构

表 5.4　滚轮结构的特点和适用范围

类　型	特　点	适用范围
钢　轮	承载能力强，制造简单	一般用于重型焊件和需热处理的焊件以及额定在载质量大于 60 t 的滚轮架
橡胶轮	钢轮外包橡胶，摩擦力大，传动平稳，但橡胶易被压坏	一般多用于 10 t 以下的焊件和有色金属容器焊接
组合轮	钢轮和橡胶轮相组合，承载能力比橡胶轮高，传动平稳	一般多用于 10 ~ 60 t 的焊件
履带轮	大面积焊件和履带的接触，有利于防止薄壁工件的变形，传动平稳但结构较复杂	用于轻型、薄壁大直径的焊件及有色金属容器焊接

工艺不完善，使用不久就会发生挤裂、脱胶而损坏。为此，设计滚轮时常将橡胶轮缘两侧开出 15° 的倒角（见图 5.24），以留出承压后橡胶变形的空间，避免挤裂。另外，常在橡胶轮毂与金属的结合部，将金属轮面开出多道沟槽，以增加橡胶与金属的接触面积，强化结合牢度，避免脱胶。其他滚轮结构如图 5.24 所示。

金属滚轮多用铸钢和合金球墨铸铁制作，其表面经热处理后硬度约为 50 HRC，滚轮直径多在 200 ~ 800 mm。橡胶轮与同尺寸的钢轮相比，承载能力要小许多。为了提高滚轮的承载能力，常将 2 个或 4 个橡胶轮构成一组滚轮，或是钢轮与橡胶轮联合使用。焊接滚轮架行业标准（JB/T 9187—1999）建议滚轮工作面的材料按额定载质量选取。

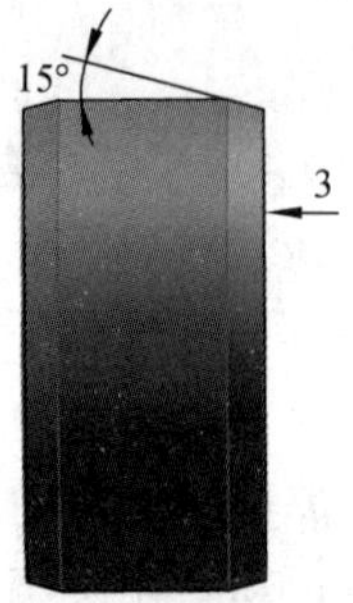

图 5.24　15° 倒角橡胶轮

① 滚轮架额定载质量 $X_1 \leqslant 10\ \text{t}$，采用橡胶轮面。

② 滚轮架额定载质量 $10\ \text{t} \leqslant X_1 \leqslant 60\ \text{t}$，采用金属橡胶组合轮面，其中金属轮面承重，橡胶轮面驱动。

③ 滚轮架额定载质量 $X_1 > 60\ \text{t}$，采用金属轮面。

④ 长轴式焊接滚轮架的滚轮工作面的材料由供需双方商定。

国外焊接滚轮架的品种很多，系列较全，承载量为 1 ~ 1 500 t，适用焊件直径为 1 ~ 8 m 的标准组合式焊接滚轮架（即两个主动轮座与两个从动轮座的组合）均成系列供应，其滚轮线速度多在 6 ~ 9 m/h 无级可调，有的还有防止焊件轴向窜动的功能。

我国生产的焊接滚轮架，最大承载量已达 500 t，适用焊件直径可达 6 m，滚轮线速度多在 6 ~ 60 m/h 无级调速。防轴向窜动的焊接滚轮架已有生产，但性能质量尚待提高。

⑤ 联机接口焊接滚轮架往往与焊接操作机配合，进行焊接作业。因此在其控制回路中要留有联机作业的接口以保证两者的运动联锁与协调。

⑥ 标准化要求。我国颁布了焊接滚轮架的行业标准（JB/T 9187—1999）。该标准对滚轮架和滚轮形式进行了分类，并规定主动滚轮的圆周速度应在 6 ~ 60 m/h 无级可调。速度波动量按不同的焊接工艺要求，要低于 ± 5% 和 ± 10%，滚轮速度稳定、均匀，不允许有爬行现象。传动机构中的蜗杆副、齿轮副等传动零件，应符合国标中的 8 级精度要求。滚轮架的位置精度，标准中也有明确的规定，同时要求焊接滚轮架必须配备可靠的“焊接电缆旋转接地器”

（即导电装置）。标准中还规定按 GB 150—2011《压力容器》规定制造的筒体类工件在防轴向窜动滚轮架上进行焊接时，在整个焊接过程中允许工件的轴向窜动量为 ± 3 mm。标准中规定了滚轮架额定载质量的数值序列，滚轮直径及许用焊件的最小、最大直径，还推荐了不同额定载质量时的驱动总功率（见表 5.5）。在设计焊接滚轮架时，应该严格遵守以上规定。

表 5.5　焊接滚轮架驱动功率推荐值

额定载质量 (X_1)/t	0.6	2	6	10	25	60	100	160	250
电动机最小功率/kW	0.4	0.75	1	1.4	1.4	2.2	2.8	2.8	5.6

注：所列功率值为一台电动机驱动一对主动滚轮时的功率，如果用两台电动机分别驱动两个主动轮，电动机功率值应为表中所列数值的一半。

（5）防止轴向窜动的焊接滚轮架设计。

焊接滚轮架驱动焊件绕其自身轴旋转时，往往伴有轴向窜动，从而影响焊接质量和焊接过程的正常进行，严重时会导致焊接过程中断，甚至发生焊件倾覆等设备、人身事故。因此，国内一些工厂常采用在焊件端头硬顶的方法，强行制止焊件的窜动。这种方法，对小吨位焊件比较有效，但对大吨位焊件或对焊缝位置精度和焊速稳定要求很高的带极堆焊和窄间隙焊等作业时，采用硬性阻挡的办法往往效果不佳。因为焊件质量大，旋转时轴向窜动力也大，强行阻挡，则势必使焊件旋转阻力增大，引起转速不稳定，产生焊件缺陷，并可能使焊件端部已加工好的坡口因挤压而被破坏，有时甚至还会发生电动机过载烧坏事故。国内外开发了防轴向窜动技术，并推出了防止焊件轴向窜动的焊接滚轮架，将焊件的窜动量控制在 ± 2 mm 以内（行业标准规定小于或等于 ± 3 mm），满足了各种焊接方法对施焊位置精度的要求。

对焊接滚轮架而言，当滚轮和焊件都是理想的圆柱体，各滚轮尺寸一致，且转动轴线都在同一水平面内并平行于焊件轴线时，主动滚轮驱动焊件作用在焊件上的力，和从动滚轮作用在焊件上的反力，均为圆周力。此时，焊件绕自身轴线旋转，不会产生轴向窜动。但是，当这一条件受到破坏，如滚轮架制造安装存在误差、焊件几何形状不规则等时，使前后排滚轮存在高差和滚轮轴线与焊件轴线不平行，从而导致焊件自重以及主动滚轮、从动滚轮与焊件接触存在轴向分力时，便形成了焊件轴向窜动的条件。但是各轴向力的方向并不完全一致，只有满足下式时，才具备发生轴向窜动的必要条件。

$$F_{zz}+\sum_{i=1}^{n}F_{zi}\neq 0$$

式中　F_{zz}——焊件重力的轴向分量；

F_{zi}——各滚轮作用在焊件上轴向力；

n——焊接滚轮架的滚轮数量。

在生产实践中，由于前后排滚轮的高程精度很容易控制，且前后排滚轮间距较大，因此，焊件自重产生的轴向分力很小，不是产生轴向窜动的主要因素。而滚轮架的安装制造误差、焊件几何形状偏离理想圆柱体等综合因素的作用，使滚轮轴线与焊件轴线不平行而形成空间交角，导致各滚轮都有轴向力作用于焊件（见图 5.25），才是发生轴向窜动的主要原因。滚轮各轴线与焊件轴线的平行度应是焊件轴向窜动的主要控制因素。因此，在制造和使用焊接滚轮架时，应注意做到：滚轮轴线都在同一水平面内，并相互平行；滚轮间距应相等；滚轮架都位于同一中心线上。

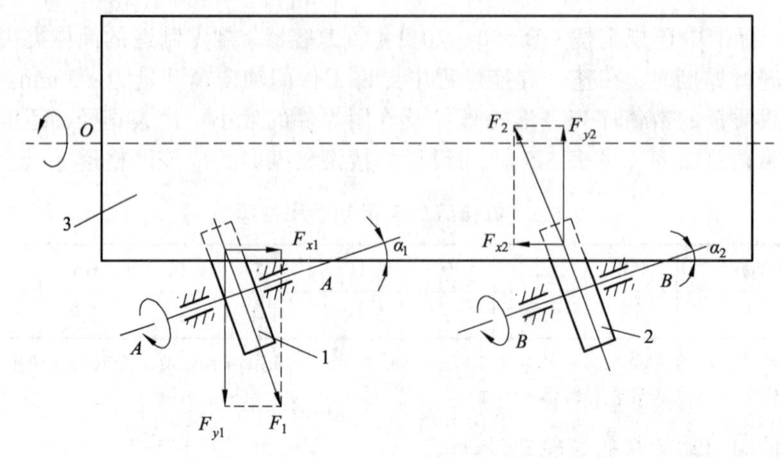

1—主动滚轮；2—从动滚轮；3—筒形焊件；F_1—主动轮作用在焊件上的驱动力；F_{x1}—F_1沿轴向的分力；F_{y1}—F_1沿焊件周向的分力；F_2—从动轮作用在焊件上的反力；F_{y2}—F_2沿焊件周向的分力；α_1，α_2—主动滚轮轴、从动滚轮轴与焊件轴线的俯视投影角。

图 5.25　焊接滚轮架的力作用原理

放在焊接滚轮架上的焊件，若在旋转过程中伴有轴向窜动（向前或向后），则实际上，焊件是在做螺旋运动（左旋或右旋）。若能采取某种措施，使焊件的左旋运动及时地改为右旋运动，或将右旋运动及时地改为左旋运动，则焊件可返回初始位置。从原理上讲，凡能改变滚轮轴线与焊件轴线螺旋角的一切执行机构，均可实现这一目的。即在不改变焊件转向的前提下，设法使焊件的轴向位移方向发生改变。从此原理出发，目前已有三种结构形式的执行机构可完成此任务。

偏转式执行机构调节原理如图 5.26 所示。液压驱动的偏转式执行机构如图 5.27 所示，其原理是通过液压缸推动转动支座，使从动滚轮偏转。电动机驱动的偏转式执行机构如图 5.28 所示，其原理是电动机经减速后，通过与小齿轮啮合的扇形齿轮，使从动滚轮偏转。

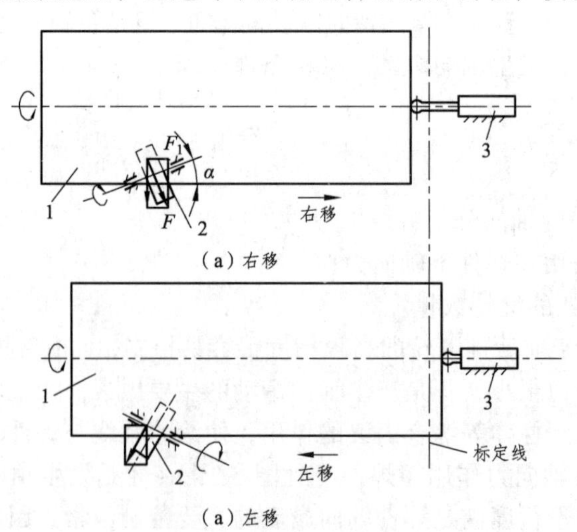

1—焊件；2—从动滚轮；3—位移传感器。

图 5.26　偏转式执行机构的调节原理（俯视图）

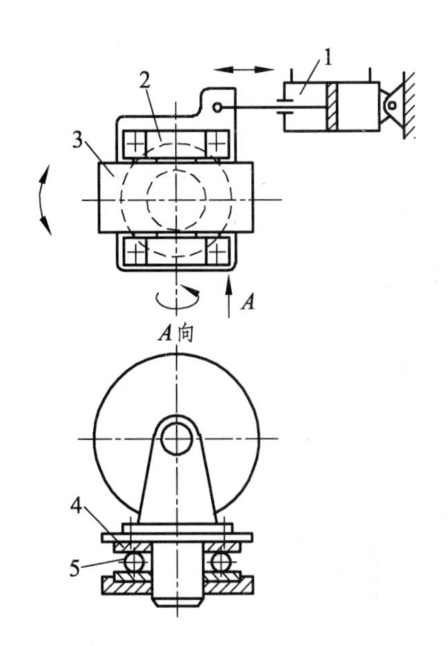

1—液压缸；2—轴承座；3—从动滚轮；
4—转动支座；5—止推轴承。

图 5.27　液压驱动的偏转执行机构

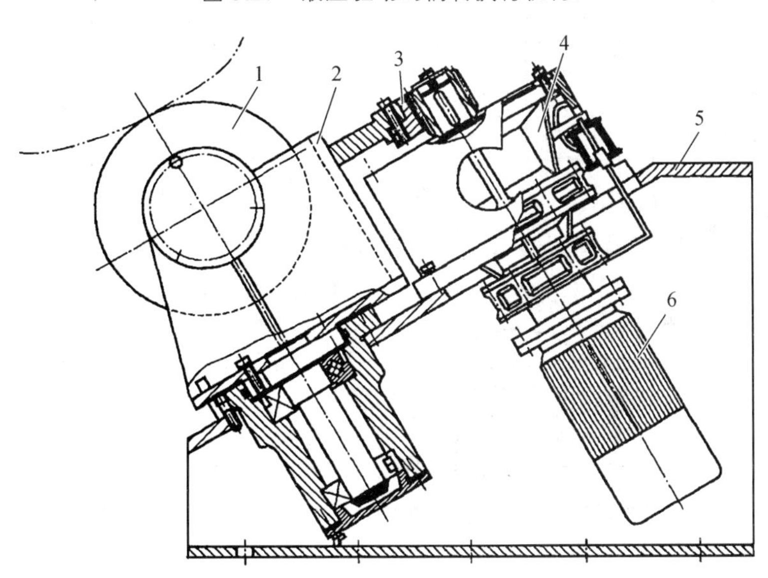

1—从动滚轮；2—偏转座；3—扇形齿轮；4—摆线针轮减速器；
5—底座；6—电动机。

图 5.28　电动机驱动的偏转式执行机构

升降式执行机构调节原理如图 5.29 所示。液压驱动的升降式执行机构如图 5.30 所示，其原理是通过电液伺服阀，控制液压缸活塞杆的伸缩，使从动滚轮升降。电动机驱动的升降式执行机构如图 5.31 所示，其原理通过机电控制使电动机正反转，带动杠杆梁绕支点变向转动，使从动滚轮升降。

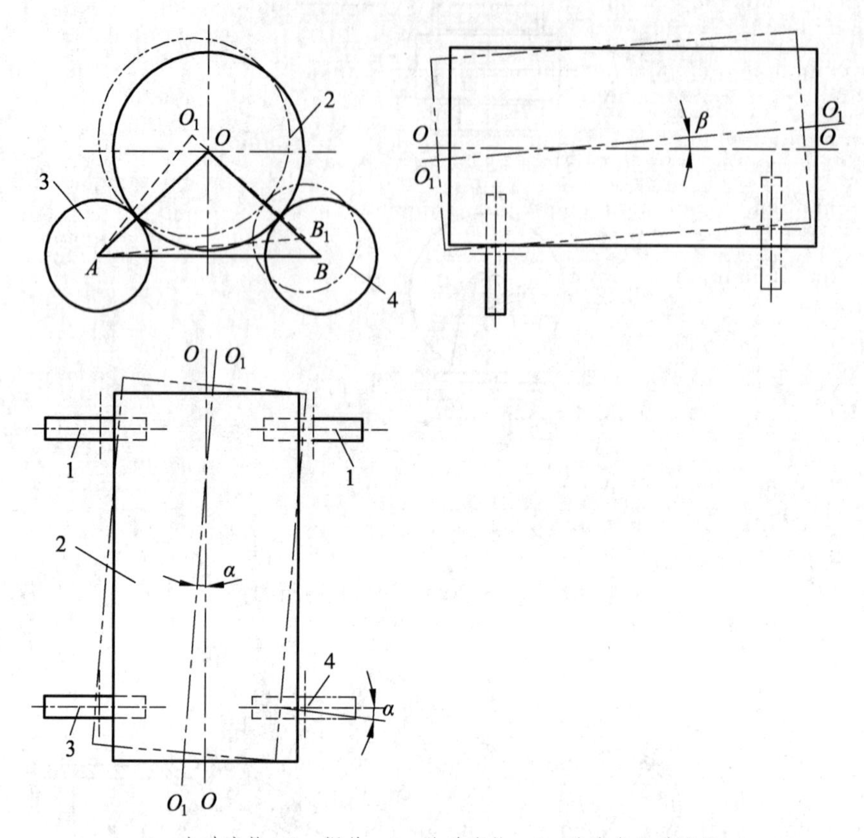

1—主动滚轮；2—焊件；3—从动滚轮；4—升降式从动滚轮

图 5.29 升降式执行机构的调节原理

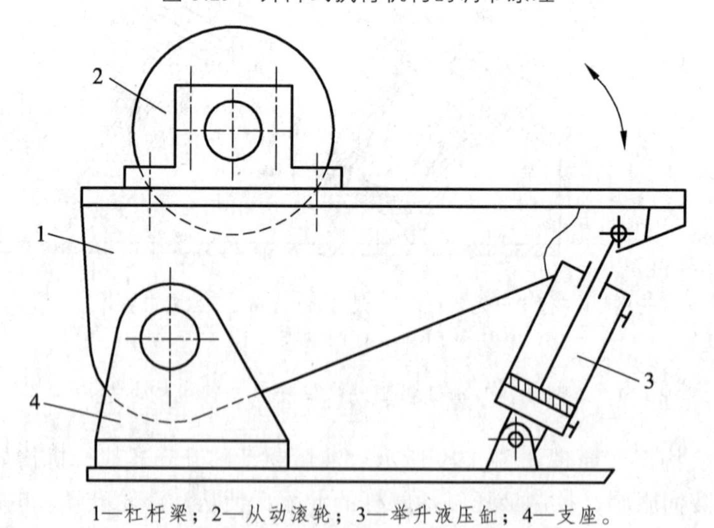

1—杠杆梁；2—从动滚轮；3—举升液压缸；4—支座。

图 5.30 液压驱动的升降式执行机构

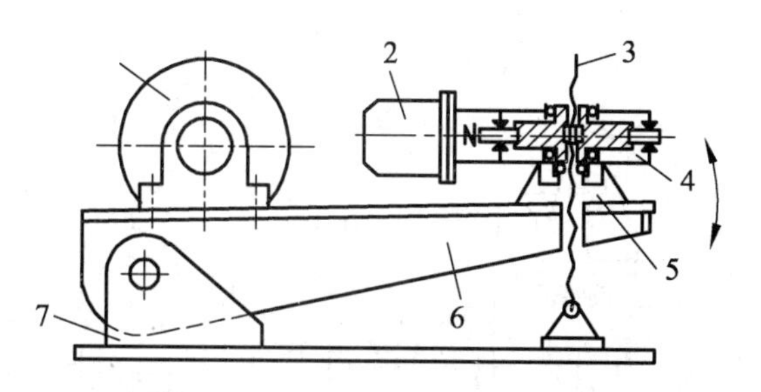

1—从动滚轮；2—减速电动机；3—举升丝杠；
4—非标蜗杆减速器；5—非标蜗杆减速器的
铰接支座；6—杠杆梁；7—支座。

图 5.31　电动机驱动的升降式执行机构

平移式执行机构调节原理如图 5.32 所示，当控制位于同一滚轮架上的两个从动滚轮沿垂直于焊件轴线的方向同步水平移动时，如从 A 点移到 B 点，则焊件以主动滚轮为支点发生位移。其轴线由 OO 位置偏至 OO_1 位置，使焊件轴线相对于滚轮轴线偏转 α 角，从而达到调节轴向位移的目的。

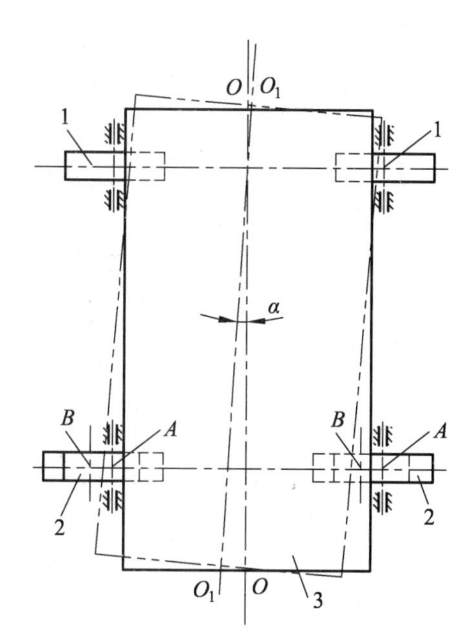

1—主动滚轮；2—从动滚轮；3—焊件。

图 5.32　平移式执行机构的调节原理（俯视图）

平移式执行机构如图 5.33、图 5.34 所示。前者控制电动机的正反转，经针轮摆线减速器减速后驱动曲柄在 ±α 角度范围内转动，从而带动连杆使滑块座平移，而滑块座是通过直线轴承与从动滚轮座固结在一起的，直线轴承套装在光杠上。这样从动滚轮座根据位移传感器发生的信号，沿光杠向左或向右移动以调节焊件的窜动方向。后者是液压驱动的平移式执行机构，从动滚轮座沿光杠的移动，是根据位移传感器的信号，由电磁换向阀控制液压缸活塞杆的伸缩来实现的。

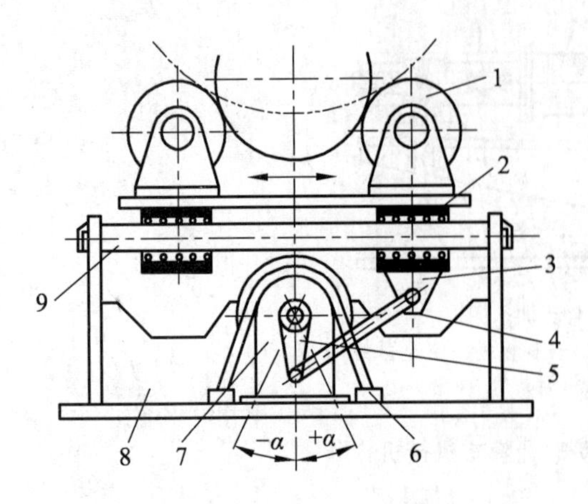

1—从动滚轮座；2—直线轴承；3—滑块座；4—连杆；
5—曲柄；6—针轮摆线减速器；7—曲柄轴承座；
8—底座；9—光杠。

图 5.33　电动机驱动的平移式执行机构

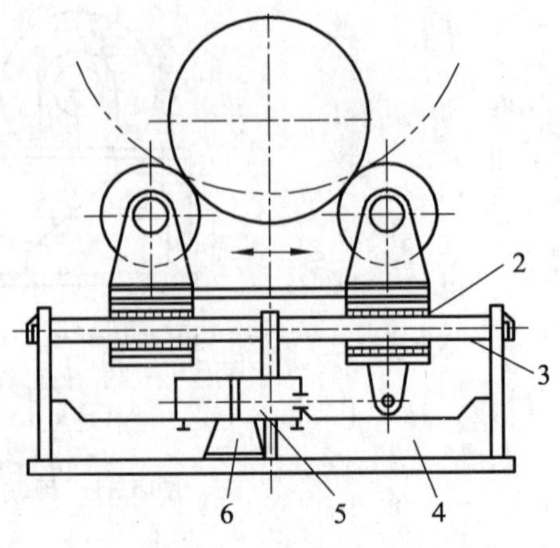

1—从动滚轮座；2—直线轴承；3—光杠；
4—底座；5—液压缸；
6—液压缸铰接支座。

图 5.34　液压驱动的平移式执行机构

上述三种执行机构的性能比较见表 5.6。

表 5.6　三种防窜执行机构的性能比较

项　目	偏转式	升降式	平移式
调节灵敏度	高	较高	较高
调节精度	较高	高	较高
滚轮与焊件的磨损	大	较大	较小
机构横向尺寸	小	较大	较小
滚轮间距的调节	可以	可以	一般不能
对焊接位置精度的影响	无	在从动滚轮一侧稍有影响	在从动滚轮一侧稍有影响
对焊件直径的适用范围	宽	宽	较窄
从动滚轮的结构	钢轮	钢轮或组合轮	钢轮或组合轮
使用场合	多用于 5～100 t 的焊件	多用于 100 t 以上的焊件	多用于 5～50 t 的小径厚壁焊件

5.2.3　焊接翻转机

焊接翻转机是将焊件绕水平轴转动或倾斜，使之处于有利装焊位置的焊件变位机械。焊接翻转机的种类较多，常见的有框架式、头尾架式、链式、环式和推举式等翻转机，如图 5.35 所示。

头尾架式翻转机，其头架可单独使用，如图 5.36 所示，在头部装上工作台及相应夹具后，可用于短小焊件的翻转变位。有的翻转机尾架做成移动式的（见图 5.37），以适应不同长度焊件的翻转变位，其中对应用在大型构件上的翻转机，工作台做成升降式的，如图 5.37（b）所示。

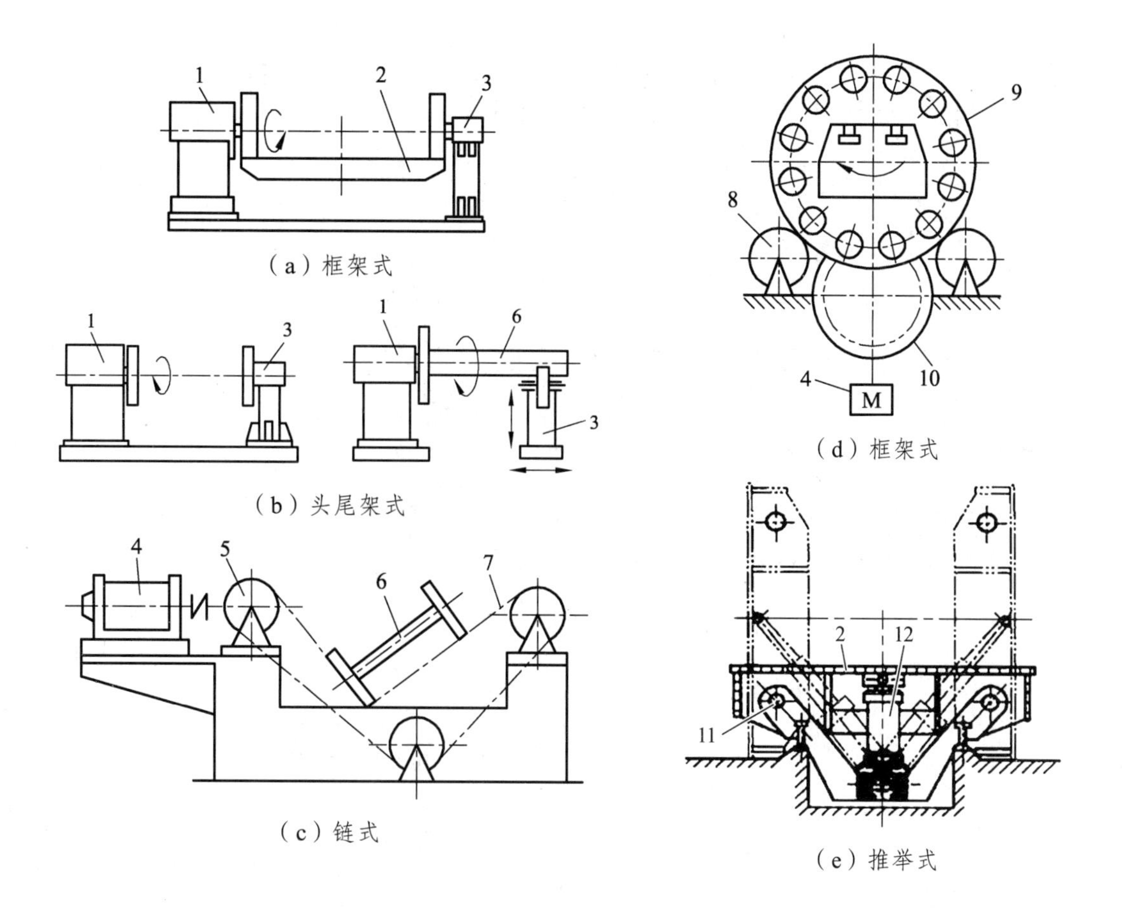

（a）框架式

（b）头尾架式

（c）链式

（d）框架式

（e）推举式

1—头架；2—翻转工作台；3—尾架；4—驱动装置；5—主动链轮；6—焊件；7—链条；8—托轮；9—支撑架；10—钝齿轮；11—推拉式轴销；12—举升液压缸。

图 5.35 焊接翻转机

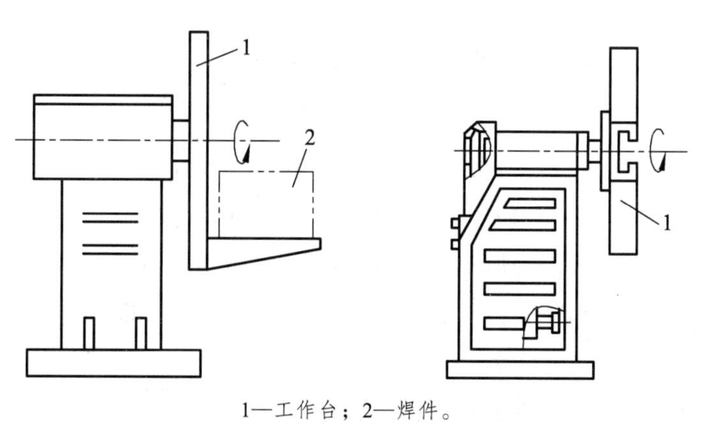

1—工作台；2—焊件。

图 5.36 头架单独使用的翻转机

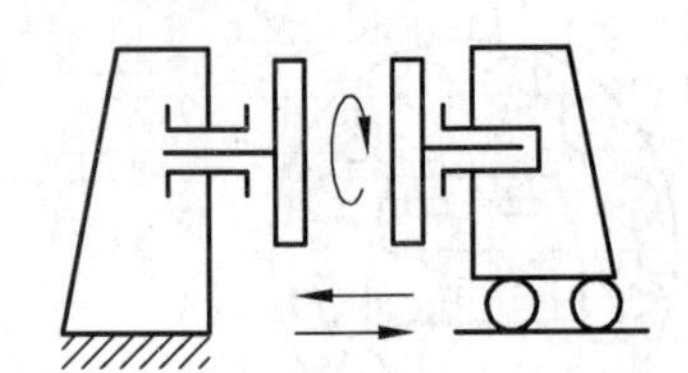
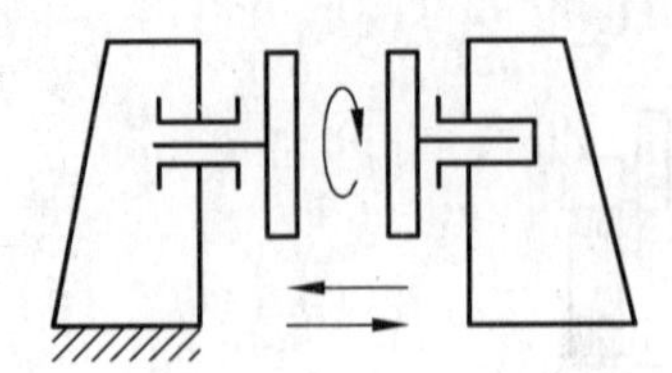

（a）工作台高度固定

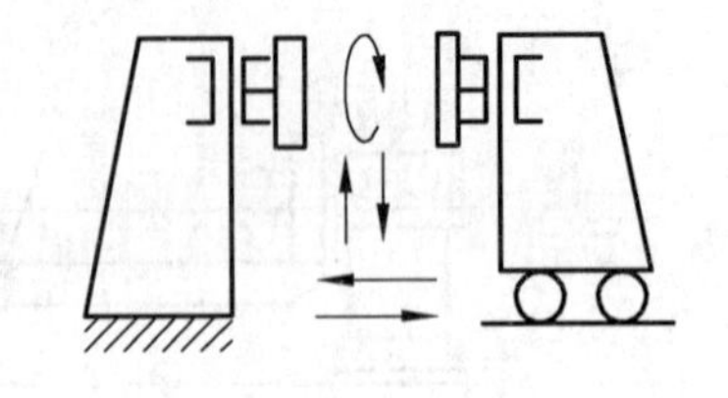

（b）工作台高度可调

图 5.37　尾架移动式的翻转机

目前我国常见的焊接翻转机基本特征及使用场合见表 5.7。

表 5.7　常用焊接翻转机的基本特征及使用场合

形　式	变位速度	驱动方式	使用场合
框架式	恒定	机电或液压（旋转液压缸）	板结构、桁架结构等较长焊件的倾斜变位，工作台上也可进行装配作业
头尾架式	可调	机电	轴类及筒形、椭圆形焊件的环焊缝以及表面堆焊时的旋转变位
链式	恒定	机电	已装配点焊固定，且自身刚度很强的梁柱构件的翻转变位
环式	恒定	机电	已装配点焊固定，且自身刚度很强的梁柱构件的转动变位，多用于大型构件的组对与焊接
推举式	恒定	机电	小车架、机座等非长形板结构、桁架结构焊件的倾斜变位，装配和焊接作业可在同一工作台上进行

配合机器人使用的框架式、头尾架式翻转机，国内外均有生产，它们都是点位控制的，控制点数以使用要求而定，但多为 2 点（每隔 180°）、4 点（每隔 90°）、8 点（每隔 45°）控制。翻转速度以恒速为多。翻转机与机器人联机，按程序动作，载质量多在 20 ~ 3 000 kg。

我国汽车、摩托车制造行业使用的弧焊机器人加工中心，已成功地使用了国产头尾架式和框架式焊接翻转机。由于是恒速翻转、点位控制并辅以电磁制动和汽缸锥销强制定位，所以多采用交流电动机驱动和普通齿轮副减速，其机械传动系统的制造精度比轨迹控制的低 1 ~ 2 级，使产品造价大大降低。

焊接翻转机也可采用焊接变位机、焊接滚轮架的导电装置，如环式、链式、推举式导电装置。

目前，我国还没对各种形式的焊接翻转机制定出系列标准，但已有厂家生产头尾架式的焊接翻转机，并已形成系列，其技术数据见表 5.8。

表 5.8　国产头尾架式焊接翻转机技术数据

参　数	型号								
	FZ-2	FZ-4	FZ-6	FZ-10	FZ-16	FZ-20	FZ-30	FZ-50	FZ-100
载质量/kg	2 000	4 000	6 000	10 000	16 000	20 000	30 000	50 000	100 000
工作台转速/(r/min)	0.1 ~ 1.0	0.1 ~ 1.0	0.15 ~ 1.5	0.1 ~ 1.0	0.06 ~ 0.6	0.05 ~ 0.5			
回转转矩/N · m	3 450	6 210	8 280	1 380	22 080	27 600	46 000		
允许电流/A	1 500	1 500	2 000				3 000		
工作台尺寸/mm	800×800	800×800	1 200×1 200	1 200×1 200	1 500×1 500			2 500×2 500	
中心高度/mm	705	705	915	915	1270			1830	
电动机功率/kW	0.6	1.5	2.2	3			5.5	7.5	
自重（头架）/kg	1 000	1 300	3 500	3 800	4 200	4 500	6 500	7 500	20 000
自重（尾架）/kg	900	1 100	3 450	3 750	3 950	3 950	6 300	6 900	17 000

5.2.4　焊接回转台

焊接回转台是将焊件绕垂直轴或倾斜轴回转的焊件变位机械，主要用于焊件的焊接、堆焊与切割，如图 5.38 所示。

图 5.38　焊接回转台

焊接回转台多采用直流电动机驰动，工作台转速均匀可调。对于大型绕垂直轴旋转的焊接回转台，在其工作台面下方，均设有支承滚轮，工作台面上也可进行装配作业。有的工作台还做成中空的（见图 5.39），以适应管材与接盘的焊接。焊接回转台驱动功率的计算与焊接变位机回转功率的计算相同，由于回转台的倾角是固定的，因此计算更为简便。国产焊接回转台技术数据见表 5.9。

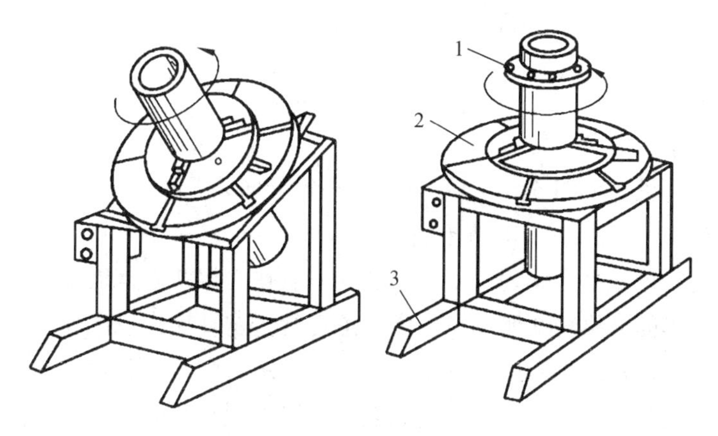

1—焊件；2—回转台；3—支架。

图 5.39　中空式回转台

表 5.9　国产焊接回转台技术数据

参数	型号								
	ZT-0.5	ZT-1	ZT-3	ZT-5	ZT-10	ZT-20	ZT-30	ZT-50	ZT-100
载质量/偏心距/(kg/mm)	500/150	1 000/150	3 000/300	5 000/300	10 000/300	20 000/300	30 000/300	50 000/300	100 000/300
工作台回转速度/(r/min)	0.02 ~ 0.2	0.1 ~ 1	0.05 ~ 0.5			0.03 ~ 0.3			
允许焊接电流/A	1 000	1 500	2 000						
工作台直径/mm	ϕ1 000	ϕ1 500	ϕ1 500	ϕ1 800	ϕ2 000	ϕ2 000	ϕ2 500	ϕ2 500	ϕ3 000
工作台至底面高度/mm	600	600	1 000	1 200	1 500	1 500	1 800	1 800	2 000
机体（长×宽）/mm	920×920	920×920	1 000×1 000	1 000×1 000	1 200×1 200	1 500×1 500	2 400×2 400	2 600×2 000	3 000×2 500
电动机功率/kW	0.6	1.1	1.5	2.2	2.2	3.0	4	5.5	7.5
自重/kg	880	1 200	2 100	3 500	7 500	14 000	20 000	38 000	45 000

5.3　焊机变位机械

焊机变位机械是改变焊接机头空间位置进行焊接作业的机械装备，主要包括焊接操作机和电渣焊立架。焊接操作机的结构形式很多，使用范围很广，常与焊件变位机械相配合，完成各种焊接作业，若更换作业机头，还能进行其他的相应作业。电渣焊立架的结构形式和功能相对单一，主要用于厚壁焊件立缝的焊接。

5.3.1　焊接操作机

焊接操作机是能将焊接机头（焊枪）准确送到待焊位置，并保持在该位置或以选定焊速沿设定轨迹移动焊接机头的变位机械。

1．主要结构形式

焊接操作机的结构形式主要有以下几种：

（1）平台式操作机（见图 5.40），主要由水平轮导向装置 1、台车驱动机构 2、垂直导向轮装置、工作平台 4、起重绞车 5、平台升降机构 6、立架 7 及集电器 8 等部件组成。焊机放置在工作平台 4 上，可随平台移动；工作平台 4 安装在立架 7 上，能沿立架升降；立架 7 安装在台车上，在台车驱动机构 2 驱动下可沿轨道运行。这种操作机的作业范围大，主要应用于外环缝和外纵缝的焊接。平台式焊接操作机又分为单轨台车式和双轨台车式两种。单轨台车式的操作机实际上还有一条轨道，不过该轨道一般设置在车间的立柱上，车间桥式起重机移动时，往往引起平台振动，从而影响焊接过程的正常进行。平台式操作机的机动性、使用范围和用途均不如伸缩臂式焊接操作机，在国内的应用已逐年减少。

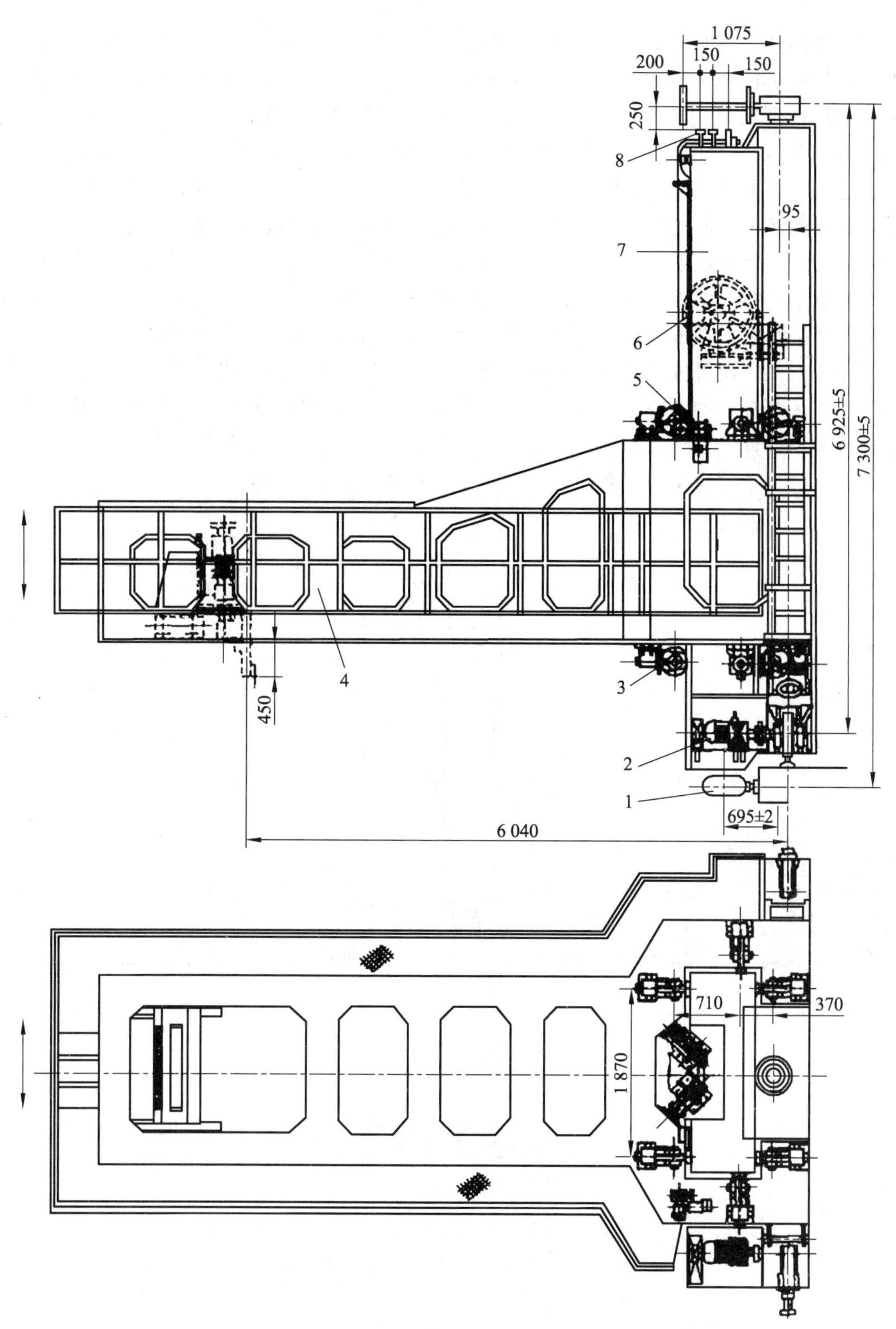

1—水平轮导向装置；2—台车驱动机构；3—垂直导向轮装置；4—工作平台；5—起重绞车；6—平台升降机构；7—立架；8—集电器

图 5.40　平台式操作机

（2）伸缩臂式操作机（见图 5.41），主要由焊接小车 1、伸缩臂 2、滑鞍和伸缩臂进给机构 3、传动齿条 4、行走台车 5、伸缩臂升降机构 6、立柱 7、底座及立柱回转机构 8、传动丝杠 9、扶梯 10 等部件组成。焊接小车 1 或焊接机头和焊枪安装在伸缩臂 2 的一端，伸缩臂 2 通过滑鞍 3 安装在立柱 7 上，在滑鞍和伸缩臂进给机构 3 作用下可沿滑鞍左右伸缩。滑鞍安装在立柱上，在伸缩臂升降机构 6 作用下可沿立柱升降。立柱有的直接固接在底座上；有的虽然安装在底座上，但可回转；有的则通过底座，安装在可沿轨道行驶的台车上。这种操作机的机动性好，作业范围大，与各种焊件变位机构配合，可进行回转体焊件的内外环缝、内外纵缝、螺旋焊缝的焊接，以及回转体焊件内外表面的堆焊，还可进行构件上的横、斜等空间线性焊缝的焊接，是国内外应用最广的一种焊接操作机。此外，若在其伸缩臂前端安装上相应的作业机头，还可进行磨修、切割、喷漆、探伤等作业，用途很广泛。

为了扩大焊接机器人的作业空间，国外将焊接机器人安装在重型操作机伸缩臂的前端，用来焊接大型构件。另外，伸缩臂操作机进一步发展，就成了直角坐标式的工业机器人，它在运动精度、自动化程度等方面比伸缩臂操作机具有更优良的性能。

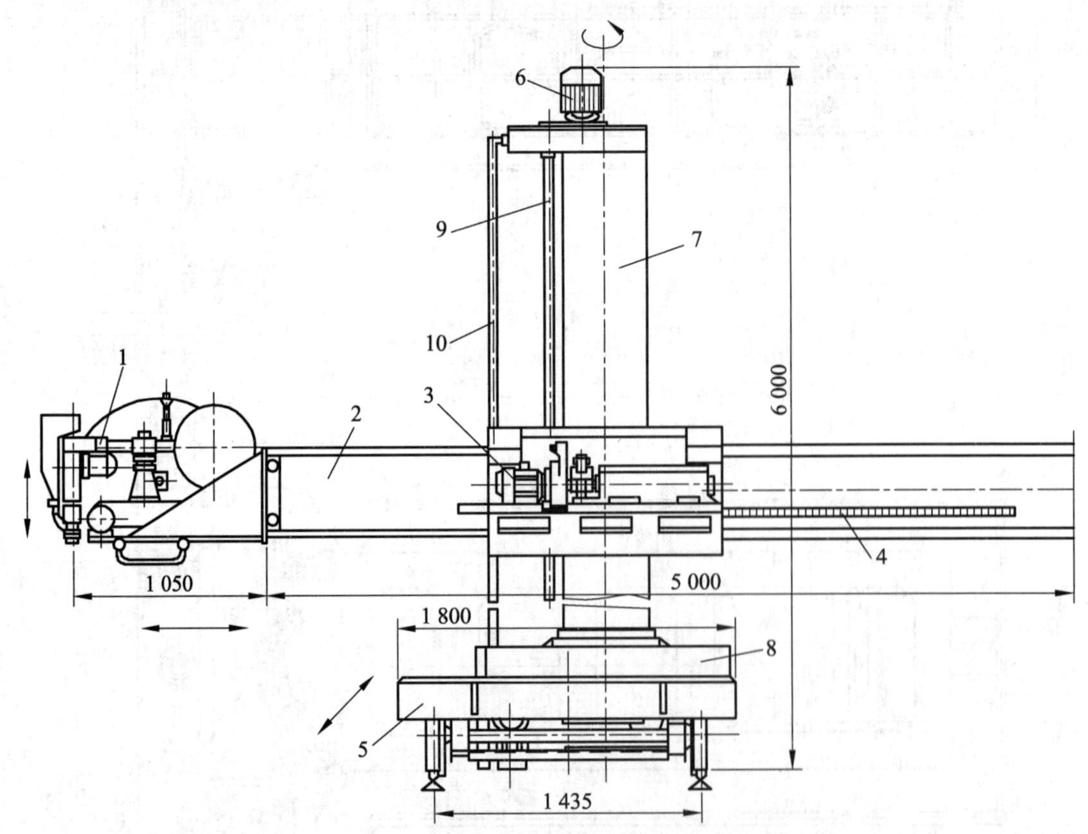

1—焊接小车；2—伸缩臂；3—滑鞍和伸缩臂进给机构；4—传动齿条；5—行走台车；
6—伸缩臂升降机构；7—立柱；8—底座及立柱回转机构；
9—传动丝杠；10—扶梯。

图 5.41　伸缩臂式操作机

（3）门式操作机，这种操作机有两种结构：一种是焊接小车坐落在沿门架可升降的工作平台上，并可沿平台上的轨道横向移行（见图 5.42）；另一种是焊接机头安装在一套升降装置上，该装置又坐落在可沿横梁轨道移行的小车上。这两种操作机的门架，一般都横跨车间，并沿轨道纵向移动，其工作覆盖面很大，主要用于板材的大面积拼接和筒体外环缝、外纵缝的焊接，有的门式操作机安装有多个焊接机头，可同时焊接多道相同的直线焊缝，用于板材的大面积拼接或多条立筋的组焊，效率很高。

为了扩大焊接机器人的作业空间，满足焊接大型焊件的需要，或者为了提高设备的利用率，也可将焊接机器人倒置在门式操作机上使用。机器人本体除可沿门架横梁移动外，有的还可升降和纵向移动，这样也进一步增强了机器人作业的灵活性、适应性和机动性。焊接机器人使用的门式操作机，有的门架是固定的，有的则是移动的。除弧焊机器人使用的门式操作机有的结构尺寸较小外，多数门式操作机的结构都很庞大，在大型金属结构厂和造船厂应用较多。

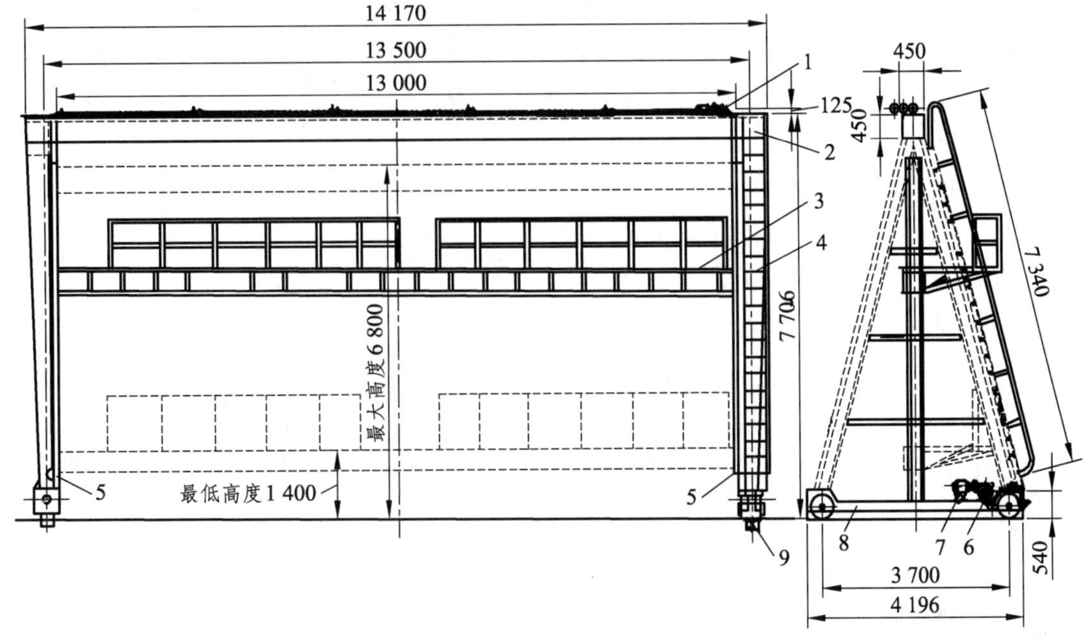

1—平台升降机；2—门架；3—工作平台；4—扶梯；5—限位器；6—台车驱动机构；7—电动机；8—行车台车；9—轨道。

图 5.42　门式操作机

（4）桥式操作机，主要用于板材的拼接和板材与肋板的 T 形焊接，在造船厂应用较多。这种操作机与门式操作机的区别是门架高度很低，有的甚至去掉了两端的支腿，貌似桥式起重机。

（5）台式操作机，伸缩臂的前端安装有焊枪或焊接机头，能以焊接速度伸缩。多用于小径筒体内环缝和内纵缝的焊接。台式操作机与伸缩臂式操作机的区别是没有立柱，伸缩臂通过鞍座安装在底座或行走台车上。

2．传动形式与驱动机构

（1）伸缩臂与平台的升降。

操作机的平台升降多为恒速或快、慢两挡速度，伸缩臂的升降多为快、慢两挡速度或无级调速，速度在 0.5 ~ 2 m/min 者居多，其各种传动形式见表 5.10。

操作机升降系统若恒速升降，多采用交流电动机驱动；若变速升降，多采用直流电动机驱动。近年来在国外一些公司生产的操作机上，也有采用交流变频驱动和直、交流伺服电动机驱动的。在升降的两个极限位置，应设置行程开关。除螺旋传动的以外，在滑鞍与立柱的接触处应设防平台或伸缩臂坠落的装置，该装置有两种类型：一种是偏心圆或凸轮式；另一种是楔块式。

表 5.10　操作机升降系统的传动形式

传动形式	驱动机构	性能及适用范围	备注
链传动	电动机驱动链轮，通过链条使平台或伸缩臂升降，小型操作机采用单列链条，大型的采用多列链条	制造成本低，运行稳定可靠，但传动精度不如螺旋和齿条传动，在平台式、伸缩臂式操作机上采用广泛	链条一端设有平衡重，恒速升降
螺旋传动	电动机通过丝杠驱动螺母运动以带动平台或伸缩臂升降，小型操作机若起升高度不大，也可手动	运行平稳，传动精度高，多用在起升高度不大的各种操作机上	丝杠下端多为悬垂状态，恒速或变速升降
齿条传动	电动机与其驱动的齿轮均安装在伸缩臂的滑座上，齿轮与固定在立柱上的齿条相啮合，从而带动伸缩臂升降。小型操作机采用单列齿条，大型的采用双列齿条	运行平稳可靠，传动精度最高，制造费用最大，多用在要求精确传动的伸缩臂式操作机上	恒速或变速升降
钢索传动	电动机驱动钢索卷筒，卷筒上缠绕着钢丝绳，钢丝绳的一端通过滑轮导绕系统与平台或伸缩臂相连，带动其升降	投资最省，运动稳定性和传动精度低于以上各种传动，适用于大升降高度的传动，在平台式操作机上应用最多，在伸缩臂式操作机上已不采用	恒速升降

另外，为了降低升降系统的驱动功率，并使升降运动的运行更加平稳，在大中型操作机上，常用配重来平衡平台或伸缩臂等构件的自重。

（2）伸缩臂的回转。

伸缩臂的回转运动有手动和恒速电动两种驱动方式，前者多用于小型操作机，如图 5.43 所示；后者则多用于大中型操作机，如图 5.42 所示，回转速度一般为 0.6 r/min，在回转系统中还设有手动锁紧装置。立柱回转系统如图 5.44 所示，不论是圆形立柱还是非圆形立柱，伸缩臂的回转几乎都采用立柱自身回转式，立柱底端直接（手动回转）或通过齿圈（电动机驱动）坐落在推力轴承上，保证立柱的灵活转动。

图 5.43　小型操作机

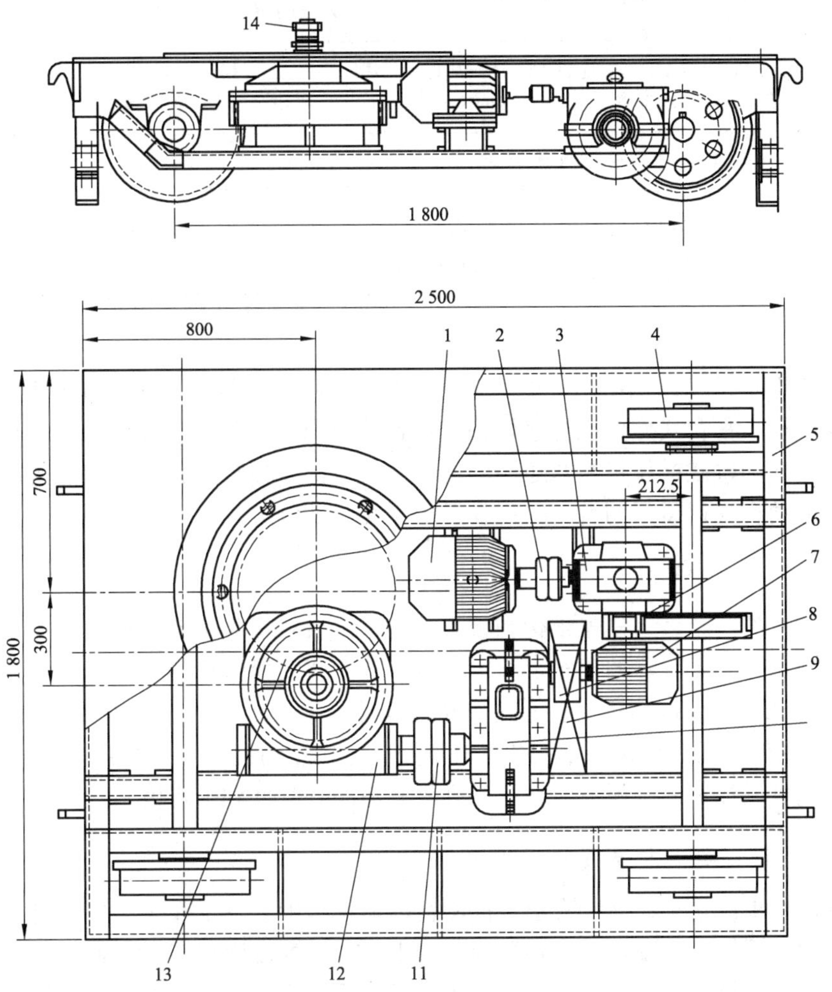

1—台车行走电动机；2，11—联轴器；3，12—蜗杆减速器；4—走轮；5—台车架；
6—开式齿轮副；7—立柱回转电动机；8—带制动轮的弹性联轴器；
9—电磁制动器；10—齿轮减速器；13—齿圈。

图 5.44　立柱回转机构及台车行走机构

（3）伸缩臂的进给（伸缩）。

伸缩臂的进给运动多为直流电动机驱动，近年来也有用直流或交流伺服电动机驱动的。由于焊纵缝时，伸缩臂要以焊速进给，所以对其以焊速运行的平稳性要求较高，进给速度的波动要小于 5%；速度范围要覆盖所需焊速的上下限，一般在 6 ~ 90 m/h，并且均匀可调。有的操作机还设有一挡空程速度，多在 180 ~ 240 m/h，以提高作业效率。为了保证到位精度和运行安全，在进给系统中设有制动和行程保护装置。伸缩臂的进给传动形式主要有三种，见表 5.11。

表 5.11　伸缩臂伸缩系统的传动形式

传动形式	驱动机构	性　能
摩擦传动	电动机减速后，驱动胶轮或钢轮，借助其与伸缩臂之间的摩擦力，带动伸缩臂运动	运动平稳，速度均匀，超载时打滑，起安全保护作用，但以高速伸缩时，制动性能差，到位精度低
齿条传动	电动机减速后，通过齿轮驱动固定在伸缩臂上的齿条，从而带动伸缩臂伸缩	运动平稳、速度均匀、传动精确，是采用最多的传动形式，但制造费用较高
链传动	电动机减速后，通过链轮驱动展开在伸缩臂上的链条，从而带动伸缩臂伸缩运动平稳、速度均匀、超载时打滑，起安全保护作用，但以高速伸缩时，制动性能差、到位精度低	制造费用较低，运动平稳性不如前两者，但仍能满足工艺要求

（4）台车的运行。

台车多为电动机单速驱动，行速一般在 120 ~ 360 m/h，最高可达 600 m/h。通常门式操作机的行速较慢，平台式操作机行速较快，运行系统中设有制动装置，在台车与轨道之间设有夹轨器。门式和桥式操作机是双边驱动的，并设有同步保护装置。单速运行的台车，多用交流电动机驱动；变速运行的台车，现在已多用交流变频方式驱动。

3．结构及其设计要求

门式操作机的门架多为桁架结构和板焊结构；平台式操作机也以桁架结构为主；桥式操作机的横梁则多是“Ⅰ”形的或箱形板焊结构。伸缩臂式操作机的立柱，主要是大径管结构或箱形、“Ⅱ”形板结构。由于立柱是主要承载构件，除强度外，还要求有很好的刚度和稳定性。因此，有些伸臂式操作机还采用双立柱结构。焊接结构的立柱，焊后应退火消除内应力。立柱导轨处应机械加工，以保证滑鞍平稳升降所需的垂直度和平行度。

4．操作机设计要点和选用注意事项

伸缩臂既要求质量小，又要有很好的刚度和形位精度，在工作运行中不能有颤抖，在全伸状态下，端头下挠应控制在 2 mm 以内，否则，应设高度跟踪装置。伸缩臂多采用薄壁空腹冲焊整体结构。对伸缩行程较大的操作机，过去采用多节式的伸缩结构，现在行程达 8 m 的操作机，也采用整体结构，从而保证了伸缩臂的整体刚性和运行的平稳性。另外，在伸缩臂的一端装有焊接机头，另一端装有送丝盘和焊剂回收等装置，要尽可能使两端设备的自重相差不太大。行走台车是操作机的基础，要有足够的强度，车架要采用板焊结构，整体高度要小，要尽量降低离地间隙。行走轮的高度要可调，装配时要保证四轮着地。台车上应放置焊接电源等重物以降低整机的重心，增加运行的稳定性并防止整机倾覆。

我国目前生产的操作机，有关技术数据见表 5.12。

此外，在选购焊接操作机时，还应注意以下问题。

（1）操作机的作业空间应满足焊接生产的需要。

（2）对伸缩臂式操作机，其臂的升降和伸缩运动是必须具备的，而立柱的回转和台车的行走运动要视具体需要而定。

（3）应根据生产需要，确定是否要向制造厂提出可搭载多种作业机头的要求。例如，除安装埋弧焊机头外，是否还需要安装窄间隙焊、碳弧气刨、气保护焊、打磨等作业的机头。

（4）施焊时，若要求操作机与焊件变位机械协调动作，则要对操作机的几个运动提出运动精度和到位精度的要求。操作机上应有和焊件变位机械联控的接口。

（5）小筒径焊件内环缝、内纵缝的焊接，因属盲焊作业，所选焊接操作机要设有外界监控设施。

（6）操作机伸缩臂运动的平稳性，以及最大伸出长度时端头下挠度的大小，是操作机性能好坏的主要指标，选购时应予特别重视。

表 5.12　伸缩臂式操作技术数据

名　称	型　号															
	W 型（微型）		X 型（小型）				Z 型（中型）				D 型（大型）					
臂伸缩行程/m	1.5	2	3	3	4	4	4	4	5	5	5	5	6	6
臂升降行程/m	1.5	2	3	4	3	4	4	5	4	5	5	6	5	6
臂端搭载质量/kg	120	75	210		120		300		210		600		500	
臂的允许总质量/kg	200		300				500				800			
底座形式	底板固定式		底板固定式、台车固定式、行走台车固定式											
台车行走速度/(mm·min^{-1})	—		8～3 000（无级可调）											
立柱与底座结合形式	固定式		固定式、手动回转式				固定式、手动或机动回转式				固定式、机动回转式			
立柱回转范围/(°)	—		±180											
立柱回转速度/(r·min^{-1})	—		—				机动回转 0.03～0.75							
臂伸缩速度/(mm·min^{-1})	60～2 500（无级可调）													
臂升降速度/(mm·min^{-1})	2 000						2 280				3 000			
台车轨距/mm	—		1 435				1 730				2 000			
钢轨型号	—		P43											

5.3.2 电渣焊立架

电渣焊立架如图 5.45 所示，是将电渣焊机连同焊工一起按焊速提升的装置，它主要用于立缝的电渣焊，若与焊接滚轮架配合，也可用于环缝的电渣焊。电渣焊立架多为板焊结构或桁架结构，一般都安装在行走台车上。台车由电动机驱动，单速运行，可根据施焊要求，随时调整与焊件之间的位置。

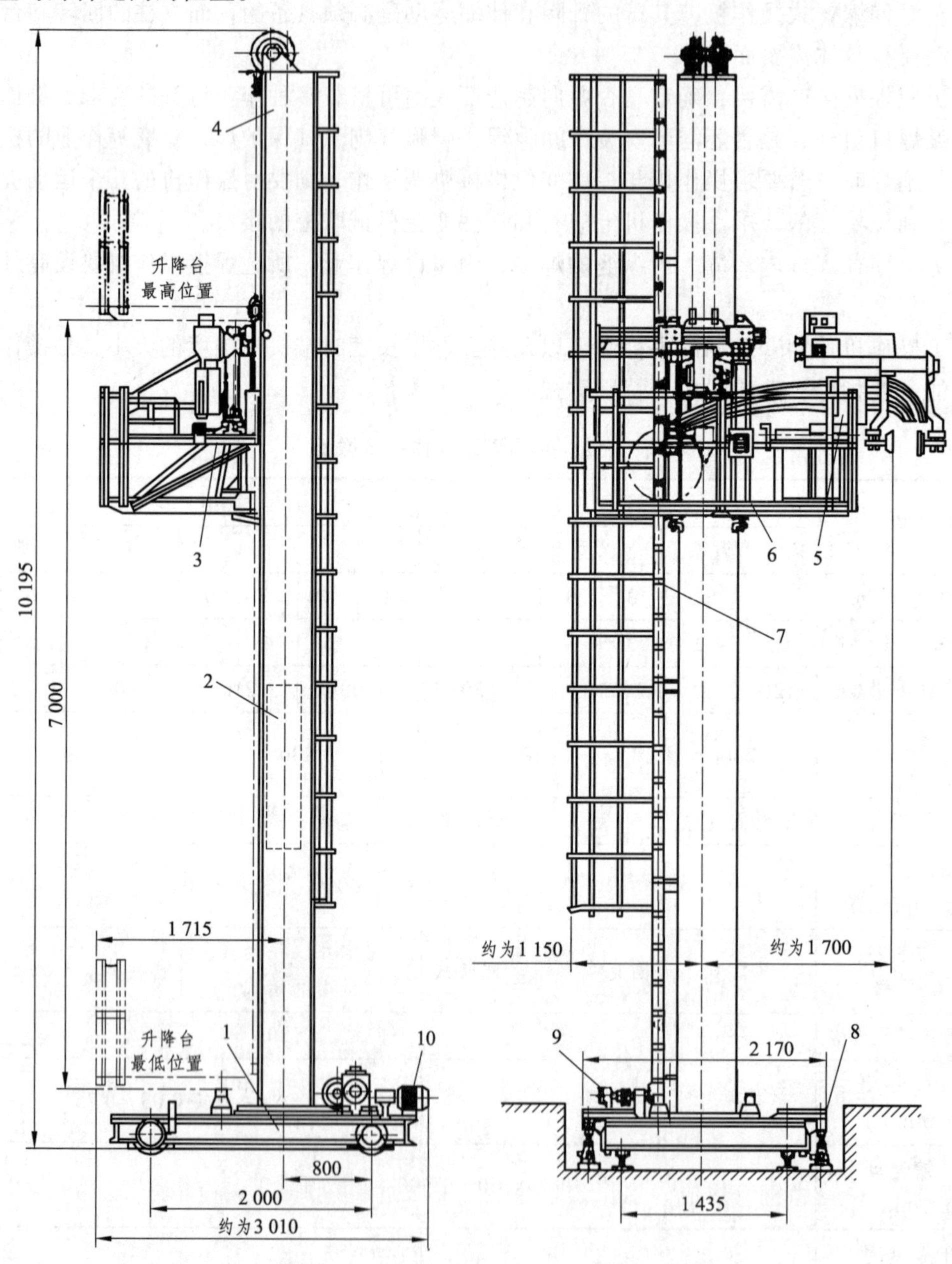

1—行走台车；2—升降平衡重；3—焊机调节装置；4—焊机升降立柱；5—电渣焊机；
6—焊工、焊机升降台；7—扶梯；8—调节螺旋千斤顶；
9—起升机构；10—运行机构。

图 5.45 电渣焊立架

桁架结构的电渣焊立架由于质量较小，因此也常采用手驱动使立架移行。电渣焊机头的升降运动，多采用直流电动机驱动，无级调速。为保证焊接质量，要求电渣焊机头，在施焊过程中始终对准焊缝，因此在施焊前，要调整焊机升降立柱的位置，使其与立缝平行。调整方式多样，有的采用台车下方的四个千斤顶进行调整；有的采用立柱上下两端的球面铰支座进行调整。在施焊时，还可借助焊机上的调节装置随时进行细调。

有的电渣焊立架，还将工作台与焊机的升降做成两个相对独立的系统，工作台可快速升降，焊机则由自身的电动机驱动，通过齿轮-齿条机构，可沿导向立柱做多速升降。由于两者自成系统，可使焊机在施焊过程中不受工作台的干扰。电渣焊立架，在国内外均无定型产品生产，我国企业使用的都是自行设计制造的。

5.4 焊工变位机械

1. 焊工升降台的结构

焊工变位机械是改变焊工空间位置，使之在最佳高度进行作业的设备。它主要用于高大焊件的手工机械化焊接，也用于装配和其他需要登高作业的场合。焊工变位机械仅由焊工升降台组成，焊工升降台的常用结构有肘臂式（见图 5.46）、套筒式（见图 5.47）、铰链式（见图 5.48）三种。

肘臂式焊工升降台又分管焊结构（见图 5.46）、板焊结构（见图 5.49）两种。前者自重小，但焊接施工麻烦；后者自重大、焊接工艺简单，整体刚度也优于前者，在国外已获得广泛应用。

2. 焊工升降台的驱动及主要参数

焊工升降台其工作台的升降几乎都是液压驱动。大高度的升降台采用电动液压泵驱动，一般高度的采用手动或脚踏液压泵驱动，而且操作系统有两套：一套在地面上粗调升降高度，另一套在工作台上进行细调。焊工升降台的载质量一般在 200 ~ 500 kg，工作台最低高度为 1.2 ~ 1.7 m，最大高度为 4.8 m，台面有效工作面积为 1 ~ 3 m^2，台面上应铺设木板或橡胶绝缘板并设置护栏。焊工升降台底座下方设有走轮，靠拖带移动，工作时利用撑脚承载。升降台的整体结构，要有很好的刚度和稳定性，在最大载荷且工作台位于作业空间的任何位置时，升降台都不得发生颤抖和整体倾覆。焊工升降台的液压系统要有很好的密封性，特别是液压缸前后油腔和控制阀在中间位置的密封，都至关重要。为保证人身安全，设计安全系数均在 5 以上。

3. 肘臂式和套筒式焊工升降台

如图 5.46 所示是一管焊结构的肘臂式焊工升降台，其整体结构除个别部分用了少量钢板和槽钢外，其余均由钢管焊成。工作台由柱塞式液压缸起升，靠自重返回。装在升降台底座下方的伸缩式撑脚高度可以调节。该升降台的技术数据如下：

工作台起升高度：4 m；

工作台离地最小高度：1.5 m；

工作台面尺寸：0.9 m × 1.35 m；

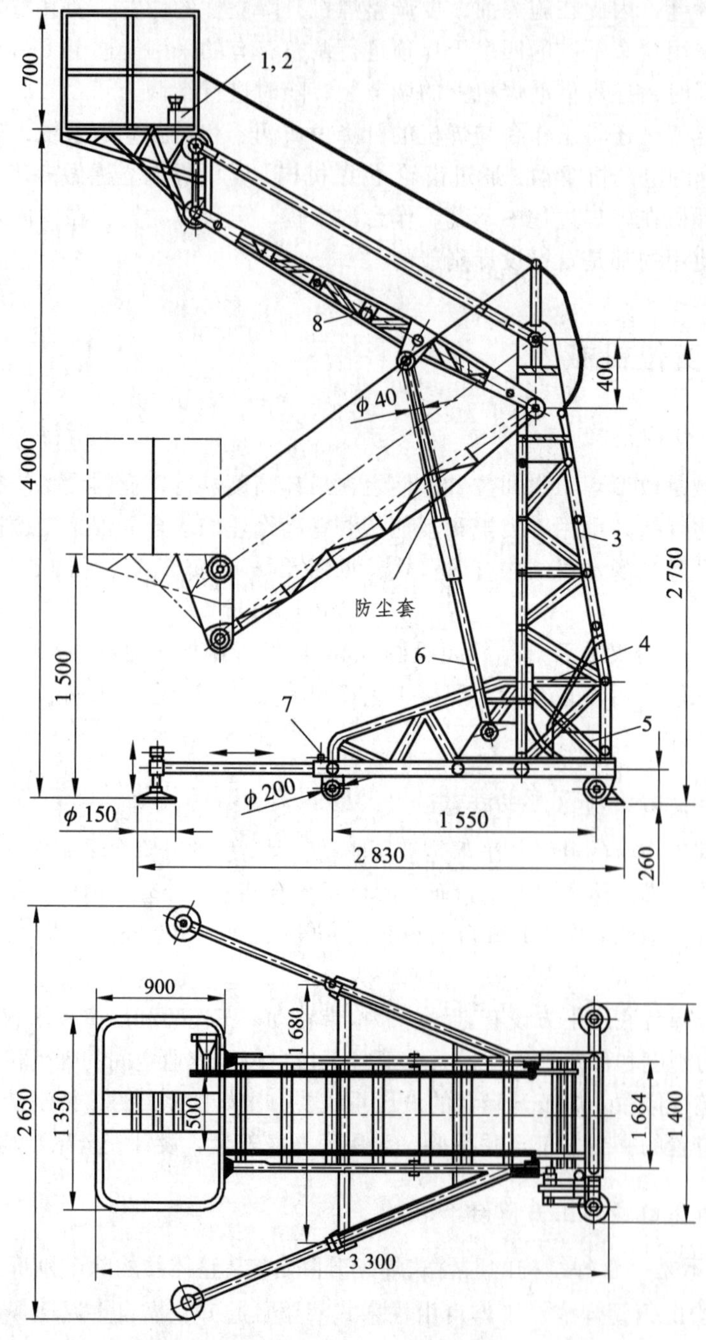

1—脚踏液压泵；2—工作台；3—立架；4—油管；5—手动液压泵；6—液压缸；7—行走底座；8—转臂。

图 5.46　管焊结构肘臂式焊工升降台

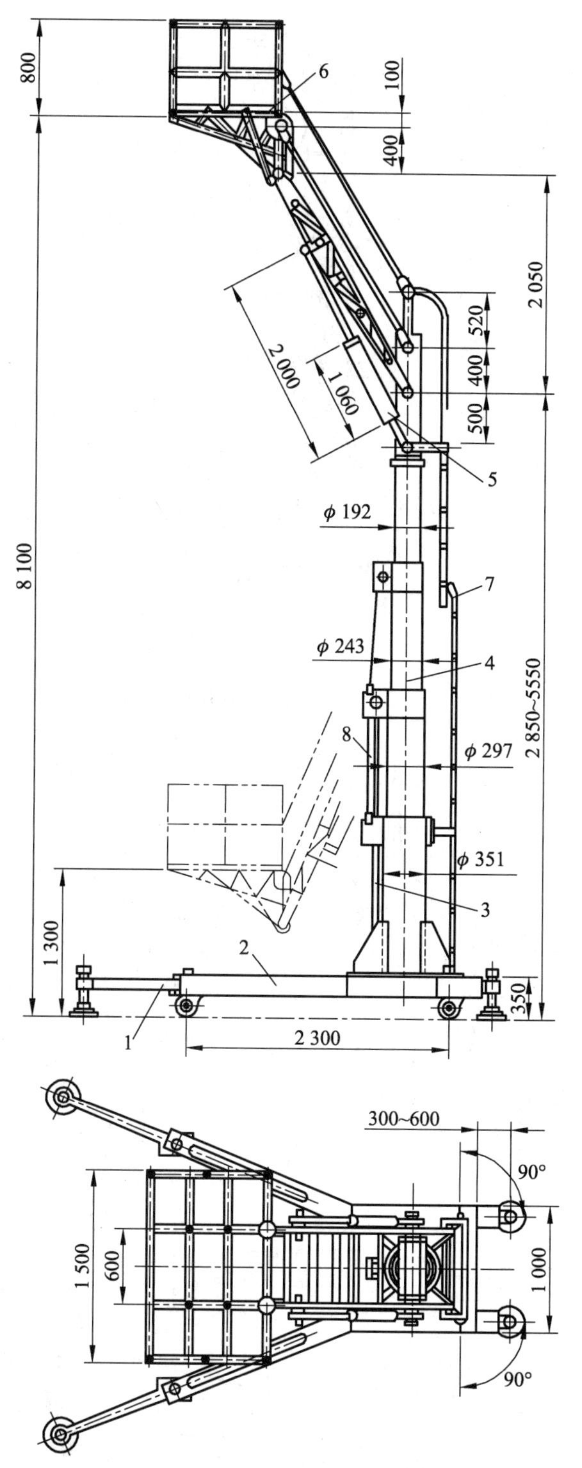

1—可伸缩撑脚；2—行走底座；3—套筒升降液压缸；
4—升降套筒总成；5—工作台升降液压缸；
6—工作台；7—扶梯；
8—滑轮钢索系统。

图 5.47　套筒式焊工升降台

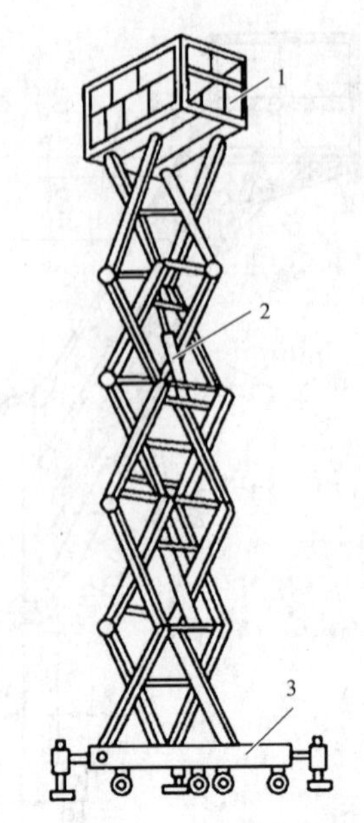

1—工作台；2—推举液压缸；
3—底座。

图 5.48　铰链式焊工升降台

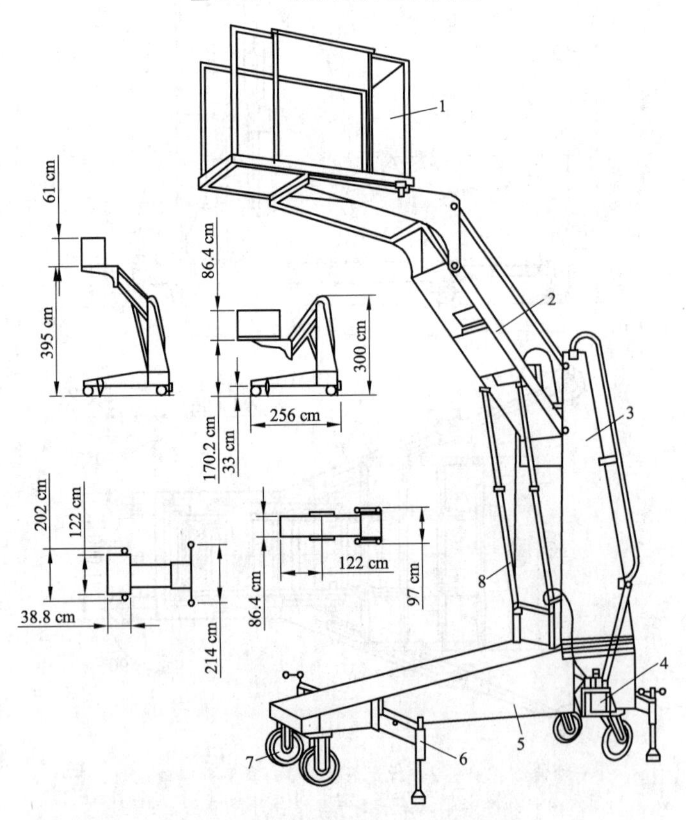

1—工作台；2—转臂；3—立柱；4—手动液压泵；5—底座；
6—撑脚；7—走轮；8—液压缸。

图 5.49　板焊结构肘臂式焊工升降台

工作台允许最大载荷：250 kg；

转臂长度：2.3 m；

外廓尺寸：3.3 m × 2.65 m × 4.7 m；

自重：约为 705 kg。

如图 5.47 所示为套筒式焊工升降台。它的起升高度较大，采用两个手动液压泵驱动。液压方式与肘臂式类似。套筒的伸出，是由液压缸推动一套钢索滑轮系统实现的，若推举液压缸的倾斜角度可以忽略，则套筒顶部的伸出行程 h 与液压缸活塞行程 L 的关系为 $h = 3L$。套筒式焊工升降台的技术数据如下：

工作台起升高度：8.1 m

工作台离地最小高度：1.3 m

工作台面尺寸：0.9 m × 1.35 m

工作台允许最大载荷：300 kg

液压缸行程：900 mm

自重：1 t

外廓尺寸：

工作台在最高位置时：3 m × 2.5 m × 9 m

工作台在最低位置时：2.5 m × 2 m × 3.75 m

5.5 焊接生产中的其他工装

焊接生产中，除了上述介绍的焊件变位机、焊机变位机、焊工变位机等焊接工装外，很多时候往往根据生产的需要，开发设计焊接生产中的其他工装设备或对现有工装进行组合。例如，在采用剪板机下料板材时，除了需要设计相应工装保证板材尺寸规格，还需要设计工装保证板材能够连续送进，从而实现连续下料。又如，焊接操作机与焊接滚轮架的组合应用如图 5.50 所示，某压力容器制造单位采用埋弧焊对筒体进行焊接时，采用焊接操作机夹持焊接机头，通过操作机的升降适应筒体直径的大小，确保焊接机头始终位于筒体的上方；采用滚轮架带动筒体转动，筒体转动速度通过焊接速度来调整，还可通过调整滚轮架之间的间距来适应不同筒体直径的需要；安装时确保焊接机头位置始终位于筒体位置，以保证焊接的需要。

图 5.50 焊接操作机与焊接滚轮架的组合应用

某列车车辆空调如图 5.51 所示，为了保证产品质量，满足焊接需要，设计开发了高铁空调车设备制造三维多孔焊接工装平台，如图 5.52 所示。

图 5.51　列车空调

图 5.52　三维多孔焊接工装

5.6　焊接变位机设计实例

5.6.1　焊接变位机设计实例

1．功能需求分析

在挖掘机的制造过程中，焊接是一种重要的制造方法，挖掘机的动臂、上车架、下车架、履带架等结构件都需要焊接。为了确保产品质量，往往需要确保焊缝处于平焊位置。为此，制造过程对焊接变位机提出如下要求：第一，要求尽量避免组焊件上的焊道被遮挡，一次装夹完成全部焊接工作；第二，要求各焊道能达到焊接位置，以保证焊缝质量；第三，要求装卸工件时操作简便、安全可靠。根据上述要求，拟定采用正交双轴回转机构，设计双回转式焊接变位机，可以将工件上任意一条焊缝转到水平位置，从而可以实施船焊和平焊操作，达到焊接工艺要求。

通过上述分析，该焊接变位机应该有两个全回转自由度，可保证上机焊接的任意空间焊缝，改为船焊和平焊操作，从而确保焊接质量。该焊接变位机应该配有专用工装夹具，装卸简单、省时、省力，一次装卸几分钟即可完成。上机焊接不需要吊车，可随意翻转工件，节省大量的辅助工时；设备结构不妨碍焊接操作，可以考虑 L 形臂结构；回转系统应具有自锁性能，保证了作业的安全性；此外，焊接变位机最大载荷为 0.8 t。

2．变位机总体设计

根据总体功能分析，综合考虑焊接过程及焊接工件和焊缝的形状特性、焊接装夹方式和工艺设置等多方面的因素。确定本机由底座、大回转机构、小回转机构、工作台和电气控制部分组成。

其中，底座是由槽钢焊接而成的框架结构，是变位机的基础部分，两条向前伸出的 H 形支腿起到平衡变位机重心的作用。支腿具有足够的强度和刚度，以保证变位机工作时的稳定性。底座用预埋地脚螺栓或膨胀螺栓与地面紧固在一起。

大回转机构传动链为交流电机→蜗轮蜗杆减速机→小齿轮→回转支承，可以 ± 360° 全回转。回转支承作为动力输出元件与小回转机构箱形梁连接，带动小回转机构实现 ± 360° 全回转。

小回转机构属于末级传动，与大回转机构的传动结构类似，也可以实现 ± 360° 全回转。小回转机构通过箱形梁与大回转机构连接，箱形梁起到承载和连接作用，在箱形梁与大回转机构连接处安装有三相导电滑环为小回转电机供电。回转支承输出端连接工作盘，工件通过夹具安装在工作盘上。

工作台用于工件的停放，焊接工件用夹具固定在工作台上，通常是刚性固定。夹具在平台回转和翻转时可以夹住焊接工件来配合完成焊接过程。因此在工作台表面开沟槽，用于固定工件的夹具的移动及固定。同时工作台表面经网格状处理后增大了摩擦，便于工件在变位时位置的固定。

电气控制部分装在独立的电控箱中，面板上装有各机构动作按钮和指示灯，为便于现场远距离操作。电控系统配有手控盒，手控盒上装有各动作按钮和急停开关，控制方式为线控并联控制（与电控箱中各按钮并联）。电控系统基本配置包括大小回转电机的控制以及安全防护装置。总电源开关采用带漏电保护装置的断路器，不仅有效地进行过流短路保护，还对电气设备、器件绝缘随使用的降低和操作人员不慎触电进行有效的漏电保护。操作面板和手控盒上都装有急停开关按钮，当出现可能危及人身或设备安全的紧急情况时，只要按下此按钮，整机电源立即断开，从而保证人员与设备的安全。

本变位机根据空间任意一条直线或线段，绕两互相垂直轴，在 360° 范围内回转，均可变为平行于地面的直线或线段的原理进行设计。如该线为一条焊缝，经此变位后即可变为船焊或平焊操作，达到了焊接工艺要求。

3．传动系统设计

小回转传动系统驱动工作台绕 L 形臂 ± 360° 回转，即工作台回转机构。根据焊接速度要求，初步设定工作台回转速度 $v_{回} = 0.8 \sim 1.6\ r/min$，回转范围 $-360° \sim 360°$。由于焊接速度的要求，工作台的回转速度比较小，因此减速比较大。为了达到所需的工作台回转速度，必须对回转系统进行分析和布置。

（1）回转机构形式的选择。

液压驱动的回转机构可分为全回转和半回转两大类，其中全回转式回转机构可进行多圈回转运动。绝大多数采用液压马达驱动，可使用高速液压马达（如齿轮、柱塞式液压马达）。因为高速液压马达转速高，输出扭矩较小，要配以减速装置降低转速，提高扭矩才能实际应用，高速柱塞式液压马达如图 5.53 所示。半回转式回转机构采用低速液压马达（见图 5.54），因其转速低，输出扭矩很大，可直接驱动回转机构，省去减速装置，也可配以传动比很小的减速装置。

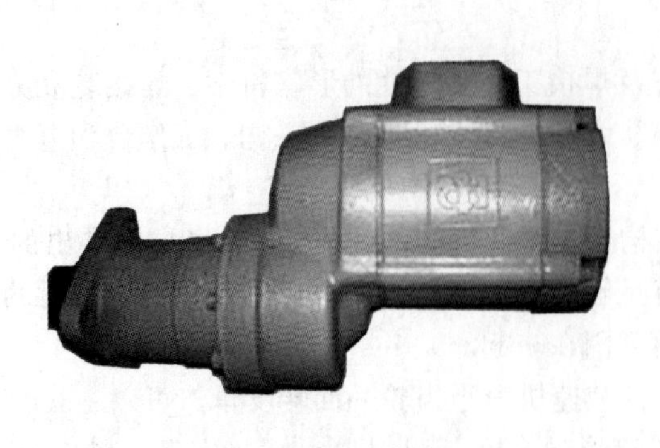

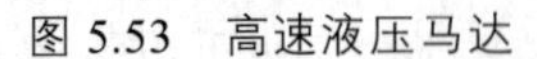
图 5.53　高速液压马达

图 5.54　低速液压马达

由于各种传动的单级传动比均有相应的容许极限值，故对传动比很大或较大的机械，需用二级或二级以上的多级传动。多级传动可全由啮合传动或全由摩擦传动组成，也可用摩擦传动和啮合传动混合组成，还可由常规的普通传动和非常规的行星系传动组成。

在多级传动中，各类传动机构的布置顺序不仅影响传动的平稳性和传动效率，而且对整个传动装置的结构尺寸也有很大的影响。因此，应根据各类传动机构的特点合理布置，使各类传动机构得以充分发挥其优点。

（2）回转机构传动链的布置。

根据传动机构布置的一般原则，结合设计要求，工作台回转由液压油泵驱动，通过大传动比减速器（蜗杆减速器）减速，再通过齿轮啮合传动，以获得连续、稳定、准确的工作台回转速度。传动路线为液压马达→蜗轮蜗杆减速器→齿轮传动→工作台，从而实现工作台的回转。回转机构传动链布置如图 5.55 所示，此机构的优点在于传动比大而结构尺寸较小，同时定位准确、精度高，能实现工作台正反转。

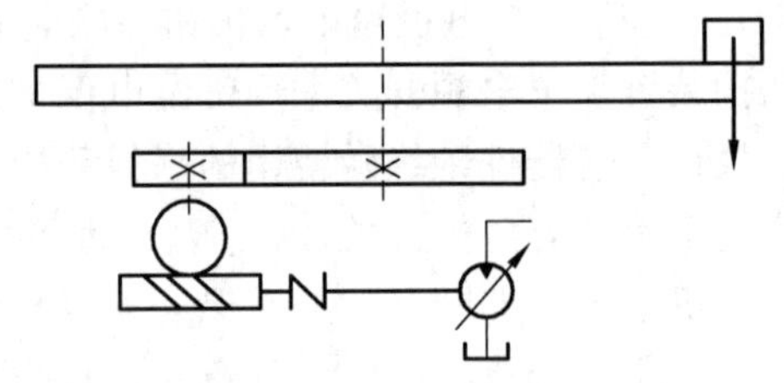

图 5.55　回转机构传动链布置

（3）回转机构传动比的确定。

根据工作台回转速度及工作台翻转速度，结合各自电机的输出转速，可以确定回转系统总的传动比。根据传动比分配的原则及变位机设计要求，可以确定每级传动比的具体数值。

4．工作台机架设计

工作台机架是焊接变位机的支撑部件，不仅对工作台及回转机构起支撑作用，而且要同时保证整个工作台上的零部件在焊接加工时的稳定性。本机的机架由底座、支撑架、L 形支架等组成。此外，为了保证各机构的外廓尺寸，要对箱体内的各部件进行恰当合理的布置。此机架尺寸较大，为了减小机架的质量，节约成本，机架采用焊接结构。根据使用情况及标准，对于承受载荷的机架部分，选用 20 mm 的钢板；而未承受载荷的机架，选用 8 mm 的钢板。底座选用 Q235 和槽钢焊接而成。支撑架如图 5.56 所示，L 形支架如图 5.57 所示。工作台如图 5.58 所示，焊接变位机总装图如图 5.59 所示。

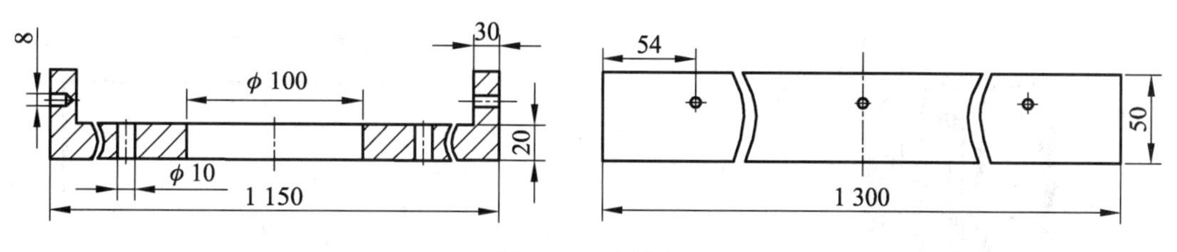

图 5.56　支撑架

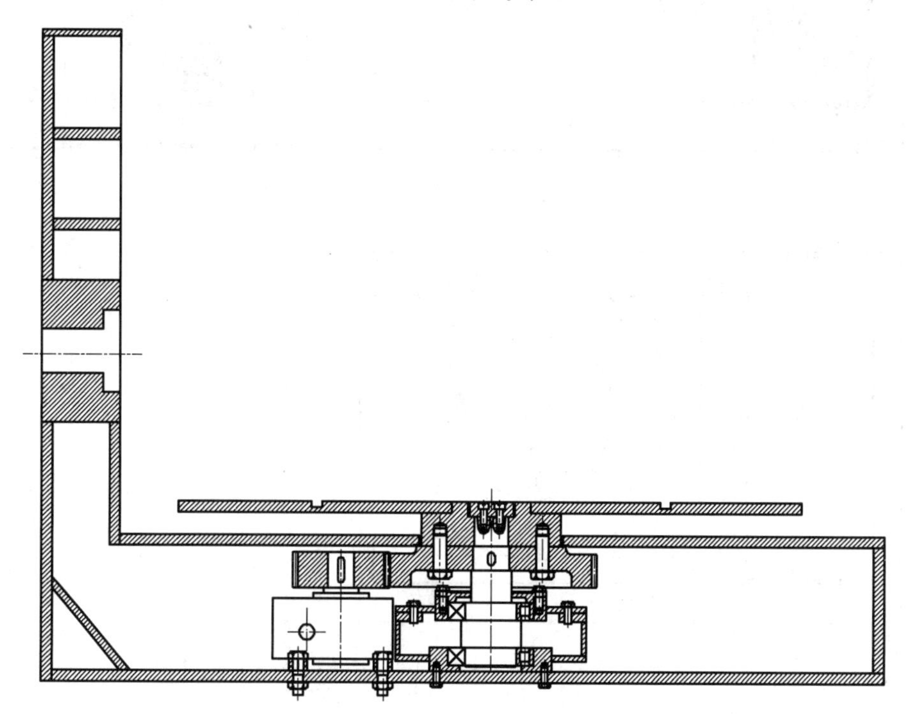

图 5.57　L 形支架

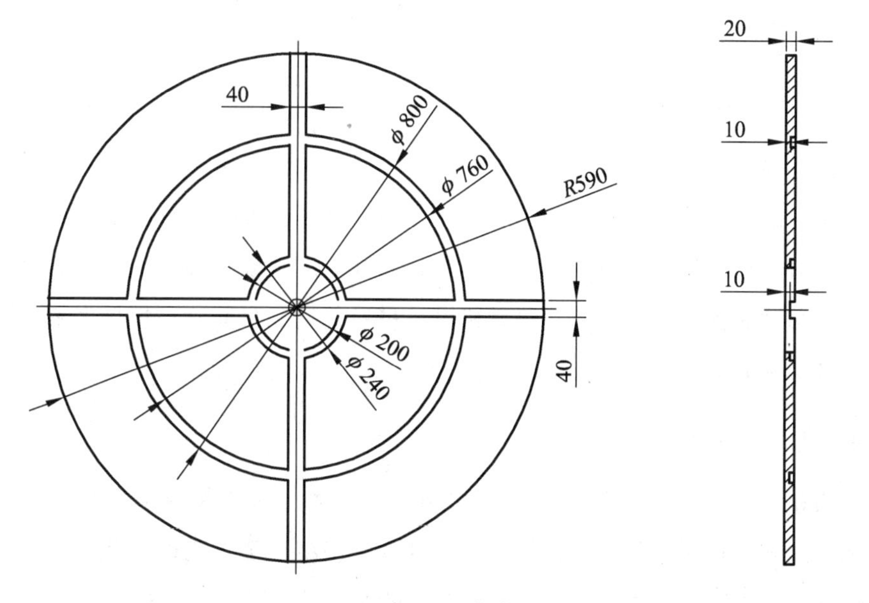

图 5.58　工作台

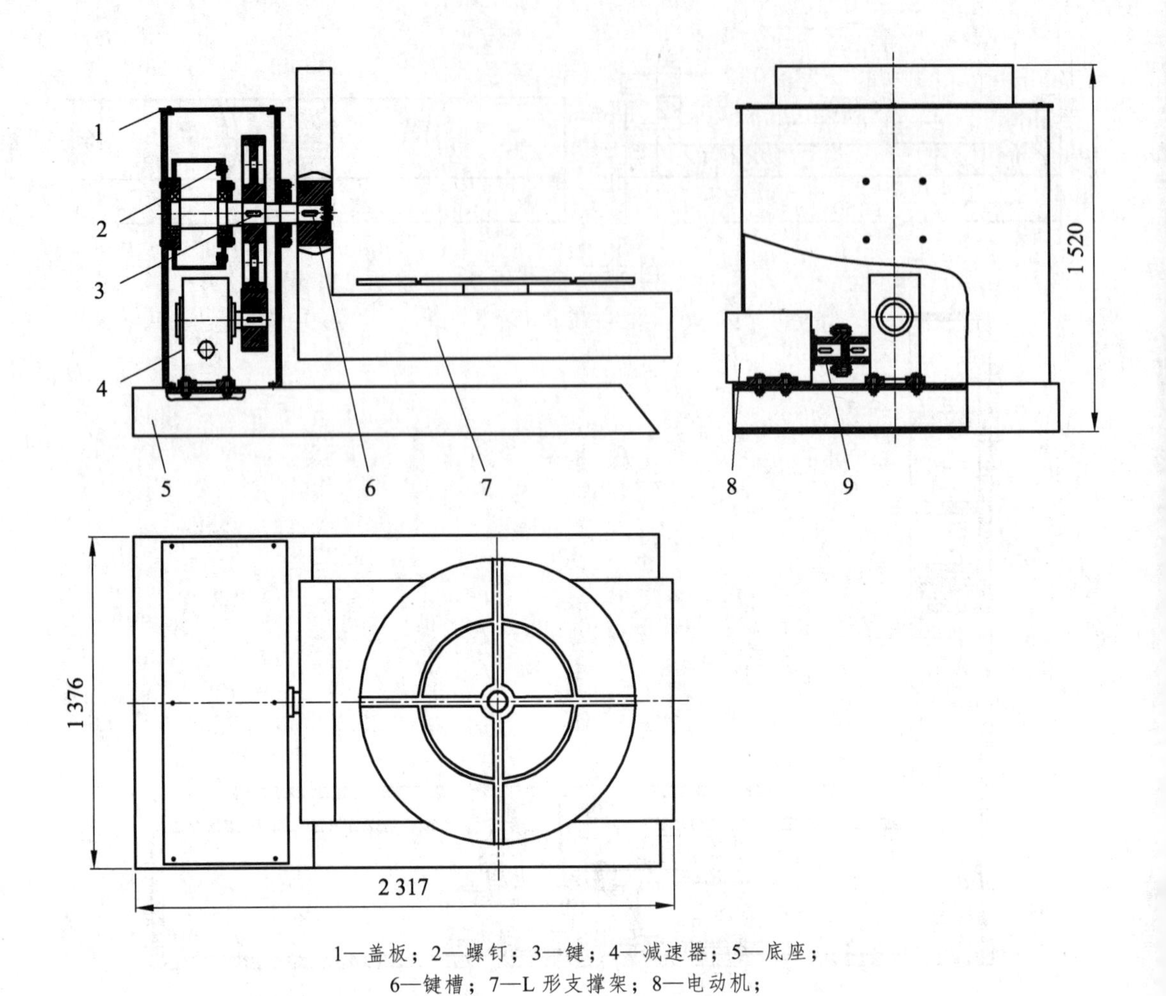

1—盖板；2—螺钉；3—键；4—减速器；5—底座；
6—键槽；7—L 形支撑架；8—电动机；
9—联轴器。

图 5.59 焊接变位机总装图

5.6.2 焊接拼板机设计实例

薄板焊接容易产生变形，为解决此类问题，设计了一套焊接夹紧装置。该拼板机设计适用于 2 ~ 11 mm 的薄板焊接，焊缝位置在焊接之前不需要开坡口，只需要使两块薄板相隔一定间距，因此对焊接定位精度有一定要求。并且要高效地完成焊接过程，还需要设计拼板机工件的支撑和移动装置。综上所述，拼板机设计主要包括三个部分：焊接夹紧装置、焊件定位装置、工件支撑和移动装置。

1．拼板机基本参数

采用钨极氩弧焊（TIG）对拼装之后的工件进行焊接，常见的夹紧装置可分为气囊式焊接拼板机和气缸式焊接拼板机。本设计选用气囊式平板机，要求工件的待焊工件宽度小于等于 2 m，拼板机的夹紧机构要求采用气囊式夹紧机构。拼板机基本参数见表 5.13。

表 5.13　拼板机基本技术和尺寸参数

焊接工件厚度/mm	2
焊缝长度/mm	≤2 200
焊接方法	TIG
焊接方式	单面焊双面成型
焊接速度/（mm·min^{-1}）	200～1 500
焊枪提升行程/mm	100
焊枪调节范围/mm	100×100
焊枪行走直线精度/mm	±0.1
气动系统工作方式	气囊
气动系统工作压力/MPa	0.3～0.7
焊接工件厚度/mm	2
拼板机焊缝长度/mm	≤2 200
拼板机宽度/mm	2 200
进料口长度/mm	2 000
出料口长度/mm	6 000
焊接工件距地面高度/mm	700
焊接小车外形尺寸/mm	300×500×450
焊接小车的行程/mm	2 800
焊接小车轨道长度/mm	2 800
焊接过程轨道的变形量/mm	≤2

2．焊接夹紧设计

焊接过程由焊接小车来完成，焊接小车在轨道上行走，为保证焊接质量，焊接小车在轨道上行走时，轨道形变量不得大于 2 mm。焊接采用单面焊双面成型，并且钢板在焊接过程中变形不能过大，因此要设计出一套拼接的夹紧装置。

在进行装焊作业时，首先应使焊件在夹具中得到确定的位置，并在装配、焊接过程中一直将其保持在原来的位置上。焊件按图样要求得到确定位置的过程称为定位；焊件在装配作业中一直保持在确定位置上的过程称为夹紧。

在进行焊接工装夹具的设计计算时，首先要确定装配、焊接时焊件所需的夹紧力，然后根据夹紧力的大小、焊件的结构形式、夹紧点的布置、安装空间的大小、焊接机头的焊接可达性等因素来选择夹紧机构的类型和数量，最后对所选夹紧机构和夹具体的强度和刚度进行必要的计算或验算。

（1）气囊式琴键夹紧机构。

本拼板机采用气囊式杠杆夹紧器来减少薄板焊接时出现的屋顶式变形，如图 5.60 所示。

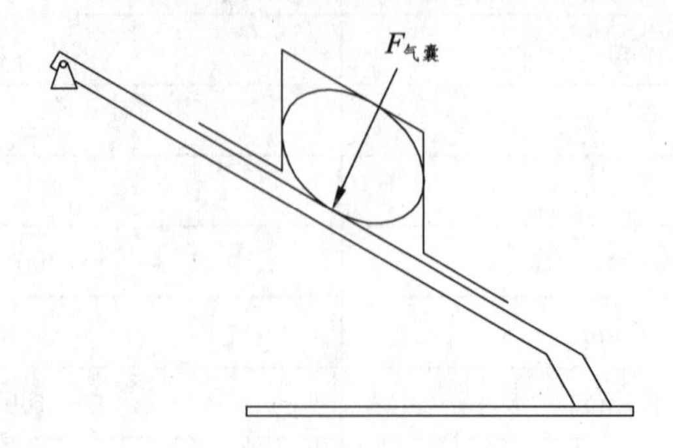

图 5.60　气囊式琴键夹紧机构

琴键的动作通过气囊来施加，气囊通过膨胀对琴键的杆部进行施力，从而使琴键往下压住钢板，并对钢板施加一定的夹紧力。琴键端部压紧钢板的位置如图 5.61 所示。

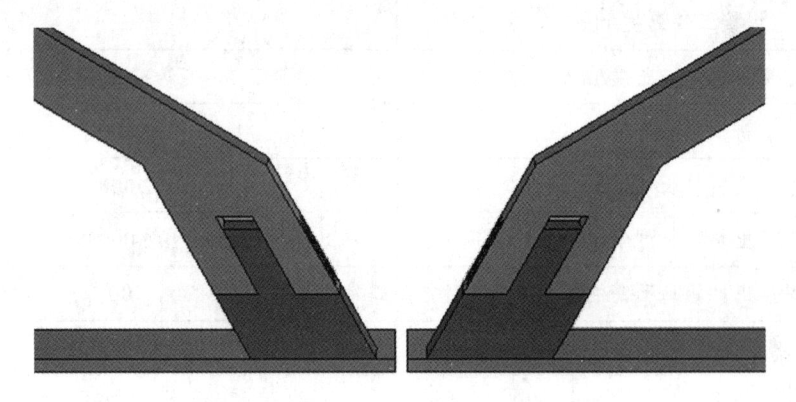

图 5.61　琴键夹紧机构

（2）气囊的设计计算。

最常用的碳钢是 Q235 和 Q345，常用不锈钢是 SS201 和 SS304，不锈钢的屈服强度 σ_s 一般低于碳钢，此处夹紧力计算用 Q345 计算。

琴键端部的厚度为 20 mm，琴键前沿距焊缝中心的距离为 3 ~ 5 mm，故夹紧点至坡口中心线的距离

$$L = 20/2 + 3 = 13\ (\text{mm})$$

所需要的夹紧力

$$F = \frac{\sigma_S \times \delta^2}{6L} = \frac{345 \times 4}{6 \times 13} = 17.7\ (\text{N/mm})$$

由于该拼板机每个气囊下要用 55 个琴键，所以每个琴键所需要的夹紧力

$$F_{夹紧} = \frac{17.7 \times 2\ 200}{55} = 708\ (\mathrm{N})$$

琴键的受力如图 5.62 所示。

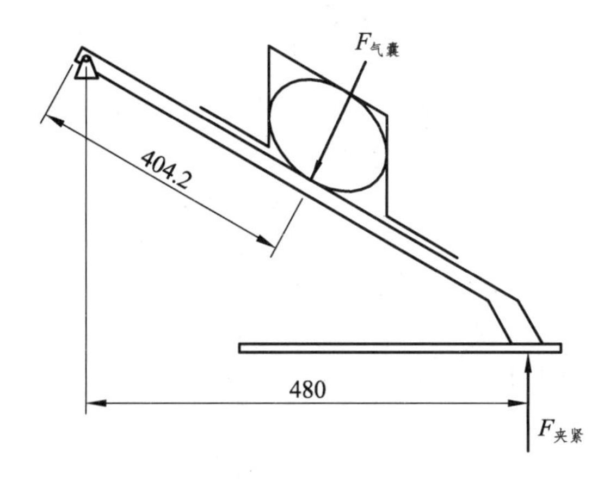

图 5.62　琴键受力示意图

对琴键进行受力分析：

气囊的力和琴键夹紧力相对于 O 点力矩平衡，故

$$F_{气囊} \times 404.2 = F_{夹紧} \times 480$$

所以

$$F_{气囊} = \frac{F_{夹紧} \times 480}{404.2} = 840.7\ (\mathrm{N})$$

气囊在每个平面的覆盖面积是 70%，每个琴键上气囊的覆盖面积

$$\mathrm{S} = \left(80 \div \frac{\sqrt{3}}{2} \times 35\right) \times 70\% = 2\ 263.3\ (\mathrm{mm}^2)$$

所以气囊内部气体的压力

$$P = \frac{F_{气囊}}{S} = \frac{840.7}{2\ 263.3} = 0.37\ (\mathrm{MPa})$$

气囊选取的参数见表 5.14。

表 5.14　气囊主要参数

气囊膨胀时最大直径/mm	100
气囊长度/mm	4 000
气囊工作时内部压力可调范围/MPa	0.3 ~ 0.5

3．焊接定位设计

在进行装焊作业时，首先应使焊件在夹具中得到确定的位置，并在装配、焊接过程中一直将其保持在原来的位置上。为了使焊件在夹具中得到要求的确定位置，应先研究物体在空间的位置是怎样被确定下来的，即进行定位设计。

（1）垫板。

本拼板机焊接采用单面焊双面成型，即要求对接焊缝完全熔透。单面焊时主要有焊剂衬垫、铜-焊剂并用衬垫、同种金属衬垫、铜衬垫等。一般来说，同种材料衬垫不适合在动载荷下使用。铜衬垫方式要做到衬垫与母材的紧密接触比较困难，容易产生毛刺、飞边；焊剂衬垫方式采用耐火性好的焊剂做衬垫，根据其散布状态，对母材的反压力会产生变动，可能形成不均匀的背面焊缝；铜-焊剂衬垫能够抑制较大的熔透，可进行大电流高效率焊接，散布在铜板上的焊剂熔化后成为焊渣，有助于形成无缺陷的背面焊缝，但是成本相对较高。由于本拼板机采用的是 2mm 的薄板焊接，并且要求低成本，综合以上各种衬垫方式本拼板机采用铜衬垫方式，如图 5.63 所示。

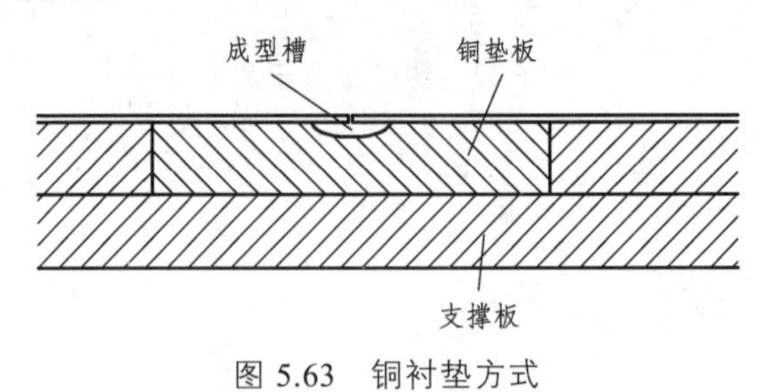

图 5.63　铜衬垫方式

（2）定位对中装置。

对位对中装置主要包括自动对中装置和手动对中装置。自动对中装置在垫板上成型槽的位置开对中槽，对中槽长度和高度都贯穿整个垫板，然后在对中槽中放置 2 mm 宽，2 200 mm 长，一定高度的对中板，对中板下面放置若干气缸。焊接之前定位时，气缸动作将对中板推至一定高度，然后移动钢板进行定位。对中完成后，气缸动作将对中板下降至一定高度，焊枪可以无障碍地完成焊接过程。手动对中装置在垫板成型槽的两端开对中槽，对中槽的高度贯穿整个垫板，长度只需要每段 100 ~ 200 mm，然后分别在两端两个对中槽中放置宽度为 2 mm，一定长度和高度的定位片。焊接之前需要定位时，只需要将定位片插入对中槽中，然后移动钢板进行定位，对中完成后，直接将定位片去掉，焊枪就可以无障碍地完成焊接过程。

以上两种对中装置进行比较，显然手动对中装置的操作比较简单，且成本远低于自动对中装置，手动对中装置更有优势，本拼板机设计采用手动对中装置，如图 5.64 所示。

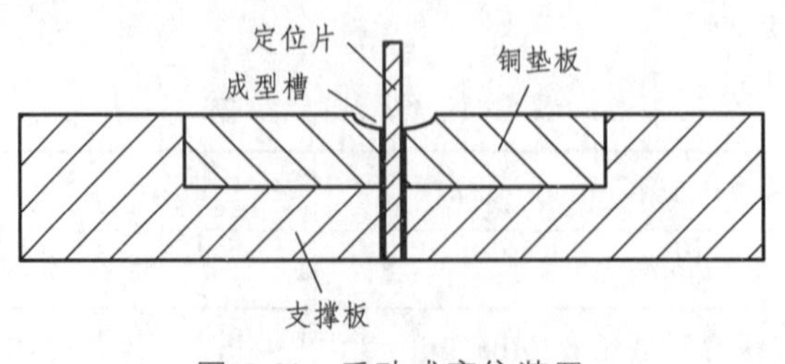

图 5.64　手动式定位装置

4．拼板机机架设计

拼板机机架的作用是支撑焊接工件，并且方便工件在上面移动。本设计拼板机机架的基本结构是一定高度的立柱，并且在立柱上要放置可以滚动或滑动的装置。可供选择的滚动装置有万向球滚珠和滚筒。由于滚筒（见图 5.65）为标准件，也可单独制造，制造过程简单，还可以临时用一定长度的钢管代替，且滚筒的长度不受太大的限制，最长的可达 4 ~ 5 m，滚动方向只能垂直于滚筒的轴线。因此本选用滚筒作为滚动装置，完成设计后的拼板机如图 5.66 所示。

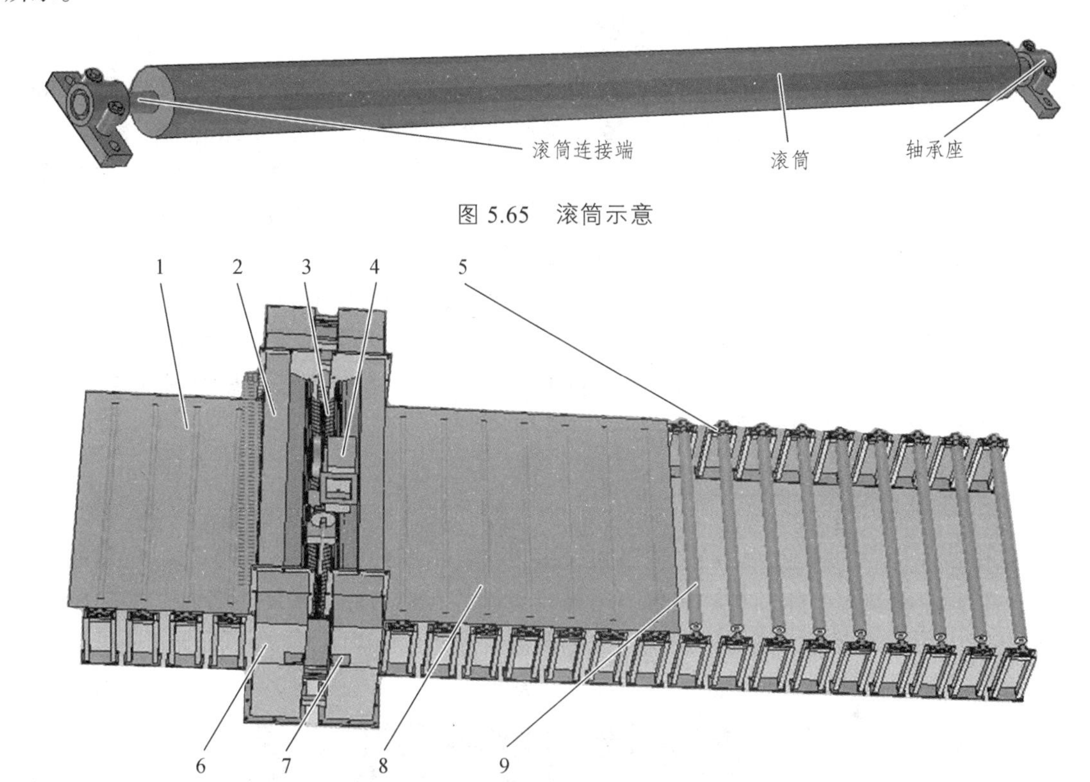

图 5.65　滚筒示意

1—进料口钢板；2—箱形梁；3—琴键；4—焊接小车；5—底架；
6—支座；7—气囊安放位置；8—出料口钢板；9—滚筒。

图 5.66　拼板机示意

6　焊接机器人

6.1　概　述

焊接机器人是指从事焊接（包括切割与喷涂）的工业机器人。根据国际标准化组织（ISO）的定义，工业机器人是一种多用途的、可重复编程的自动控制操作机（Manipulator），具有三个或更多可编程的轴，用于工业自动化领域。为了适应不同用途，机器人最后一个轴的机械接口，通常是一个连接法兰（或称末端执行器），可接装不同工具。焊接机器人就是在末轴法兰装配焊钳或焊（割）枪，使之能进行焊接、切割或热喷涂的工业机器人。

随着电子技术、计算机技术、数控及机器人技术的发展，从20世纪60年代自动焊接机器人开始用于生产以来，其技术已日益成熟，具有工作稳定、焊接质量高、生产率高等优点，有助于降低工人的劳动强度，降低了对工人操作技术的要求，缩短产品改型换代的准备周期，减少设备投资，因此得到了广泛应用。

6.1.1　工业机器人简介

工业机器人是面向工业领域的多关节机械手或多自由度的机器人。如图6.1所示的工业机器人，它是自动执行工作的机器装置，是靠自身动力和控制能力来实现各种功能的一种机器。它可以接受人类指挥，也可以按照预先编排的程序运行，现代的工业机器人还可以根据人工智能技术制定的原则纲领行动。

图6.1　工业机器人

工业机器人通常具有以下特点：将数控机床的伺服轴与遥控操纵器的连杆机构连接在

一起，预先经编程输入设定机械手动作，系统就可以离开人的辅助而独立运行。这种机器人还可以接受示教而完成各种简单的重复动作，示教过程中，机械手可依次通过工作任务的各个位置，这些位置序列全部记录在存储器内，任务的执行过程中，机器人的各个关节在伺服驱动下依次再现上述位置，故这种机器人的主要技术功能被称为“可编程”和“示教再现”。因此工业机器人在工业生产中能代替人做某些单调、频繁和重复的长时间作业，或是危险、恶劣环境下的作业，如在冲压、压力铸造、热处理、焊接、涂装、塑料制品成形、机械加工和简单装配等工序上，以及在原子能工业等部门中，完成对人体有害物料的搬运或工艺操作等。

现今工业机器人技术正逐渐向着具有行走能力、具有多种感知能力、具有较强的对作业环境的自适应能力的方向发展。当前，对全球机器人技术的发展最有影响的国家是美国和日本。美国在工业机器人技术的综合研究水平上仍处于领先地位，而日本生产的工业机器人在数量、种类方面则居世界首位。

通常来讲工业机器人由主体、驱动系统和控制系统三个基本部分组成。主体即机座和执行机构，包括臂部、腕部和手部，有的机器人还有行走机构。大多数工业机器人有 3 ~ 6 个运动自由度，其中腕部通常有 1 ~ 3 个运动自由度。驱动系统包括动力装置和传动机构，用以使执行机构产生相应的动作；控制系统是按照输入的程序对驱动系统和执行机构发出指令信号，并进行控制。工业机器人有三种分类方法：

（1）工业机器人按臂部的运动形式分为四种。直角坐标型的臂部可沿三个直角坐标移动；圆柱坐标型的臂部可作升降、回转和伸缩动作；球坐标型的臂部能回转、俯仰和伸缩；关节型的臂部有多个转动关节。

（2）工业机器人按执行机构运动的控制机能，又可分点位型和连续轨迹型。点位型只控制执行机构由一点到另一点的准确定位，适用于机床上下料、点焊和一般搬运、装卸等作业；连续轨迹型可控制执行机构按给定的轨迹运动，适用于连续焊接和涂装等作业。

（3）工业机器人按程序输入方式区分有编程输入型和示教输入型两类。编程输入型是将计算机上已编好的作业程序文件，通过 RS232 串口或者以太网等通信方式传送到机器人控制柜。示教输入型的示教方法有两种：一种是由操作者用手动控制器（示教操纵盒），将指令信号传给驱动系统，使执行机构按要求的动作顺序和运动轨迹操演一遍；另一种是由操作者直接领动执行机构，按要求的动作顺序和运动轨迹操演一遍。在示教过程的同时，工作程序的信息即自动存入程序存储器中，在机器人自动工作时，控制系统从程序存储器中检出相应信息，将指令信号传给驱动机构，使执行机构再现示教的各种动作。示教输入程序的工业机器人称为示教再现型工业机器人。

一些具有触觉、力觉或简单的视觉的工业机器人，能在较为复杂的环境下工作，如具有识别功能或更进一步增加自适应、自学习功能，即成为智能型工业机器人。它能按照人给的“宏指令”自选或自编程序去适应环境，并自动完成更为复杂的工作。其中焊接机器人便由此诞生，能完成在复杂环境下、简单往复、操作难度大的一系列工作。

6.1.2 工业机器人的发展历程和趋势

我国工业机器人起步于 1972 年，其发展过程大致可分为三个阶段：1972 年至 1985 年的萌芽期；1985 年至 2000 年的技术研发期；2000 年至今的产业化期。

20 世纪 70 年代，工业机器人应用在全世界掀起一个高潮，尤其在日本发展迅猛，它补充了日益短缺的劳动力。在这种背景下，我国于 1972 年开始研制自己的工业机器人。1977 年在浙江嘉兴召开了全国性机械手技术交流大会，这是我国史上第一个以机器人为主题的大型会议。从嘉兴会议以后，有关机器人技术的学术交流会几乎年年不断，一些相关的专业会议也引入了“机器人”的元素。1983 年 12 月在广州成立了中国机械工程学会工业机器人专业委员会，1985 年 9 月在沈阳成立了中国自动化学会机器人专业委员会。这两个专业委员会每 1 ~ 2 年举办一次全国性学术交流活动，协助国家主管部门开展有关机器人发展规划的工作，协助制定“七五”“八五”机器人攻关项目的发展规划，制定机器人的有关标准，后一个委员会在科学技术部的领导下，协助制定了“863”科技发展规划。

20 世纪 80 年代中期，技术革命第三次浪潮冲击全世界，在这个浪潮中，机器人技术位于前列。当时全国有大大小小 200 多个单位自发进行研究与开发，虽然没有机器人产品出现，但也初步形成了一支机器人技术与应用的队伍，为我国的机器人技术发展奠定了基础。1986 年年底，中共中央政治局批准下达了中共 24 号文件，即《高技术研究发展纲要》，简称“863”计划。其中自动化领域成立了专家委员会，其下设立了 CIMS 和智能机器人两个主题组。自此，我国机器人技术的研究、开发和应用进入了有组织、有计划的规划发展道路。“工业机器人开发研究”是国家计委在“七五”期间安排的 76 项国家重点科技攻关项目之一。原机械电子部受国家计委和国家经委的委托，负责工业机器人的科技攻关实施工作。通过“七五”攻关，我国形成了一支从事于机器人研发的技术队伍，为我国工业机器人技术的持续发展奠定了坚实的基础。1995 年 8 月 24 日，国家科委举办了“机器人与自动化生产应用工程合作协议”的签字仪式，这标志着智能机器人主题第二阶段战略目标调整工作的完成。从 1987 年起至 2000 年的十多年，在国家科委直接领导及各有关部门的大力协同和支持下，智能机器人主题在 5 届专家组的统筹下，在全国 83 个单位（以签订合同单位计入）的有关科技人员共同努力下，取得了累累硕果，使我国机器人技术的研究、开发、应用和产业化推进到初具行业性的新水平。

经过 1986 年到 2000 年国家“863”计划的实施，我国机器人技术与自动化工艺装备等方面取得了突破性进展，缩短了同发达国家之间的差距。但在 2001 年国家“十五”计划启动时，同发达国家相比，我国在机器人与自动化装备原创技术研究，高性能工艺装备自主设计和制造，重大成套装备系统集成与开发，高性能基础功能部件批量生产与应用等方面，仍存在较大差距。从“十五”开始，“863”机器人技术主题对机器人技术发展做了重要战略调整，将中心任务定义为“研发和开发面向先进制造的机器人制造单元及系统、自动化装备、特种机器人，促进传统机器的智能化和机器人产业的发展，提高我国自动化技术的整体水平”。“十一五”期间将重点开展先进工艺、机构与驱动、感知与信息融合，智能控制与人机交互等共性关键技术的研究，建立智能机器人研发体系。“十三五”规划指出，在工业机器人领域，聚焦智能生产、智能物流，攻克工业机器人关键技术，提升可操作性和可维护性，重点发展弧焊机器人、真空（洁净）机器人、全自主编程智能工业机器人、人机协作机器人、双臂机器人、重载 AGV 等 6 种标志性工业机器人产品，引导我国工业机器人向中高端发展。在服务机器人领域，重点发展消防救援机器人、手术机器人、智能型公共服务机器人、智能护理机器人等 4 种标志性产品，推进专业服务机器人实现系列化，个人/家庭服务机器人实现商品化。

目前，就世界上工业机器人来说，无论是从技术水平上还是从已装配的数量上都日趋成熟，全球现役工业机器人多达 240 万台，相比过去 10 年工业机器人的技术水平和数量取得了惊人的进步，传统的功能型工业机器人已趋于成熟，各国科学家正在致力于研制具有完全自主能力的、拟人化的智能机器人。

由于机器人及自动化成套装备对提高制造业自动化水平，提高产品质量、生产效率、增强企业市场竞争力和改善劳动条件等起到了重大的作用，加之成本大幅度降低和性能的快速提升，其增长速度较快。在国际上，工业机器人技术在制造业的应用范围越来越广，其标准化、模块化、智能化和网络化的程度也越来越高，功能越来越强，正向着成套技术和装备的方向发展。工业机器人自动化生产线成套装备已成为自动化装备的主流及未来的发展方向。与此同时，随着工业机器人向更深、更广的方向发展以及智能化水平的提高，工业机器人的应用已从传统制造业推广到其他制造业，进而推广到诸如采矿、农业、建筑、灾难救援等非制造行业，并且在国防军事、医疗卫生、生活服务等领域，机器人的应用也越来越多，如无人侦察机（飞行器）、警备机器人、医疗机器人、家用服务机器人等均有应用实例。机器人正在为提高人类的生活质量发挥着越来越重要的作用，已经成为世界各国抢占的高科技制高点。

随着工业机器人的应用范围扩大，建筑、农业、采矿、灾难救援等非制造业行业、国防军事领域、医疗领域、日常生活领域等对机器人的需求越来越大。因此，适合应用的、更为智能的机器人技术必将成为未来的研究热点。机器人的研究趋势如下：

（1）工业机器人的应用领域将会由传统的制造业，如冶金、石油、化学、船舶、采矿等领域扩大到航空、航天、核能、医药、生化等高科技领域。同时，工业机器人也会逐步走向家庭，成为家庭机器人；一些高危行业也会逐步引入工业机器人代替人来完成危险的任务，如消防、排雷、修理高压线、下水道清洁。人类的生活将会越来越离不开工业机器人。

（2）工业机器人有向小型化发展的趋势。小型的工业机器人有其优势，按照以往的思路都是机器人要比它加工的部件大，但随着航空、航天、核电等技术的发展，工件尺寸越来越大，想要继续扩大工业机器人的尺寸成本太高，因此可以换一种思路将工业机器人做小，直接在工件上实施加工。ABB 公司的一款小型机器人“IRBI20”质量只有 25 kg，但是工作能力位居业内领先水平，它的工作范围可达 580 mm，每千克物料拾取节拍仅需 0.58 s，定位精度高达 0.01 mm，投入市场后非常受欢迎。

（3）工业机器人将会有和新发展的技术结合的趋势，如搅拌摩擦焊、高能激光切割、变速箱装配、板金属变形等。一些传统的加工过程也会由工业机器人来执行，如激光切割、激光焊接、黏接、去毛刺、测量等。

（4）降低工业机器人的生产成本，提高高端工业机器人的质量，增强机器人的灵活性，增加产品可靠性，降低机器人整个生命周期的维护费用，简化机器人的安装过程、系统集成及编程设置依旧是工业机器人的发展方向。

（5）智能化、仿生化是工业机器人的最高阶段，随着材料、控制等技术不断发展，实验室产品越来越多的产品化，逐步应用于各个场合。伴随移动互联网、物联网的发展，多传感器、分布式控制的精密型工业机器人将会越来越多，逐步渗透制造业的方方面面，并且由制造实施型向服务型转化。

6.1.3 焊接自动化与机器人

焊接机器人是一种高度自动化的焊接设备，采用机器人代替手工焊接作业是焊接制造业的发展趋势，是提高焊接质量、降低成本、改善工作环境的重要手段。

进入20世纪90年代，随着我国改革步伐的加快和国民经济的高速发展，一些企业也相应地以“更新装备，加强技术改造，适应市场需求，生产有竞争力的产品，稳定提高企业效益”作为企业求生存、谋发展的关键措施。在此背景下，在机械制造业中使用焊接机器人的数量也急剧增加。

在我国，有高达98%的点焊机器人应用于汽车及其零部件制造行业中。这是因为点焊机器人非常适用于薄板非密封结构的焊接，在汽车制造业中主要用于驾驶室、车厢、车身等薄板冲压件的组对焊接。

弧焊机器人的使用范围则远远大于点焊机器人。在我国汽车及其零部件制造行业、摩托车和工程机械制造行业中使用的弧焊机器人分别占37%、25%和30%，其他方面占8%。然而在日本，弧焊机器人除在汽车制造业中大量使用外，在桥梁、电机、造船、金属结构等制造业中也都有使用。

随着科学技术的发展，焊接机器人作为现代制造业技术进步的重要标志，已被国内众多工厂所接受，并且越来越多的企业首选焊接机器人作为技术改造的方案。在近十年里，随着我国汽车工业的发展，国外大的汽车集团进入中国，同时也将先进的制造设备带入中国，其中最有代表的就是焊接机器人系统的应用技术。我国在消化吸收国外焊接机器人应用技术的基础上，在焊接技术及工艺装备上也有了长足的发展和提高，就焊接机器人的应用特点和实际焊接生产，形成了适合国情需要的比较完善的配套焊接技术及工艺装备。

综上所述，随着我国经济的进一步发展和市场需求的进一步开拓，焊接机器人及其配套的焊件变位机械在我国机械制造业中的应用，已越来越广泛。

6.2 焊接机器人

焊接机器人通常由机器人和焊接设备以及其中涉及的软件、硬件系统组成。

6.2.1 焊接机器人组成

焊接机器人主要包括机器人和焊接设备两部分。机器人由机器人本体和控制柜（硬件及软件）组成。弧焊机器人多采用气体保护焊方法（MAG、MIG、TIG），通常的晶闸管式、逆变式、波形控制式、脉冲或非脉冲式等的焊接电源都可以装到机器人上进行电弧焊。由于机器人控制柜采用数字控制，而焊接电源多为模拟控制，所以需要在焊接电源与控制柜之间加一个接口。而焊接装备，以弧焊及点焊为例，则由焊接电源（包括其控制系统）、送丝机（弧焊）、焊枪（钳）等部分组成。对于智能机器人还应有传感系统，如激光或摄像传感器及其控制装置等。

图6.2所示为熔化极气体保护焊焊接机器人基本构成，其中各个部分分别为：机器人本体1、防碰撞传感器2、焊枪把持器3、焊枪4、焊枪电缆5、送丝机构6、送丝管7、焊接电源8、功率电缆（+）9、送丝机构控制电缆10、保护气软管11、保护气流量调节器12、送

丝盘架 13、保护气瓶 14、冷却水冷水管 15、冷却水回水管 16、水流开关 17、冷却水箱 18、碰撞传感器电缆 19、功率电缆（一）20、焊机供电一次电缆 21、机器人控制柜 NX100 22、机器人示教盒（PP）23、焊接指令电缆（I/F）24、机器人供电电缆 25、（26）机器人控制电缆 26、（27）夹具及工作台 27。

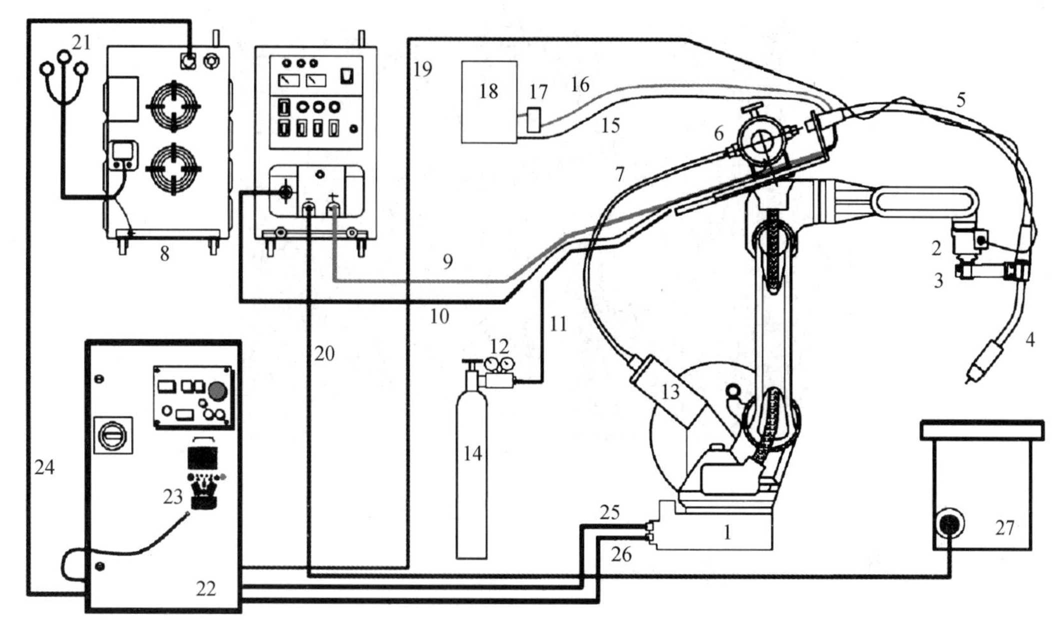

图 6.2　熔化极气体保护焊机器人基本构成

6.2.2　焊接机器人系统

采用机器人进行焊接，仅有一台机器人是不够的，还必须配备外围设备，如焊接电源、焊枪或点焊钳以及焊接工装等。常规的焊接机器人系统由以下 5 部分组成。

（1）焊接机器人本体。一般是伺服电动机驱动的六轴关节式操作机，它由驱动器、传动机构、机械手臂、关节以及内部传感器等组成，它的任务是精确地保证机械手末端（焊枪）所要求的位置、姿态和运动轨迹。

（2）焊接工装夹具。主要满足工件的定位、装夹，确保工件准确定位、减小焊接变形。同时要满足柔性化生产要求。柔性化就是要求焊接工装夹具在夹具平台上快速更换，包括气、电的快速切换。

（3）夹具平台。主要用于满足焊接工装夹具的安装和定位，根据工件焊接生产要求和焊接工艺要求的不同，设计形式也不同。它对焊接机器人系统的应用效率起到至关重要的作用。通常都以它的设计形式和布局来确定焊接机器人的工作方式。

（4）控制系统。它是机器人系统的神经中枢，主要对焊接机器人系统硬件的电气系统进行控制，通常采用 PLC 为主控单元，人机界面触摸屏为参数设置和监控单元以及按钮站，负责处理机器人工作过程中的全部信息和控制其全部动作。

（5）焊接电源系统。包括焊接电源、专用焊枪或点焊钳等。根据焊接电源的种类和应用广泛程度主要分为弧焊机器人和阻焊机器人。

对于小批量多品种、体积或质量较大的产品，可根据其焊缝空间分布情况，采用简易焊接机器人工作站或焊接变位机和机器人组合的机器人工作站。对于工件体积小、易输送，且批量大、品种规格多的产品，需将焊接工序细分，即设计合理的工艺分离面。

如图 6.3 所示的汽车框架焊接工作站，采用机器人与焊接专机组合的生产流水线，模块化的焊接夹具以及快速换模技术，能达到投资少、效率高的目的。

图 6.3　车辆焊接工作站

6.3　焊接机器人设计选用要点

焊接机器人是在焊接生产中部分地替代人的功能，完成一连串复杂动作的可编程序的焊接操作设备，也是具有高度自动化功能的焊机变位设备。因此设计焊接机器人时要考虑机器人运动的坐标系及其实际运动状态。

6.3.1　焊接机器人的运动

机器人的运动设计时，对机器人（机械手）末端执行器相对于固定参考坐标系的空间几何描述（即机器人的运动学问题）是机器人动力学分析和轨迹控制等相关研究的基础。机器人运动学即是研究机器人手臂末端执行器位置和姿态与关节变量空间之间的关系。

通常对机器人的位置和姿态描述方式有三种：① 机器人一端固定，另一端是用于安装末端执行器（如手爪）的自由端；② 机器人由 N 个转动或移动关节串联而成一个开环空间尺寸链；③ 机器人各关节坐标系之间的关系可用齐次变换来描述。

1．齐次坐标

一般来说，n 维空间的齐次坐标表示是一个（$n+1$）维空间实体。有一个特定的投影附加于 n 维空间，也可以把它看作一个附加于每个矢量的特定坐标-比例系数。

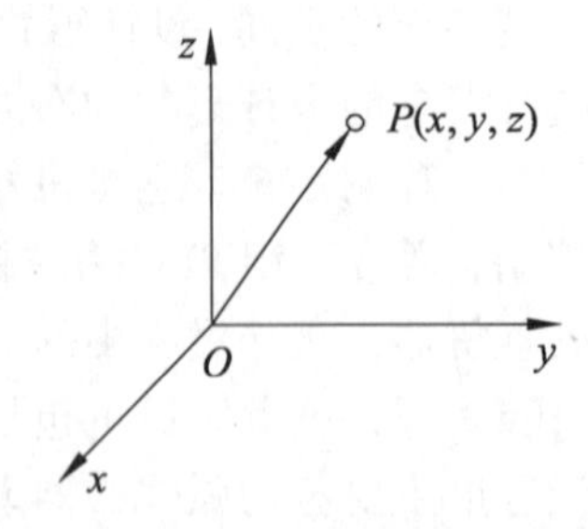

图 6.4　空间一点 P 的位置表示

如图 6.4 所示，空间任意一点 P 的位置可表示为：① 矩阵表示 $\boldsymbol{P}=\begin{bmatrix}a\\b\\c\end{bmatrix}$；② 矢量和表示 $\vec{P}=\vec{a}_i+\vec{b}_j+\vec{c}_k$；③ 矢量的模

$|\boldsymbol{P}|=\sqrt{a^2+b^2+c^2}$，单位矢量 $|\boldsymbol{P}|=1$。

式中　$a=\dfrac{x}{w}$，$b=\dfrac{y}{w}$，$c=\dfrac{z}{w}$，w 为比例系数。

通常齐次坐标表达并不是唯一的，随 w 值的不同而不同。在计算机图型学中，w 作为通用比例因子，它可取任意正值，但在机器人的运动分析中，总是取 $w=1$。

2．刚体自由度

物体能够相对坐标系进行独立运动的数目称为自由度。如图 6.5 所示，刚体的自由度数目：

（1）三个平移自由度 T_1、T_2、T_3。

（2）三个旋转自由度 R_1、R_2、R_3。

利用固定于物体的坐标系描述方位（Orientation）。方位又称为姿态（Pose）。相对于参考坐标系 $\{A\}$，坐标系 $\{B\}$ 的原点位置和坐标轴的方位可以由位置矢量和旋转矩阵描述。刚体 B 在参考坐标系 $\{A\}$ 中的位置利用坐标系 $\{B\}$ 描述。

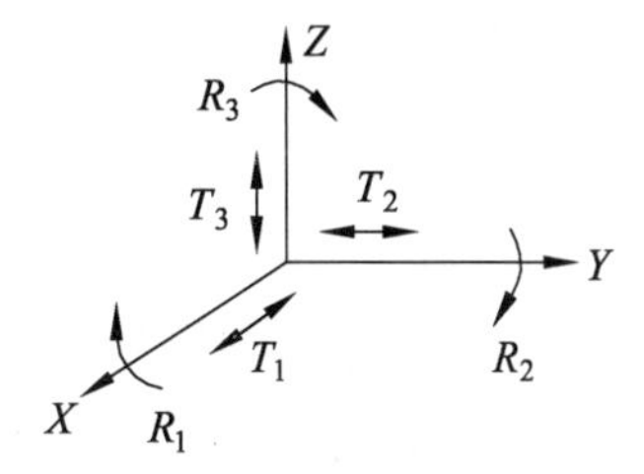

图 6.5　刚体的自由度数目

3．齐次变换

齐次变换是在齐次坐标描述基础上的一种矩阵运算方法，齐次变换使齐次坐标做移动、旋转等几何变换。通常将运动变换分为平移坐标变换、旋转坐标变换、复合变换三类。

（1）平移坐标变换：如图 6.6 所示，在坐标系 $\{B\}$ 中的位置矢量 $\boldsymbol{B}_\mathrm{P}$ 在坐标系 $\{A\}$ 中的表示可由矢量相加获得，即

$$\boldsymbol{A}_\mathrm{P}=\boldsymbol{B}_\mathrm{P}+\boldsymbol{A}_{\mathrm{P_B}}$$

（2）旋转坐标变换：如图 6.7 所示，坐标系 $\{B\}$ 与坐标系 $\{A\}$ 原点相同，则 P 点在两个坐标系中的描述具有下列关系：

$$\boldsymbol{A}_\mathrm{P}={}_B^A\boldsymbol{R}\boldsymbol{B}_\mathrm{P}$$

$$\boldsymbol{B}_\mathrm{P}={}_A^B\boldsymbol{R}\boldsymbol{A}_\mathrm{P}={}_B^A\boldsymbol{R}^T\boldsymbol{A}_\mathrm{P}$$

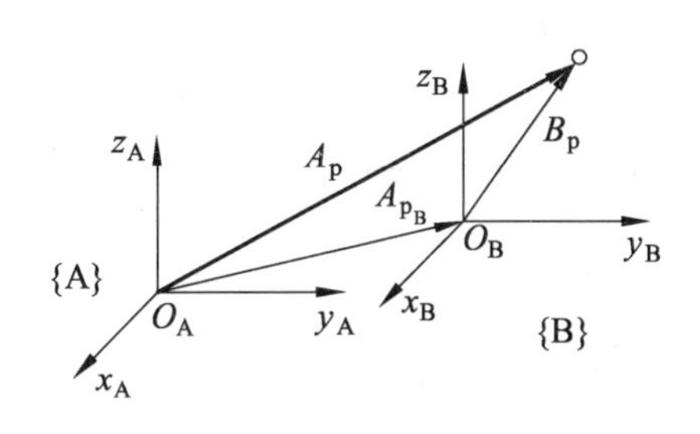

图 6.6　平移坐标变换

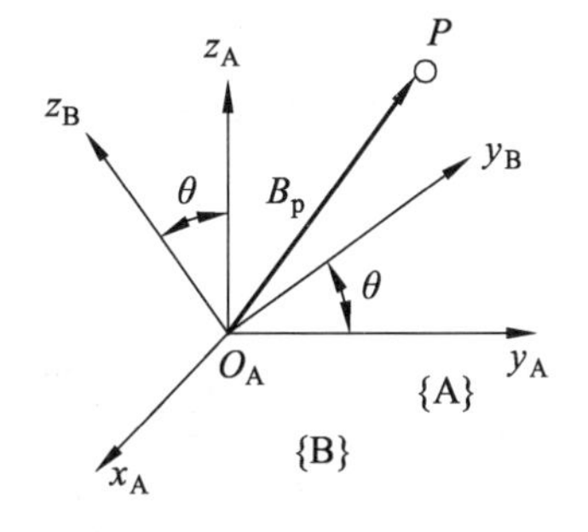

图 6.7　旋转坐标变换

分别绕 x、y、z 轴的旋转变换（基本旋转变换）：任何旋转变换可以由有限个基本旋转变换合成得到，即

$$\boldsymbol{A}_\mathrm{P}=\boldsymbol{R}(\chi,\ \theta)\boldsymbol{B}_\mathrm{P}$$

（3）复合变换，如图 6.8 所示，就是通过平移和旋转构成的组合变换。即

$$A_P = {}_B^A R B_P + A_{P_B}$$

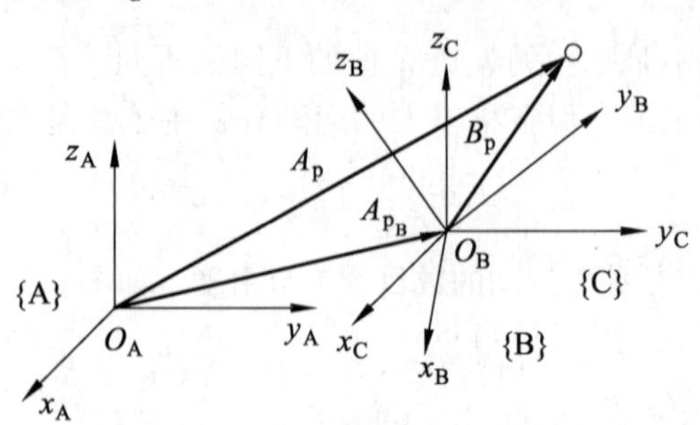

图 6.8　复合变换

6.3.2　焊接机器人运动部件

焊接机器人设计时应包括其主要组成部件的传动特征，它通常由以下四部分组成。

（1）操作（执行）部分，它是机器人为完成焊接任务而传递力或力矩，并执行具体动作的机械结构，包括机身、臂、腕、手（焊枪）等。

（2）控制部分，它是控制机械结构按照设定的程序和所要求的轨迹，在规定的位置（点）之间完成焊接作业的电子电气器件和计算机。它有记忆功能，可储存有关数据和指令，还有通信功能，可与焊接电源、焊件变位机械、焊件输送装配机械等进行信息交换，协调相互之间的动作，调节焊接操作规范等。

（3）动力源及其传递部分是为操作部分提供和传递机械能的部件和装置，其动力以电动为主，也有液压的。

（4）工艺保障部分，这部分主要有焊接电源，送丝、送气装置，电弧及焊缝跟踪传感器等。

根据机器人臂部自由度的不同组合，其臂端运动所对应的坐标系有四种形式：直角坐标系、圆柱坐标系、球形坐标系和多球形坐标系（见图 6.9）。各种坐标系的特性见表 6.1。

按这四种坐标系设计的任何一种机器人的臂部都有三个自由度，这样，机器人臂的端部就能达到其工作范围内的任何一点。但是，对焊接机器人来说，不但要求焊枪能到达其工作范围内的任何一点，而且还要求在该点不同方位上能进行焊接。为此，在臂端和焊枪之间，还需要设置一个“腕”部，以提供三个自由度，调整焊枪的姿态，保证焊接作业的实施，如图 6.10 所示。

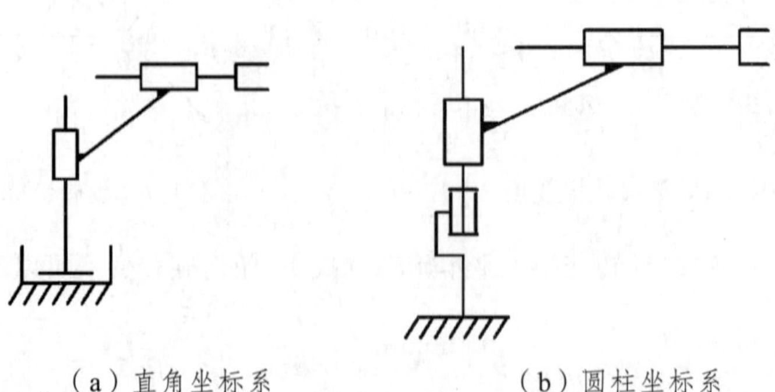

（a）直角坐标系　　（b）圆柱坐标系

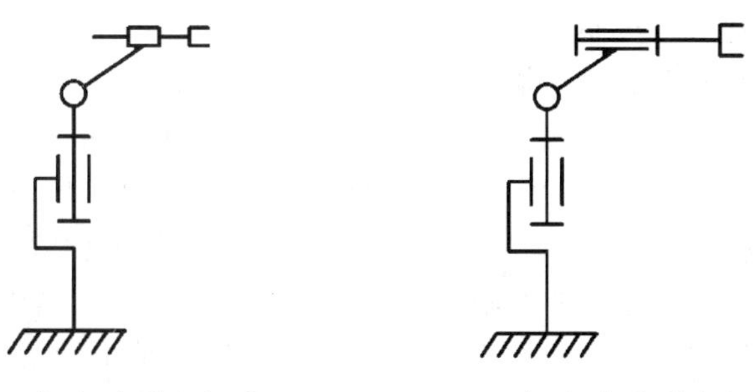

（c）球形坐标系　　（d）多球形坐标系

图 6.9　机器人臂端运动所对应的坐标系简图

表 6.1　机器人各坐标系的特性

坐标系类型	臂端在空间的运动范围	占用空间	相对工作范围	结构	运动精度	直观性	应用情况
直角坐标系	长方体	大	小	简单	容易达到	强	少
圆柱坐标系	圆柱体	较小	较大	较简单	较易达到	较强	较少
球形坐标系	球体	小	大	复杂	较难达到	一般	较多
多球形坐标系	多球体	最小	最大	很复杂	难达到	差	最多

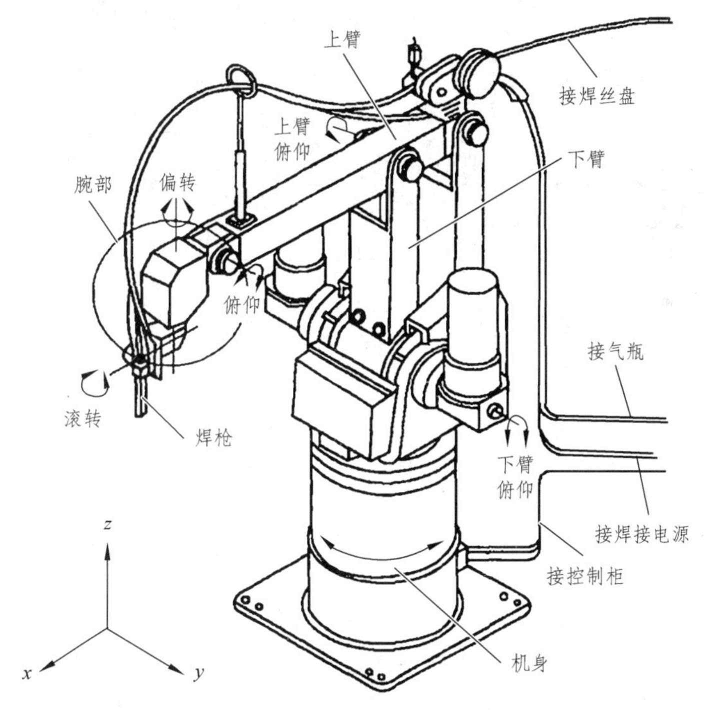

图 6.10　焊接机器人运动图

由图 6.10 知，腕部的三个自由度，是绕空间相互垂直的三个坐标轴 x、y、z 的回转运动，通常把这三个运动分别称为滚转、俯仰、偏转运动。在结构不同的机器人中，这三个运动的布置顺序也不相同。焊接机器人有了臂部和腕部提供的六个自由度后，它的手部（焊枪）就可达到工作范围内的任何位置，并在该位置的不同方位上，以所需的姿态完成焊接作业。

由图 6.9、图 6.10 知，机器人的每一个自由度，必有一个相应的关节。为了使各关节的运动互不发生干涉，则各个关节必须是独立驱动的，其驱动方式通常有液压、气动和电动三种。随着高性能伺服电动机的出现，在焊接机器人中几乎都采用了电驱动。过去以永磁直流伺服电动机驱动应用较多，但现在已被永磁同步交流伺服电动机所取代。其原因一方面是永磁材料性能提高且价格下降；另一方面是交流伺服电动机的构造比较简单，没有整流产生的电磁干扰，并且能够实现高性能的控制。

在机器人传动系统中，普遍采用了齿形带、滚珠丝杠、精密齿轮副、谐波减速器等先进、精密、轻质、高强的传动器件。

图 6.11 所示是一台关节式机器人的腕部传动系统结构，由图可知，交流伺服电动机 1 通过谐波减速器（由 3、4、21、22、23 等组成）驱动一对精密圆锥齿轮副 7、17 成 90°角传动后，使腕部产生俯仰运动。另一交流伺服电动机 20 通过另一谐波减速器（由 10、11、13、14、15 等组成）直接驱动连接焊枪的法兰 12，以产生偏转运动。这两个运动来自各自的驱动系统，所以不会发生运动干涉。采用谐波减速器的目的，主要是由于它的体积小、质量小、减速比大，经它减速后，可使交流伺服电动机驱动腕部运动的输出转矩得到进一步增大。

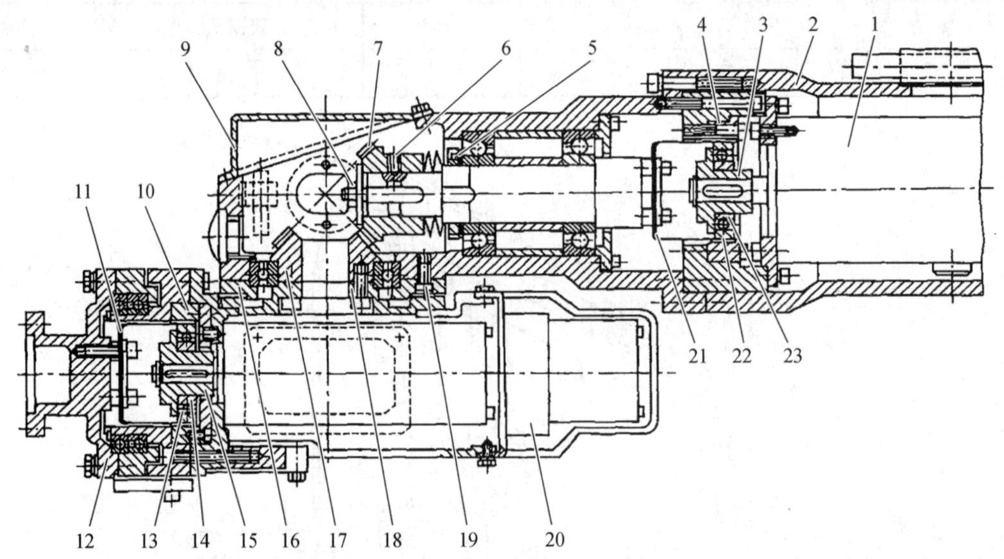

1，20—交流伺服电动机；2—上臂；3，15—发生器椭圆轮；4，10—刚性轮；5—防松螺母；
6—紧固螺钉；7，17—圆锥齿轮；8—紧固螺母；9—侧盖；11，21—柔性轮；
12—焊枪连接法兰；13，22—发生器外圈；14，23—发生器内圈；
16—端盖；18—连接法兰；19—连接套筒。

图 6.11　关节式机器人的腕部传动系统结构

图 6.12 所示是上臂俯仰运动的传动简图，图 6.13 所示是下臂俯仰运动的传动简图。它们都是通过交流伺服电动机驱动滚珠丝杠使上、下臂产生俯仰运动。上、下臂构成一个平行四边形机构，上臂为短边、下臂为长边。它们可同时驱动，也可单独驱动，上臂运动不会改变下臂的姿态，下臂运动也不会改变上臂的姿态，相互均不发生运动干涉。

有的机器人，下臂的运动是由交流伺服电动机直接驱动的，上臂的运动有的也是直接驱动的，有的则是通过齿形带将动力传递到上方进行驱动。上述传动形式，与经滚珠丝杠驱动相比，要求电动机的输出转矩要大。

机器人机身的回转，多是由交流伺服电动机经谐波减速器减速后直接驱动，或者再经一级齿轮副，驱动固定在机身上的齿圈使机身转动。

在机器人控制系统中，以可编程序的伺服控制为主，采用“示教”编程。但是近年来，以程序语言编程的方法，因其固有的优点而受到重视，必将在重要关键性工件的焊接中得到应用。

各种焊接机器人的技术性能，主要由两部分表示：一部分是机器人本体的技术数据；另一部分是控制系统的技术数据。表 6.2 是 SG-MOTOMAN 机器人系列的 SK6 型机器人本体的技术数据。其作业空间范围如图 6.14 所示。松下 AVM-005 C 型弧焊机器人本体的技术数据与表 6.2 所列大同小异，表 6.3 所列是该型机器人控制系统的技术数据。

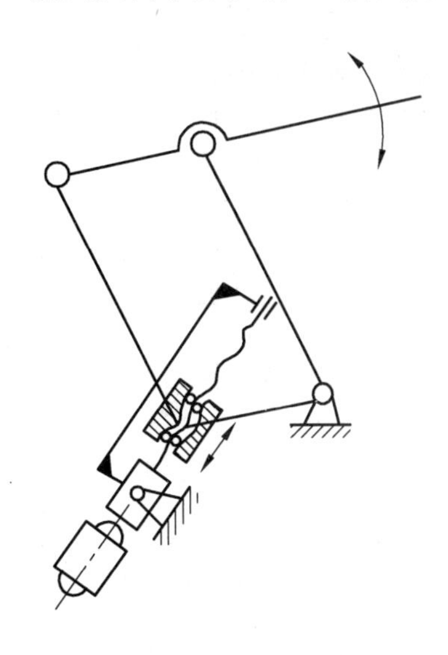

图 6.12　上臂俯仰运动的传动简图

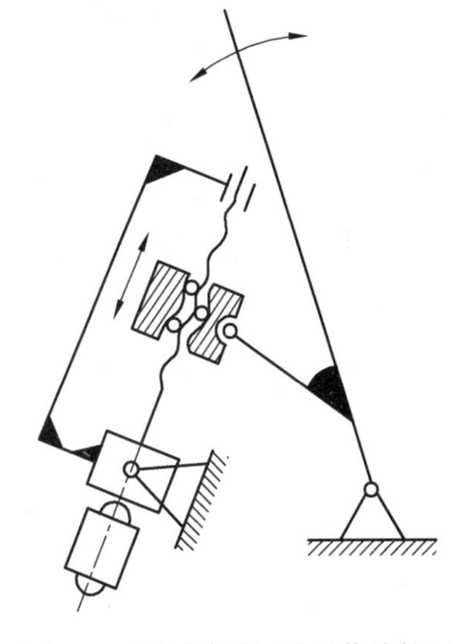

图 6.13　下臂俯仰运动的传动简图

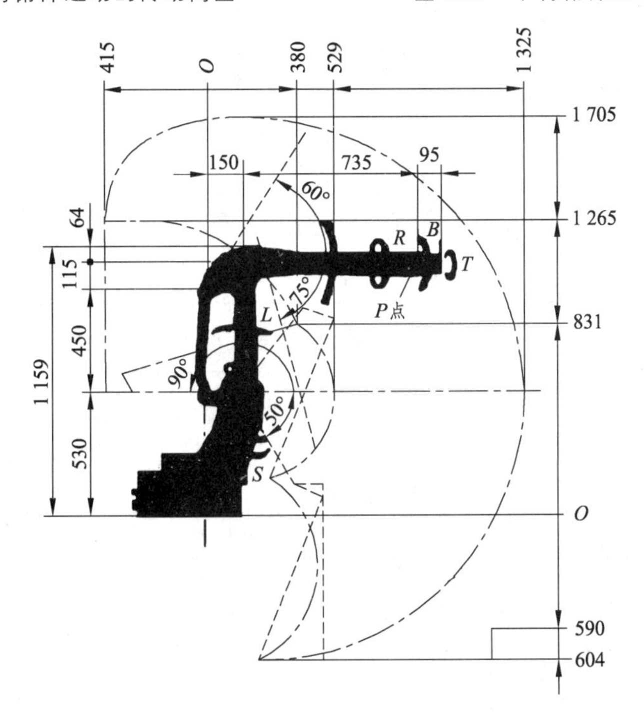

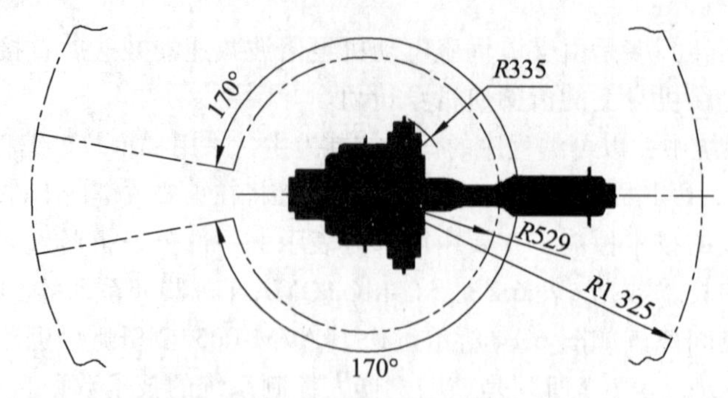

图 6.14　SG-MOTOMAN 系列的 SK6 型机器人 P 点动作范围

表 6.2　SG-MOTOMAN 系列的 SK6 型机器人本体技术数据

<table>
<tr><td colspan="2">结　构</td><td>关节式六自由度</td><td rowspan="3">许用力矩</td><td>R 轴</td><td>11.8 N · m</td></tr>
<tr><td rowspan="6">最大动作范围</td><td>臂部绕 S 轴的回转</td><td>±170°</td><td>B 轴</td><td>9.8 N · m</td></tr>
<tr><td>下臂绕 L 轴的俯仰</td><td>+170°
−90°</td><td>T 轴</td><td>5.9 N · m</td></tr>
<tr><td>上臂绕 U 轴的俯仰</td><td>+170°
−125°</td><td rowspan="3">许用转动惯量
（$GD^2/4$）</td><td>R 轴</td><td>0.24 kg · m^2</td></tr>
<tr><td>腕部绕 R 轴的偏转</td><td>±180°</td><td>B 轴</td><td>0.17 kg · m^2</td></tr>
<tr><td>腕部绕 B 轴的俯仰</td><td>±135°</td><td>T 轴</td><td>0.06 kg · m^2</td></tr>
<tr><td>腕部绕 T 轴的滚转</td><td>±320°</td><td colspan="2">重复定位精度</td><td>±0.1 mm</td></tr>
<tr><td rowspan="6">最大速度</td><td>绕 S 轴的回转</td><td>2.09 rad/s、120°/s</td><td colspan="2">驱动方式</td><td>交流伺服电动机</td></tr>
<tr><td>绕 L 轴的俯仰</td><td>2.09 rad/s、120°/s</td><td colspan="2">腕部搭载能力</td><td>6 kg</td></tr>
<tr><td>绕 U 轴的俯仰</td><td>2.09 rad/s、120°/s</td><td colspan="2">电源容量</td><td>3.5 kV · A</td></tr>
<tr><td>绕 R 轴的偏转</td><td>5.24 rad/s、300°/s</td><td colspan="2" rowspan="3">自重</td><td rowspan="3">145 kg</td></tr>
<tr><td>绕 B 轴的俯仰</td><td>5.24 rad/s、300°/s</td></tr>
<tr><td>绕 T 轴的滚转</td><td>7.85 rad/s、450°/s</td></tr>
<tr><td rowspan="3">安装环境</td><td>温度</td><td>0 ~ 45 °C</td><td colspan="3" rowspan="3">避开易燃、腐蚀性气体、液体，勿溅水、油、粉尘等，勿近电气噪声源</td></tr>
<tr><td>湿度</td><td>20% ~ 80%（不能结露）</td></tr>
<tr><td>振动</td><td>0.5 g 以下</td></tr>
</table>

表 6.3　松下 AW-005C 型弧焊机器人控制系统技术数据

<table>
<tr><td colspan="2">规　格</td><td>YA-1CCR51</td></tr>
<tr><td rowspan="4">控制方式</td><td>示教方式</td><td>示教盒示教</td></tr>
<tr><td>驱动方式</td><td>交流伺服电动机</td></tr>
<tr><td>控制轴数</td><td>6 轴同步控制、外部 6 轴可选择控制</td></tr>
<tr><td>坐标类型</td><td>直角型、关节型、圆柱型、吊挂型、移动型</td></tr>
<tr><td rowspan="2">存储</td><td>存储量</td><td>4 000 点（2 000 步、2 000 序列）</td></tr>
<tr><td>作业程序数</td><td>999</td></tr>
</table>

续表

规　格		YA-1CCR51	
焊接条件设定	设定方式	内部设定功能，电流电压数据直接输入示教盒功能，编辑时焊接参数直接修改功能	
	焊接方法	CO_2、MAG	
外部控制用的输入输出	专用的输入输出	输入：13位，输出：9位	
	通用的输入输出	输入：16位，根据作业要求最多可设80位	
	输入输出形式	输入：16位，根据作业要求最多可设80位	
作业程序的编辑功能	编辑指令的种类	1. 输入指令；2. 分支指令；3. 技术处理；4. 延时；5. 子程序；6. 其他	
	编辑功能	复制、剪切、粘贴、删除、插入、修改等	
	运行中的编辑	运行任务、程序外任务、可编辑程序	
保护功能（自诊断）	机器人	1. 机械式制动；2. 行程保护；3. 软硬件保护；4. CPU异常监控；5. 电源异常；6. 电缆连接监控；7. 仪表温度异常；8. 伺服系统异常（过速、过流、过载、监视器异常）；9. 焊接异常；10. 误操作	
	焊接电源	1. 一次测过电流；2. 二次测过电流；3. 温度异常；4. 一次侧过电压；5. 一次侧低电压	
工作环境温度与湿度		0～45 °C，20%～90%（不能结露）	
控制柜外形尺寸（长×宽×高）/mm		600×580×1 275	
机器人与控制柜间的电缆长度		4 m专用电缆（最多可延长至20 m）	
示教盒电缆	10（从控制柜算起）	输入电源	3相交流电(200±20) V　25 kW·A
装饰色	5Y8/1 芒塞尔色	自重/kg	约170

6.3.3　焊接机器人传感器

为了检测作业对象及环境与机器人的关系，在机器人上安装了触觉传感器、视觉传感器、力觉传感器、接近觉传感器、超声波传感器和听觉传感器等，这大大改善了机器人的工作状况，使其能够更充分地完成复杂的工作。

通常根据检测对象的不同可分为内部传感器和外部传感器：① 内部传感器：用来检测机器人本身状态（如手臂间角度）的传感器，多为检测位置和角度的传感器。② 外部传感器：用来检测机器人所处环境（如是什么物体，离物体的距离有多远等）及状况（如抓取的物体是否滑落）的传感器，具体有物体识别传感器、物体探伤传感器、接近觉传感器、距离传感器、力觉传感器、听觉传感器等。下面介绍几种常见的焊接机器人传感器。

1. 电弧传感器

电弧传感器是利用焊枪与工件之间距离变化引起的焊接参数变化来探测焊枪高度和左右偏差的传感器。在等速送丝调节系统中，送丝速度恒定，焊接电源一般采用平或缓降的外特性，在这种情况下，焊接电流将随着电弧长度的变化而变化。电弧传感器的工作原理如图6.15所示。

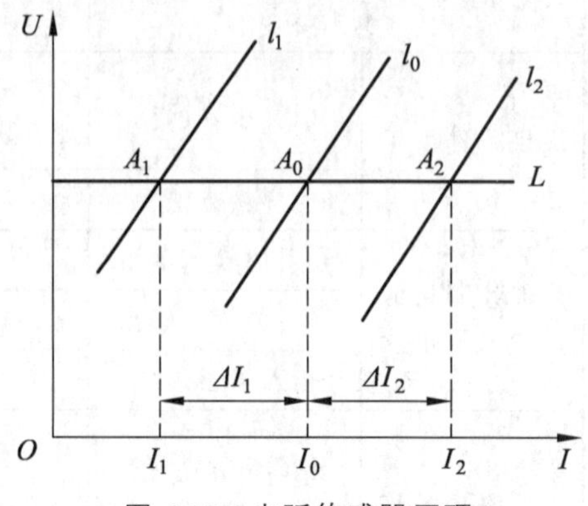

图 6.15 电弧传感器原理

L 为电源外特性曲线，在稳定焊接状态时，电弧工作点为 A_0，弧长 L_0，电流 I_0，当焊枪与工件表面距离发生阶跃变化增大时。弧长突然被拉长为 L_1。此时干伸长还来不及变化，电弧在新的工作点 A_1 燃烧，电流突变为 l_1，电流瞬时变化为 Δl_1，反之亦然。从上述分析可以得出，电弧位置的变化将引起电弧长度的变化，焊接电流也相应变化，从而可以判断焊枪与焊缝间的相对位置。

随着电弧传感技术的发展，焊缝跟踪被引入了电弧传感技术，电弧传感器作为一种实时传感的器件与其他类型的传感器相比，具有结构较简单、成本低和响应快等特点，是焊接传感器的一个重要发展方向，具有强大的生命力和应用前景，它主要应用在两方面：一方面用在弧焊机器人上，另一方面用在带有十字滑块的自动焊上。

焊缝自动跟踪方面，传感器提供系统赖以进行处理和控制所必需的有关焊缝的信息。研究电弧传感器就是要从焊接电弧信号中提取出能够实时并准确反映焊枪与焊缝中心的偏移变化的信号，并将此信号采集出来，作为气体保护焊焊缝自动跟踪系统的输入信号，即气体保护焊焊缝自动跟踪系统的传感信号。目前，国际、国内焊接界对电弧传感器的研究非常活跃，用于焊缝跟踪的电弧传感器主要有以下几种类型：① 并列双丝电弧传感器。利用两个彼此独立的并列电弧对工件施焊，当焊枪的中心线未对准坡口中心时，其作用焊丝具有不同的干伸长度，对于平外特性电源将造成两个电流不相等，因此根据两个电流差值即可判别焊枪横向位置并实现跟踪。② 旋转扫描电弧传感器。在带有焊丝导向的喷嘴旋转时，旋转速度与焊接电流之间存在一定的关系。高速旋转电弧传感器可用于厚板间隙及角接焊缝的跟踪，在结构上比摆动式电弧传感器复杂，还需要在焊接工艺、信息处理等方面进行深入的研究。③ 焊枪摆动式电弧传感器。当电弧在坡口中摆动时，焊丝端部与母材之间距离随焊枪对中位置而变化，它会引起焊接电流与电压的变化。由于受机械方面限制，摆动式电弧传感器的摆动频率一般较低，限制了在高速和薄板搭接接头焊接中的应用。在弧焊其他参数相同的条件下，摆动频率越高，摆动式电弧传感器的灵敏度越高。

2．接触觉传感器

接触觉传感器是用来判断机器人是否接触物体的测量传感器，可以感知机器人与周围障碍物的接近程度。接触觉传感器可以使机器人在运动中接触到障碍物时向控制器发出信号。

从接触觉实现的原理，接触觉传感器可以分为激光式、超声波式、红外线式等几种。目前国内外对接触觉传感器的研究，主要有气压式、超导式、磁感式、电容式、光电式五种工作类型。由于接触觉是机器人接近目标物的感觉，并没有具体的量化指标，故与一般的测距装置比，其精确度并不高。

接触觉传感器不仅可以判断是否接触物体，而且还可以大致判断物体的形状。一般传感器装于机器人末端执行器上。除微动开关外，接触觉传感器还采用碳素纤维及聚氨基甲酸酯为基本材料构成触觉传感器。机器人与物体接触，通过碳素纤维与金属针之间建立导通电路，与微动开关相比，碳素纤维具有更高的触电安装密度、更好的柔性，可以安装于机械手的曲面手掌上，增加传感器的灵敏度。

3．视觉传感器

视觉传感器是利用光学元件和成像装置获取外部环境图像信息的仪器，通常用图像分辨率来描述视觉传感器的性能。视觉传感器的精度不仅与分辨率有关，而且同被测物体的检测距离相关。被测物体距离越远，其绝对的位置精度越差。

视觉传感器能从一整幅图像捕获数以千计的像素的光线。图像的清晰和细腻程度通常用分辨率来衡量，以像素数量表示。因此，无论距离目标数米或数厘米远，传感器都能“看到”十分细腻的目标图像。在捕获图像之后，视觉传感器将其与内存中存储的基准图像进行比较，做出分析。例如，若视觉传感器被设定为辨别正确地插有 8 颗螺栓的机器部件，则传感器知道应该拒收只有 7 颗螺栓的部件，或者螺栓未对准的部件。此外，无论该机器部件位于视场中的哪个位置，无论该部件是否在 360° 范围内旋转，视觉传感器都能做出判断。

视觉传感器的低成本和易用性已吸引机器设计师和工艺工程师将其集成应用在各类曾经依赖人工、多个光电传感器，或根本不检验的应用上。视觉传感器的工业应用包括检验、计量、测量、定向、瑕疵检测和分拣。以下是一些应用范例：

（1）在汽车组装厂，检验由机器人涂抹到车门边框的胶珠是否连续，是否有正确的宽度。在瓶装厂，校验瓶盖是否正确密封、灌装液位是否正确，以及在封盖之前有没有异物掉入瓶中。

（2）在包装生产线，确保在正确的位置粘贴正确的包装标签。

（3）在药品包装生产线，检验药片的泡罩式包装中是否有破损或缺失的药片。

（4）在金属冲压公司，以每分钟超过 150 片的速度检验冲压部件，比人工检验快 13 倍以上。

4．接近传感器

接近传感器是代替限位开关等接触式检测方式，以无须接触检测对象进行检测为目的的传感器的总称，它能检测对象的移动信息和存在信息转换为电气信号。在换为电气信号的检测方式中，包括利用电磁感应引起的检测对象的金属体中产生的涡电流的方式、探测体的接近引起的电气信号的容量变化的方式、利石和引导开关的方式。

接近传感器通常具有以下特点：

（1）由于能以非接触方式进行检测，所以不会磨损和损伤检测对象。

（2）由于采用无接点输出方式，因此寿命延长（磁力式除外）采用半导体输出，对接点的寿命无影响。

（3）与光检测方式不同，适合在水和油等环境下使用检测时，几乎不受检测对象的污渍和油、水等的影响。此外，还包括特氟龙外壳型及耐药性良好的产品。

（4）与接触式开关相比，可实现高速响应。

（5）能对应广泛的温度范围。

（6）不受检测物体颜色的影响对检测对象的物理性质变化进行检测，所以几乎不受表面颜色等的影响。

（7）与接触式不同，会受周围温度的影响、周围物体、同类传感器的影响包括感应型、静电容量型在内，传感器之间能相互影响。因此，对于传感器的设置，需要考虑相互干扰。此外，在感应型中，需要考虑周围金属的影响，而在静电容量型中则需考虑周围物体的影响。

6.3.4 焊接机器人通信系统

在机器人的通信系统中存在着硬件和软件两个重要部分。

通常机器人系统硬件部分主要包括机器人、滑动机构、图像采集卡、控制卡、送丝机、焊机、PC机等。其工作原理为：图像采集卡采集焊缝图像，通过图像处理算法得到焊缝的空间位置，经过计算得到控制量并由模拟输出卡输出多路控制量分别到机器人各电机驱动器，对焊缝进行跟踪。

焊接机器人网络通信系统采用十分成熟的局域网组网技术，其网络拓扑结构如图6.16所示。

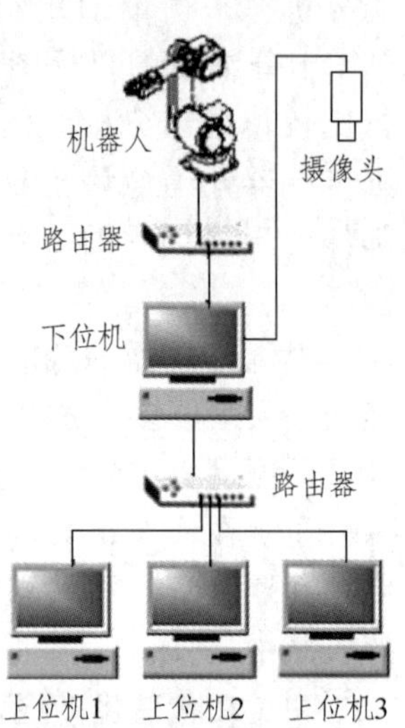

图6.16 焊接机器人在线控制系统硬件

上位机通过路由器与下位机相连，下位机通过机器人控制器对焊接机器人进行控制。这样的焊接机器人组网模式既能满足局域网的控制要求，也可以很方便的机器人系统接入到广域网中，而系统硬件布线不需要做任何改动，完全从逻辑方法上可以实现局域网与广域网的划分，使机器人系统的控制较为灵活。机器人下位机控制系统与上位机网络分开，这样既可以提高系统的安全性、实时性，也便于机器人节点的增加与删除。上位机可以通过局域或广域网络跟下位机通信，从而来实现对机器人的控制，但同一时刻只能有一台上位机来控制机器人，此时，其他上位机软件界面将被屏蔽。

图6.17所示为焊接电流与电压通过不同的设定方法向焊接电源传递的途径。焊接参数从机器人到焊接电源的途径：焊接电流与焊接电压是通过机器人弧焊基板的模拟量输出端口向焊接电源传送的，机器人向焊机送出的电流、电压命令分别称为

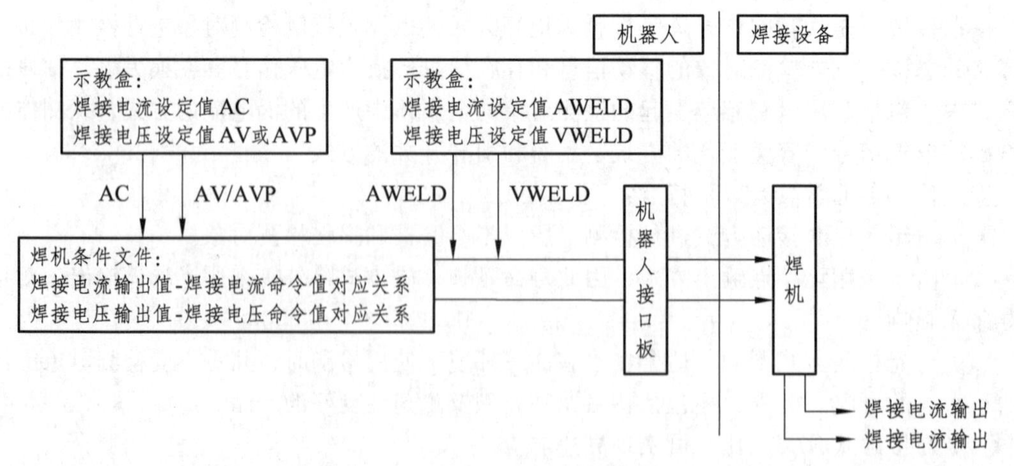

图6.17 机器人焊接参数传输

焊接电流命令值、焊接电压命令值。命令值在 0 ~ 14 V（根据焊机不同，有的为 – 14 ~ 0 V）。对于不同的焊机，焊机的焊接电流及焊接电压输出值与机器人控制柜给出的命令值都有着不同的对应关系，这些对应关系被称为电流或电压输出特性。为了保证在作业文件编制时的焊接电流及电压设定值与焊机的输出值有较好的一致性，对输出特性进行测量与修正是非常必要的。

6.3.5 焊接机器人用焊接工装

随着焊接技术的发展，焊接也不仅仅限于使用电焊机的手工焊接，焊接机器人的出现开启了自动化焊接的新篇章。在此背景下，机械手制造业使用焊接机器人的数量也在与日俱增，与此同时焊接机器人工装夹具的应用也随着增多了。相比于电焊机等产品的工装夹具：焊接机器人的工装夹具对零件的定位精度要求更高，焊缝相对位置精度较高，应该小于 1 mm。在焊接机器人工作的时候，焊件一般由多个简单的零件组焊成，所以对于这些零件的装配和定位焊接，在焊接工装夹具上应该是按照顺序进行的，因此，对于它们的定位和夹紧需要是一个个单独的进行，这些与普通的电焊机的夹紧是不同的。机器人焊接的时候工装夹具的设计应该是前后工序的定位一致。由于变位机的变位角度比较大，所以机器人焊接的工装夹具要尽量避免使用活动的手动插销。机器人焊接的时候工装夹具应该尽量采用汽缸压紧，并且需要配置带磁开关的汽缸，并能更加方便地将压紧信号传递给焊接机器人。焊接机器人上的工装夹具除可以进行正面的施焊之外，同时在反面也应该能够对工件进行焊接。以上六点是机器人焊接工装夹具与普通的焊接工艺夹具主要不同之处，在机器人工装夹具设计的时候，要把这些区别考虑在内，才能设计出满足焊接机器人工作所需要的工装夹具设计。总的来讲，焊接机器人用焊接工装（变位机）主要受两个部分的影响：

1．焊件变位机械与焊接机器人的运动配合及精度

焊接机器人虽然有 5 ~ 6 个自由度，其焊枪可到达作业范围内的任意点以所需的姿态对焊件施焊，但在实际操作中，对于一些结构复杂的焊件，如果不将其适时变换位置，就可能会和焊枪发生结构干涉，使焊枪无法沿设定的路径进行焊接。另外，为了保证焊接质量，提高生产效率，往往要把焊缝调整到水平、船形等最佳位置进行焊接，因此，也需要焊件适时地变换位置。基于上述两个原因，焊接机器人几乎都是配备了相应的焊件变位机械才实施焊接的，其中以翻转机、变位机和回转台为多。图 6.18 所示是弧焊机器人与焊接翻转机的配合示例。图 6.19 所示是弧焊机器人与焊接变位机的配合示例。

焊件变位机械与焊接机器人之间的运动配合，分非同步协调和同步协调两种。前者是机器人施焊时，焊件变位机械不运动，待机器人施焊终了时，焊件变位机械才根据指令动作，将焊件调整到某一最佳位置，再进行下一条焊缝的焊接。如此周而复始，直到将焊件上的全部焊缝焊完。后者不仅具有非同步协调的功能，而且在机器人施焊时，焊件变位机械可根据相应指令，带着焊件做协调运动，从而将待焊的空间曲线焊缝连续不断地置于水平或船形位置上，以利于焊接。由于在大多数焊接结构上都是空间直线焊缝和平面曲线焊缝，而且非同步协调运动的控制系统相对简单，所以焊件变位机械与机器人的运动配合，以非同步协调运动居多。

图 6.18　弧焊机器人与焊接翻转机的配合

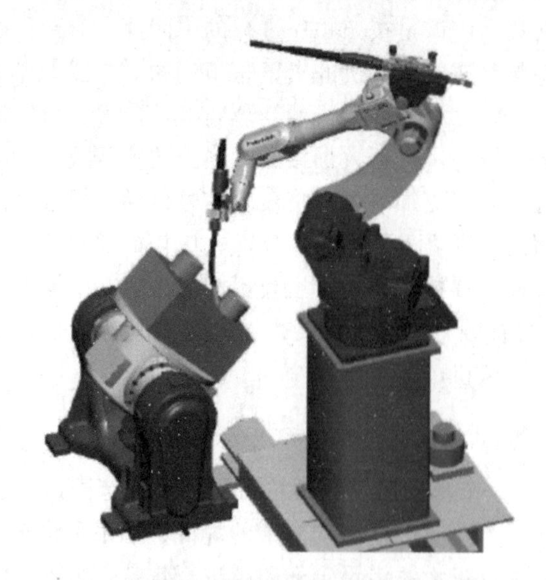

图 6.19　弧焊机器人与焊接变位机的配合

这两种协调运动，对焊件变位机械的精度要求是不同的，非同步协调要求焊件变位机械的到位精度高；同步协调除要求到位精度高外，还要求高的轨迹精度和运动精度。这就是机器人用焊件变位机械与普通焊件变位机械的主要区别。

焊件变位机械的工作台，多是做回转和倾斜运动，焊件随工作台运动时，其焊缝上产生的弧线误差，不仅与回转运动和倾斜运动的转角误差有关，而且与焊缝微段的回转半径和倾斜半径成正比。焊缝距回转、倾斜中心越远，在同一转角误差情况下产生的弧线误差就越大。通常，焊接机器人的定位精度多在 0.1 ~ 1 mm，与此相匹配，焊件变位机械的定位精度也应在此范围内。现以定位精度 1 mm 计，则对距离回转或倾斜中心 500 mm 的焊缝，变位机械工作台的转角误差须控制在 0.36° 以内；而对相距 1 000 mm 的焊缝，则须控制在 0.18° 以内。因此，焊件越大，其上的焊缝离回转或倾斜中心越远，要求焊件变位机械的转角精度就越高，这无疑增加了制造和控制大型焊件变位机械的难度。

2．焊件变位机械的结构及传动

焊接机器人用的焊件变位机械主要有回转台（见图 6.20 和图 6.21）、翻转机（见图 6.22）、变位机（见图 6.23）三种。为了提高焊接机器人的利用率，常将焊件变位机械做成两个工位（见图 6.24）的，对一些小型焊件使用的变位机还做成多工位的。另外，也可将多个焊件变位机械布置在焊接机器人的作业区以内，组成多个工位。

为了扩大焊接机器人的作业空间，可将机器人设计成倒置式的（见图 6.25），安装在门式和重型伸缩臂式焊接操作机上，用来焊接大型结构或进行多工位焊接。除此之外，还可将焊接机器人置于滑座上，沿导轨移动，这样也可扩大机器人的作业空间，并使焊件的装卸更为方便（见图 6.26）。

通常用于非同步协调运动的焊件变位机械，因是点位控制，所以其传动系统和普通变位机械的相仿，恒速运动的采用交流电动机驱动，变速运动的采用直流电动机驱动或交流电动机变频驱动。但是为了精确到位，常采用带制动器的电动机，同时在传动链末端（工作台）设有气动锥销强制定位机构。定位点可视要求按每隔 30°、50° 或 90° 分布一个。如图 6.26 所示是点位控制的置于滑座上的焊接机器人开始焊接工作时将工件固定在工作区域，并进行

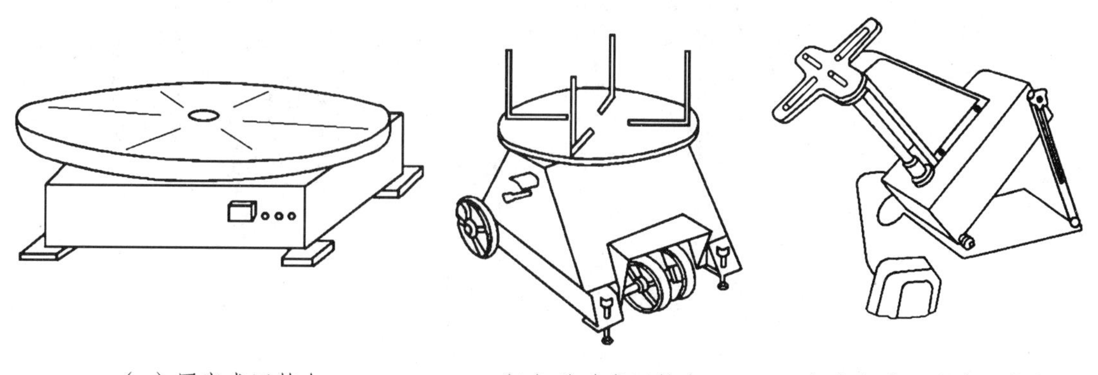

（a）固定式回转台　（b）移动式回转台　（c）倾角可调式回转台

图 6.20　几种常用的焊接回转台

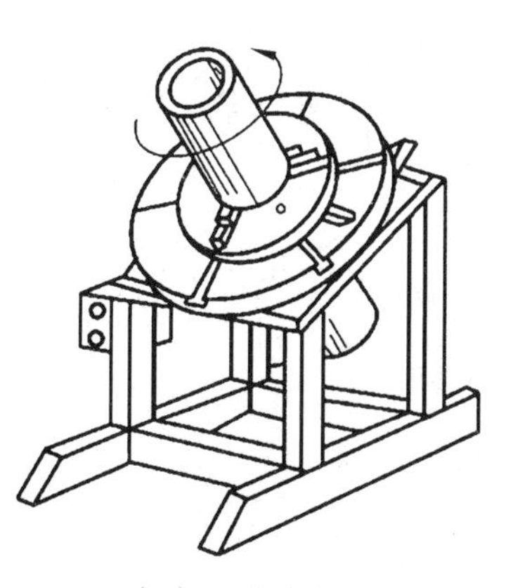

（a）工作台倾斜　（b）工作台水平

1—工件；2—回转台；3—支架。

图 6.21　中空式回转台

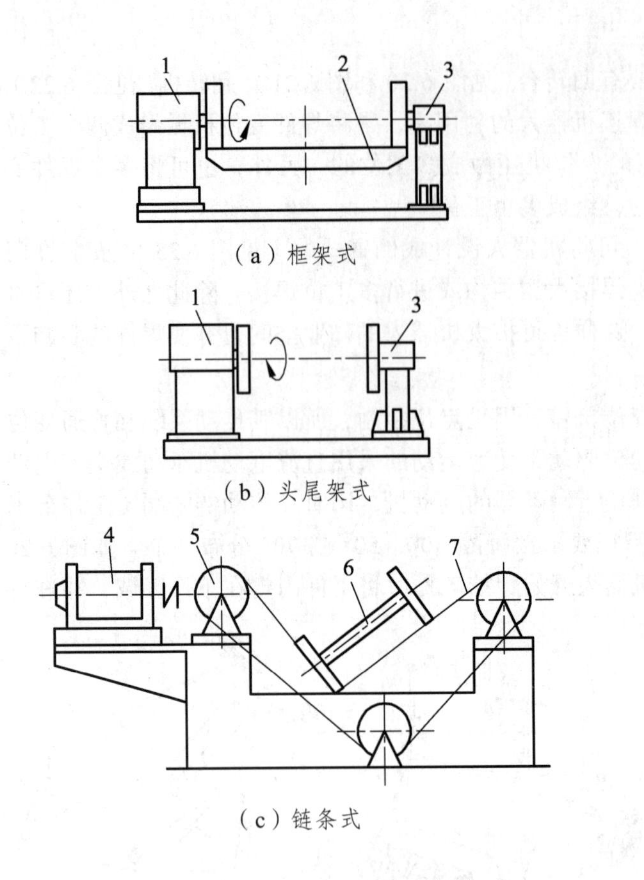

（a）框架式

（b）头尾架式

（c）链条式

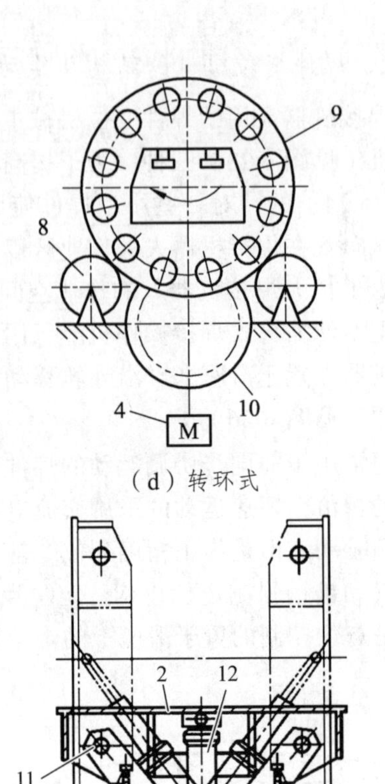

（d）转环式

（e）推拉式

图 6.22　焊接翻转机

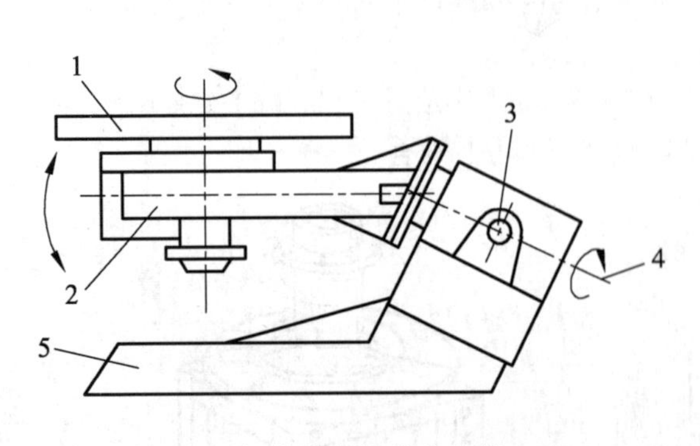

（a）伸臂式焊接变位机

1
2
3
4

（b）座式焊接变位机

图 6.23　焊接变位机

图 6.24　两工位焊接翻转机

图 6.25　倒置式焊接机器人

图 6.26　置于滑座上的焊接机器人

焊接部位对应焊枪行走的定位编码。用于同步协调运动的焊件变位机械，因为是轨迹控制，所以传动系统的运动精度和控制精度，是保证焊枪轨迹精度、速度精度和工作平稳性的关键。因此，多采用交流伺服电动机驱动，闭环、半闭环数控。在传动机构上，采用精密传动副，并将其布置在传动链的末端。有的在传动系统中还采用了双蜗杆预紧式传动机构（见图6.27），以消除齿侧间隙对运动精度的影响。另外，为了提高控制精度，在控制系统中应采用每转高脉冲数的编码器,通过编码器位置传感元件和工作台上作为计数基准的零角度标定孔，使工作台的回转或倾斜与编码器发出的脉冲数联系在一起。为了提高焊枪运动的响应速度，要降低变位机的运动惯性，为此应尽量减小传动系统的飞轮矩。

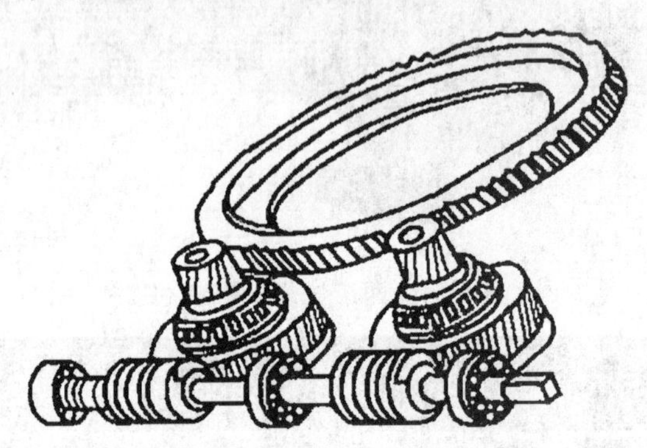

图 6.27　双蜗杆预紧式传动机构

采用伺服驱动后，若选用输出转矩较大的伺服电动机，则可使传动链大大缩短，传动机构可进一步简化，有利于传动精度的提高。若采用闭环控制，则对传动机构制造精度的要求相对半闭环控制低，并会获得较高的控制精度，但控制系统相对复杂，造价也高。

如图 6.28 所示是一弧焊机器人工作站的焊接变位机传动简图，由计算机通过工控机控制其运动，以保证与焊接机器人的协调动作，该机技术数据见表 6.4。

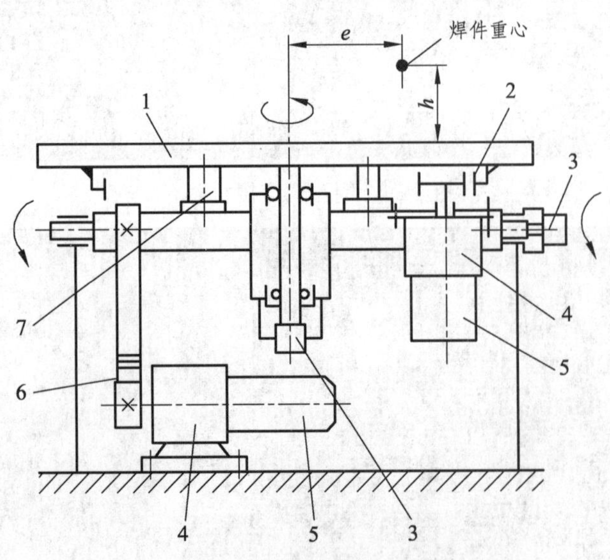

1—工作台面；2—齿轮；3—轴承；4—电动机；
5—端盖；6—联轴器；7—支撑轴。

图 6.28　0.5 t 数控焊接变位器传动简图

表 6.4　数控焊接变位机技术数据

<table>
<tr><td colspan="3">载质量/kg</td><td>500</td><td rowspan="8">谐波减速器</td><td rowspan="4">回转用</td><td>型号</td><td>XBI 立-100-80-I-6/6</td></tr>
<tr><td colspan="3">允许焊件重心高/mm</td><td>400</td><td>减速比</td><td>80</td></tr>
<tr><td colspan="3">允许焊件偏心距/mm</td><td>160</td><td>输出转矩/(N·m)</td><td>200</td></tr>
<tr><td colspan="3">工作台直径/mm</td><td>1 000</td><td>输出转速/(r·min^{-1})</td><td>38</td></tr>
<tr><td colspan="3">工作台回转速度/(r·min^{-1})</td><td>0.05 ~ 1.6</td><td rowspan="4">倾斜用</td><td>型号</td><td>XBI 卧-120-100-I-6/6</td></tr>
<tr><td colspan="3">工作台倾斜速度/(r·min^{-1})</td><td>0.02 ~ 0.7</td><td>减速比</td><td>100</td></tr>
<tr><td colspan="3">工作台最大回转力矩/(N·m)</td><td>784</td><td>输出转矩/(N·m)</td><td>450</td></tr>
<tr><td colspan="3">工作台最大倾斜力矩/(N·m)</td><td>2 572</td><td>输出转速/(r·min^{-1})</td><td>30</td></tr>
<tr><td rowspan="6">交流伺服电动机</td><td rowspan="3">回转用</td><td>型　号</td><td>1FT5071-OAF71-2-ZZ：45G</td><td colspan="2" rowspan="2">内啮合齿轮副</td><td>模数/mm</td><td>4</td></tr>
<tr><td>额定转矩/(N·m)</td><td>4.5</td><td>齿数</td><td>$z_1 = 37$，$z_2 = 178$</td></tr>
<tr><td>额定转速/(r·min^{-1})</td><td>3 000</td><td colspan="2" rowspan="2">外啮合齿轮副</td><td>模数/mm</td><td>5</td></tr>
<tr><td rowspan="3">倾斜用</td><td>型　号</td><td>1FT5074-OAF71-2-ZZ：45G</td><td>齿数</td><td>$z_1 = 35$，$z_2 = 196$</td></tr>
<tr><td>额定转矩/(N·m)</td><td>14</td><td colspan="2" rowspan="3">编码器</td><td>型号</td><td>LFA-501A-20000</td></tr>
<tr><td>额定转速/(r·min^{-1})</td><td>2 000</td><td>每转输出脉冲数</td><td>20 000</td></tr>
<tr><td colspan="3">伺服电动机驱动器型号</td><td>611A</td><td>电源电压/V</td><td>DC 5</td></tr>
</table>

6.4　焊接机器人的应用

工业机器人的出现使人们自然而然首先想到用它代替人的手工焊接，减轻焊工的劳动强度，同时也可以保证焊接质量和提高焊接效率。然而，焊接又与其他工业加工过程不一样，如电弧焊焊接过程中，被焊工件由于局部加热熔化和冷却产生变形，焊缝的轨迹会因此而发生变化。手工焊时有经验的焊工可以根据眼睛所观察到的实际焊缝位置适时地调整焊枪的位置、姿态和行走的速度，以适应焊缝轨迹的变化。然而机器人要适应这种变化，必须首先像人一样要“看”到这种变化，然后采取相应的措施调整焊枪的位置和状态，实现对焊缝的实时跟踪。由于电弧焊接过程中有强烈弧光、电弧噪声、烟尘、熔滴过渡不稳定引起的焊丝短路、大电流强磁场等复杂环境因素存在，机器人要检测和识别焊缝，需要提取焊缝特征信号，这并不像工业制造中其他加工过程的检测那么容易。因此，焊接机器人的应用并不是一开始就用于电弧焊的。

实际上，工业机器人在焊接领域的应用最早是从汽车装配生产线上的电阻点焊开始的。原因在于电阻点焊的过程相对比较简单，控制方便，且不需要焊缝轨迹跟踪，对机器人的精度和重复精度的控制要求比较低。点焊机器人在汽车装配生产线上的大量应用大大提高了汽车装配焊接的生产效率和焊接质量，同时又具有柔性焊接的特点，即只要改变程序，就可在同一条生产线上对不同的车型进行装配焊接。

6.4.1 焊接机器人在工作站的应用

1．单工位焊接机器人工作站

该方式是由一台单轴或双轴变位机与焊接机器人组成的工作站，这种应用方式比较简单，焊接夹具由变位机进行变位或与机器人联动变位来实现工件各焊缝位置的焊接。在装卸工件时机器人处于等待状态，该工作站方式机器人的利用率一般低于 80%，所以这种方式适用于批量不大的焊接生产应用。图 6.29 所示为挖掘机动臂机器人自动焊接工作站。该工作站实现了挖掘机动臂自动化焊接（可根据客户实际需求设计定做），可应用于挖掘机动臂、装载机铲斗及较长工件的焊接。工作站中的头尾架式变位机采用单轴 360° 旋转，对有弧度焊接要求的工件可增加联动变位系统，设备可随工件的大小滑动调节，装夹工件简单快捷，变位速度快。工作站的操作界面人性化，降低对工人操作技术要求。机器人直线行走滑台、工装伺服变位机，使机器人能够对所有焊缝进行焊接。

图 6.29 挖掘机动臂机器人自动焊接工作站

如图 6.30 所示为另一种形式的单工位焊接机器人工作站式。该方式夹具为独立的夹具单元，气和电都采用快换接头形式，独立夹具单元定位安装在带一轴变位的翻转夹具平台上，满足柔性化焊接生产要求。

2．单工位双机器人工作站

该方式是由一台单轴或双轴变位机与两台焊接机器人组成的工作站（见图 6.31），这种应用方式要求两台机器人要协调工作，同时与外部轴变位机也要协调工作。焊接夹具由变位机进行变位，并与两台机器人联动来实现工件各焊缝位置的焊接。该工作站利用焊接机器人的摆动焊接功能，两个焊接机器人同时进行焊接，可大大提高焊接生产效率，更主要是利用两台机器人的对称焊接减小工件的焊接变形，所以这种方式适用于工件焊缝量大、冲压件焊接变形大的焊接生产应用，主要在汽车车桥、摩托车车架、悬架等焊接生产中广泛应用。

图 6.30　单工位焊接机器人

图 6.31　单工位双机器人焊接工作站

3．双工位焊接机器人工作站

该方式是由两台单轴变位机两套夹具单独布局或利用回转平台整体布局与一台或多台机器人组成的工作站。两件相同工件或不同工件在两副焊接夹具上通过焊接机器人转位或回转平台的变位实现交替焊接。工件在这样一副焊接夹具上焊接的同时，在另一副焊接夹具上对工件进行装卸，这种焊接方式可将机器人的利用率提高到 90% 以上。目前，该工作站应用较为广泛。

如图 6.32 所示为双机器人双工位铝模板焊接工作站。该工作站配备自动化工装两套，机器人底座两套，平衡器装置两套。设定两边工作站，机器人在焊接一边时，另一边由工作人员更换要焊接的物料，这样可以衔接机器人的工作周期，达到更好的效率。

图 6.32　双机器人双工位铝模板焊接工作站

6.4.2　焊接机器人应用

1．焊接机器人在汽车生产中应用

焊接机器人应用于汽车领域中，具有质量稳定、生产稳定、效率较高等优势，对于汽车行业的发展起了很大的推动作用。

汽车制造领域是当前工业生产中最大规模使用激光焊接技术的行业，从汽车零部件生产到车身制造，激光焊接已经成为汽车制造生产中的最主要焊接方法之一。总体上讲，激光焊接在汽车制造中的应用包括三个方面：

（1）汽车零部件的激光焊接。

激光焊接在汽车制造中的应用始于变速箱的齿轮焊接，由于采用了激光焊接，焊接后的齿轮几乎没有焊接变形，不需要焊后热处理，而且焊接速度大大提高，因此很快得到了应用。到目前为止，激光焊接在国外已经在汽车零部件生产中得到非常广泛的应用，包括尾气排放系统（进气歧管、排气管、消声器等）、变速箱双联齿轮、减振器储油缸筒体、滤清器、车门铰链等。国内汽车领域应用激光焊接主要有变速箱齿轮和减振器储油缸筒的焊接。

（2）激光拼焊技术。

激光焊接在汽车制造中应用最为成功，同时效益最为明显的一项技术就是汽车车身的拼焊技术。激光拼焊的目的是为了降低车身质量，即在进行车身的设计制造时，根据车身不同部位的性能要求，选择钢材等级和厚度不同的钢板，通过激光裁剪和拼接技术完成车身某一部位的制造。激光拼焊技术具有下列优点：减少零件和模具数量；缩短设计和开发周期；减少材料浪费；最合理使用不同级别、厚度和性能的钢板，减少车身质量；降低制造成本；提高尺寸精度；提高车身结构刚度和安全性。

德国大众最早于 1985 年将激光拼焊用于奥迪车型底盘的焊接，日本丰田于 1986 年采用添丝激光焊的方法用于车身侧面框架的焊接。北美大批量应用激光拼焊技术是在 1993 年，当时美国为了提高美国汽车同日本汽车的竞争力而提出了 2 mm 工程。到目前为止，世界上几乎所有的著名汽车制造商都大量采用了激光拼焊技术，所涉及的汽车结构件包括车身侧框架、车门内板、挡风玻璃窗框、轮罩板、底板、中间支柱等。

（3）汽车车身激光焊接技术。

激光焊接在汽车制造中的另一个重要应用是汽车车身框架的激光焊接，其中一个典型例子就是汽车车身顶盖与车身侧板的焊接。传统的焊接方法点焊［见图 6.33（a）］，现在正逐渐被激光焊接所代替［见图 6.33（b）］。比较两者可以看出，采用激光焊接后，顶盖和侧面车身的搭接边宽度减少，降低了钢板使用量，同时提高了车体的刚度。目前，这种车身框架的激光焊接技术在各大汽车制造商的较新型车中都得到了非常广泛的应用，如奥迪 A2 车体框架是由铝合金材料焊接而成，比同样结构使用钢材可减少质量 43 kg，其实激光焊接的焊缝总长多达 30 m。国内，上海大众帕萨特和一汽宝来的制造中，也都采用了激光焊接技术。

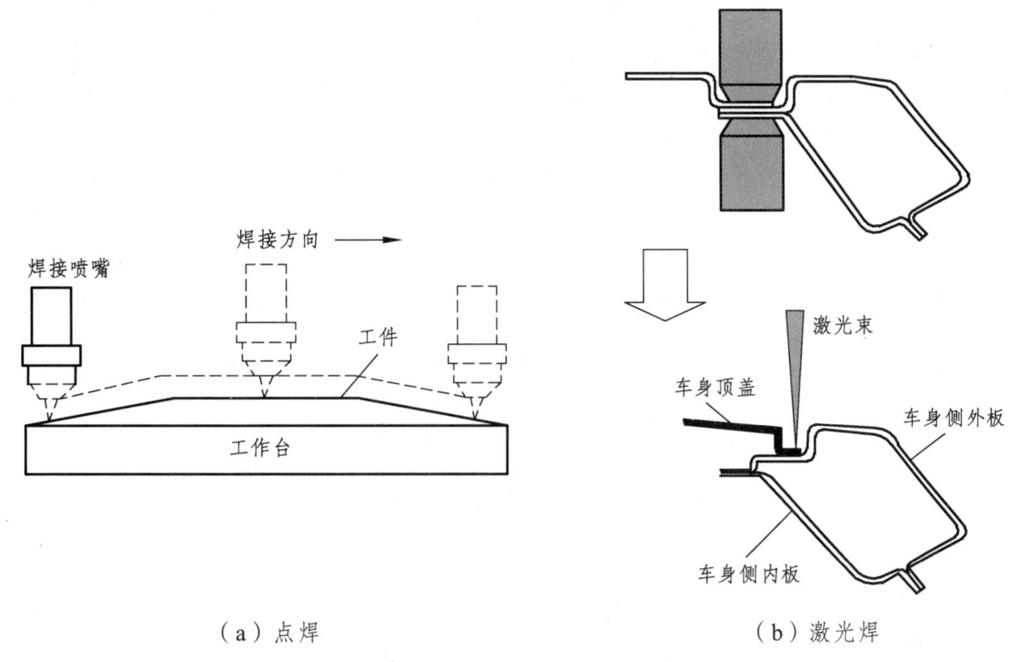

图 6.33　汽车车身顶盖与侧面激光焊代替点焊

2. 焊接机器人在水下的应用

发展水下焊接的研究及应用，有利于开发海洋事业，开采海底油田，使丰富的海洋资源为人类服务，具有重要的现实意义。近年来，随着海洋结构物建设的增多，其水下有关设施的组装、维修，对水下焊接技术提出了更高的要求。水下焊接是在水下环境中进行的特殊焊接，为了克服水下环境给焊接带来的困难，科学工作者研究出了多种水下焊接方法，常用的水下焊接有湿法、局部干法、干法三种。从目前的实际应用情况来看，水下焊接工作主要是由潜水焊工完成。虽然有些干法水下焊接压力舱装备了自动焊接设备，但是其有关设备的安装及在线实时监视、维护仍需要潜水员。这使得水下焊接工作受到一定的限制。首先，水下焊接材料及潜水焊工技术水平高低直接影响到水下焊接接头的质量；其次，对于深水焊接，潜水焊工不但要携带氧气，而且潜水焊工在深水实际工作时间受到生理条件限制；此外还存在 650 m 饱和潜水深度的极限，超过这个深度潜水焊工难以进行水下焊接工作。为保证水下焊接质量、减低生产成本、提高生产效率以及突破水下焊接的水深限制等，很有必要开发水下焊接机器人。

（1）水下机器人的发展历史。

水下机器人是一种可在水下移动、具有视觉和感知系统、通过遥控或自主操作方式、使用机械手或其他工具代替或辅助人去完成水下作业任务的装置。早期的水下机器人主要为军事用途，人们为了出其不意地击毁敌人的水面舰只而设计制造了潜艇。1929 年，美国海洋科学家威廉·比勒与奥梯斯·巴顿建造了第一个深潜球（Bathysphee）。它是一个铸钢的球壳，上面装有 3 个观察窗，它挂在 422 mm 的钢缆上。1934 年 8 月，深潜球下潜到 914 m 的水深，这是第一次在深海环境中进行生物观察，也是第一次有意义的深潜器潜水活动。从 1975 年开始，由于海洋工程和近海石油开发的需要，无人遥控潜器（Remotely Operated Vehicles，ROV）得到了迅速的发展。第一艘无人遥控潜器于 1953 年研制成功，由于“无人遥控潜器”具有结构简单、造价低廉、维修方便，以及无人员生命危险等优点，所以从 1975 年以来发展尤为迅速。我国从 20 世纪 60 年代中期开始对水下机器人进行了探索性的研究，20 世纪 70 年代研制了拖曳式深潜器，从 20 世纪 70 年代末到 80 年代初，随着工业机器人技术的发展，以及海上救助打捞和海洋石油开采的需要，我国也在积极地开展了水下机器人的研制与应用工作。在“七五”期间，水下机器人产品开发被列入了国家重点攻关任务。目前我国的水下机器人技术已日趋成熟。

（2）水下机器人的分类。

水下机器人种类繁多，可根据其结构形式、运动方式、控制、用途等不同的原则进行分类。目前，国际上通常将水下机器人按如图 6.34 所示分类。

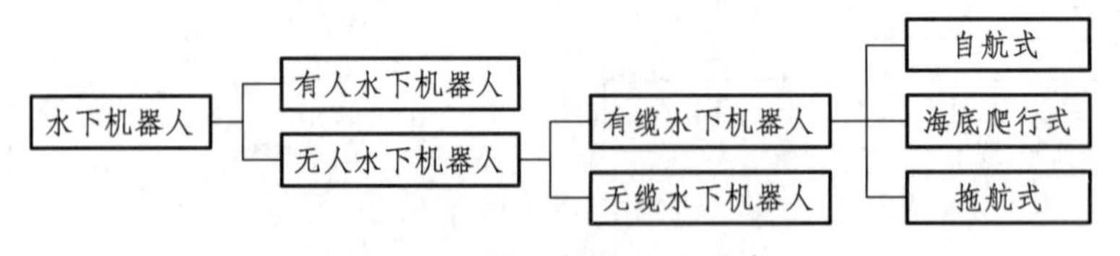

图 6.34　水下机器人的分类

ROV 是由人通过主缆和系缆进行遥控，人的参与使得 ROV 能完成复杂的水下作业任务。其中系缆用于提供动力、遥控、信息交换和安全保障。我国第一艘 ROV 是由上海交通大学和中国科学院联合研制的“海人 1 号”，其主要特点是机械手为双向位置力反馈、有力感和触觉、主从式控制方式。2004 年，上海交通大学研发的当时国内下潜深度最大的、功能最强的取样机器人“海龙号”成功下水，同年该潜水器成功下潜至 3 500 m 深海并且测试成功。“海龙”号 ROV 长 3 m，宽和高都是 1.8 m，高达 600 m 的范围内活动。“海龙”号配备有 5 个各种性能的摄像机和一台静物监视机，还装备特殊有水下照明设备，可在水下照亮几百米的范围，其声呐可以在浑浊的水中作业。海龙号配备有两只分别为 7 功能和 5 功能的机械手，可在水面的遥控下进行比较复杂的工作，最大提举质量达数百公斤。

无缆水下机器人（AUV）不配备主缆和系缆，自带能源，依靠自身的自治能力来管理自己、控制自己，以完成赋予它的使命。它是根据各种传感器的测量信号，由机器人载体上携带的智能决策系统自主地指挥、完成各种机动航行、动力定位、探测、信息收集、作业等任务，其与岸基和船基支撑基地间的联络通常是靠水声通信来完成的。有的 AUV 也可以浮出水面，通过无线电信号来完成与基地乃至与地球同步通信卫星间的通信。进入 21 世纪，AUV 技术得到了飞速的发展，商业化的 AUV 不断涌现，标志着 AUV 进入了较大规模实际应用阶段。“十二五”期间，在国家海洋局和中国科学院的大力支持下，沈阳自动化研究所面向深海资源调查和海洋科学研究的需求，分别构建了“潜龙”系列深海 AUV 和“探索”系列 AUV 两个技术体系，其中潜龙系列 AUV 主要用于深海资源勘查，主要包括 6 000 m 级“潜龙一号”、4 500 m 级“潜龙二号”和“潜龙三号”；“探索”系列 AUV 主要用于海洋科学研究，主要包括“探索 100”“探索 1000”和“探索 4500”，其中“探索 4500”是 4 500 m 级深海 AUV，主要用于冷泉区科学调查。在全面掌握了深水自主水下机器人技术的基础上，沈阳自动化研究所联合国内多家单位，经过十年，研究并突破了智能控制、精确导航、高效能源应用、海洋环境观测、海底地形地貌探测等关键技术。经过几百次湖上和海上试验，于 2010 年研制成功我国首型长航程自主水下机器人，创造并多次刷新了我国 AUV 一次下水连续航行距离和航行时间的记录，标志着我国已全面掌握了长航程自主水下机器人的技术，并迈入国际先进水平。

ROV 优点在于动力充足，可以支撑复杂的探测设备和较大的作业机械用电、信息和数据的传递和交换快捷方便、数据量大。由于其操作、运行和控制等行为最终由水面功能强大的计算机、工作站与操作员通过人机交互方式进行，因而其总体决策能力和水平往往高于 AUV，但是脐带电缆是制约其行为的主要因素。AUV 的优点在于其活动范围可以不受限制，且因为没有脐带电缆，所以不会发生缆与水下结构物及探测目标缠绕的问题，但其在水下的续航力及所携带仪器的数量与复杂度大大受限于载体上的能源容量的大小。

（3）机器人水下焊接难题。

由于我国水下机器人焊接和增材制造的研究起步较晚，与国外有较大的差距，包括水下作业的范围、效率、环境空间、深度等方面，国外基本上是千米深度起步，我们还处于摸索阶段。

水下焊接与增材设备研制周期长、投资大，现阶段国内大部分仍然采用水下蛙人作业的方式，现有水下作业机器人企业存在生存压力。不过，多年来中国在水下机器人技术上也取得了一些进步。例如，在硬件本体方面，水下移动平台、水下轮式全位置智能焊接机器人、深潜机器人等均有较大突破；在水下图像处理算法方面，采用多目立体视觉技术以及多信息融合传感获取水下焊缝图像三维坐标，为机器人跟踪焊缝提供位置信息；在高性能的水下机器人焊接电源方面，基于动态稳定控制（DSC）的超高频逆变式水下机器人专用 SiC 焊接电源也已经取得了突破，逆变频率可以达到 200 kHz；适用于水下环境的焊接材料也已经取得了长足的进步。图 6.35 为机器人水下焊接示例。

水下环境和介质比较特殊，实现水下机器人焊接要突破的技术难点主要有以下几点：

（1）粗定位：即水下复杂空间环境感知、水下视觉驱动控制等。

（2）轨迹规划：智能无轨移动平台（浮游/履带/轮式吸附）+ 多自由度机械臂在复杂水下环境的运动轨迹规划。

（3）精定位：水下机器视觉、激光/超声传感与机械臂的手-眼协调控制。

（4）焊接设备：超高频水下焊接电源 + 潜水送丝装置 + 微型排水装置 + 故障诊断与保护。

（5）质量预测：水下焊接电弧行为及熔池动态模拟与电信号高速分析，专家数据库的建立等。

图 6.35　机器人水下焊接

6.4.3　选用焊接机器人的注意事项

焊接机器人，特别是弧焊机器人，对其使用的技术生产环境要求较高。例如，焊件的结构形式、焊缝的数量和形状复杂程度、焊接产品的批量大小及其变化频率、采用的焊接方法及对焊接质量的要求、外围设备的性能及配套完备程度、调试及维修技术保障体系的健全程度等，都影响着使用机器人的合理性与经济性。因此，在采用焊接机器人之前，应从以下几个方面进行充分的论证。

（1）对拟生产焊件的品种和批量及其变化频率进行论证，确认焊件的生产类型。只有“多品种、小批量”的生产性质，才适宜采用焊接机器人。否则，使用焊接机械手或焊接操作机、专用焊接机床或通用机械化焊机较为适宜。

（2）仔细分析焊件的结构尺寸。如果是以中小型焊接机器零件为主，则宜采用机器人焊接；如果以大型金属结构件（如大型容器、金属构架、重型机床床身等）为主，则只能将焊接机器人安装在大型移动门式操作机或重型伸缩臂式操作机上才能进行焊接。

（3）如果焊件材质和厚度有利于采用点焊或气体保护焊，则宜采用焊接机器人。

（4）考虑选用焊接机器人是否用于焊接产品的关键部位，对保证产品质量能否起决定性的作用；能否把焊工从有害、单调、繁重的工作环境中解放出来。

（5）考虑由上游工序提供的坯件，在尺寸精度和装配精度方面能否满足机器人焊接的工艺要求。如果不能，则要考虑对上游工序进行技术改造，否则将会影响机器人的使用。

（6）考虑与机器人配套使用的外围设备（上下料设备、输送设备、焊接工装夹具、焊件变位机械）是否满足机器人焊接的需要，是否能与机器人联机协调动作；夹具的定位精度、变位机械的到位精度（非同步协调时）和运动精度（同步协调时）是否满足机器人焊接的工艺要求。如果上述外围设备不能满足机器人焊接的需要，则将极大地限制机器人作用的发挥。

（7）目前，在我国许多工厂引进的弧焊机器人中，有些已具有机器人与焊件变位机械同步协调运动的功能，因而能使一些空间曲线焊缝或较复杂的焊缝始终保持在水平位置上进行焊接，并能一次起弧就连续焊完整条焊缝。但是这些带同步协调运动控制的弧焊机器人系统，都是由外国机器人生产厂事先编程、调好后交付使用的，目前国内还未掌握有关技术。因此，在引进该类机器人时，除注意针对当前产品需要提出同步协调控制要求外，也要适当考虑今后产品发展的需要，向外方提出给予后续编程、调试的承诺。

考虑工厂的现行管理水平、调试维修的技术水平和二次开发能力，能否保证对焊接机器人高质、高效的应用，以达到保证产品质量，降低生产成本，提高生产率，实现自动化、省力化操作的目的。否则，应采取相应的完善和提高措施。

在确认和通过上述内容的论证后，再从焊接机器人对各种焊接方法的适应性、自由度（一般 5 ~ 6 个）、空间作业范围（固定式机器人一般为 4 ~ 6 m^2），搭载质量（一般小于 10 kg，满足焊枪搭载即可，但点焊机器人要远远大于此值）、运动速度（空程速度约 1 000 mm/s，焊接速度随施焊工艺可调）、重复定位精度（0.1 ~ 1 mm，点焊机器人可大于此值）、程序编制与存储容量等基本参数出发，结合具体产品要求，选用适合生产需要的焊接机器人。目前，从控制方式和技术成熟程度来看，以选用示教再现型的关节式焊接机器人为宜。

7 焊接工装 CAD

计算机辅助设计（Computer Aided Design，CAD）和计算机辅助制造（Computer Aided Manufacturing，CAM）的发展起源于 20 世纪 60 年代的机械工程领域，并最早应用于航空领域中，能够有效解决飞机速度不断增加过程中造成的飞机制造与设计问题，是一门更加综合的新型制造技术，现在已经广泛运用在焊接工装夹具的设计开发中。CAD 在数控加工的技术过程中属于一种生产辅助工具，能够更好利用计算机高速运转、计算准确的能力；并利用灵活多样的文字处理、丰富的图形变化以及创作者的思维能力进行综合的分析整理，最终使设计者的思想更加紧密地同计算机处理结合起来，有效增进了设计发展进程。CAM 能将数控加工和计算机辅助制造设计有力结合起来，使其达到理想的技术加工效果。因此在当前的 CAD 与 CAM 软件加工中，都是通过电脑操作生成 G 代码，进而在软件操作执行下加工为成品。

目前焊接工装设计已进入数字化时代，焊接夹具已经发展到数字化工装设计阶段。即在工装的设计与制造过程中采用数字量传递尺寸，由于夹具、工件等空间位置较复杂零件在成形角度上大多采用焊接工艺，所以对此类零件来说，一般采用三维数字化焊接夹具 CAD 系统开发，该技术还克服了汽车焊接气动夹具设计等问题。

在焊接工装设计时，通常在工装设计中会用到 AutoCAD、Solidworks 这两款软件，它们也是焊接工装设计中构图的基础，其他渲染软件是展现整体图纸效果的帮衬物，各自功能都十分强大。

7.1 AutoCAD

AutoCAD（Autodesk Computer Aided Design）用于二维绘图、详细绘制、设计文档和基本三维设计，现已经成为国际上广为流行的绘图工具。AutoCAD 具有良好的用户界面，通过交互菜单或命令行方式便可以进行各种操作。它的多文档设计环境，让非计算机专业人员也能很快地学会使用。在不断实践的过程中更好地掌握它的各种应用和开发技巧，从而不断提高工作效率。AutoCAD 具有广泛的适应性，它可以在各种操作系统支持的微型计算机和工作站上运行。因此它在全球广泛使用，可以用于土木建筑、装饰装潢、工业制图、工程制图、电子工业、服装加工等多个领域。

AutoCAD 专业软件几乎涵盖了机械设计的全部领域，集齐绘图、设计管理和数据集成等功能模块于一体，实现了直接对图纸、序号、明细表、尺寸标注、符号标注等对象的双击编辑，它提供最新符合国家标准的符号标注和标准件库。标准化、智能化的机械绘图设计，能很大程度上提高设计人员的绘图效率，使图纸完全符合和企业、行业及国家标准，软件兼容多数的机械软件。学习 AutoCAD 首先得掌握基本操作和知晓各区域内容，如工具栏调用、光标的调节、选择方法、取消操作、中键功能、命令栏、捕捉设置、确定键等。

在使用 AutoCAD 前需要熟悉国家标准 GB/T 14689—2008《技术制图图纸幅面和格式》的基本规定。

1．图纸幅面

图纸幅面指的是图纸宽度与长度组成的图面。绘制技术图样时应优先采用 A0、A1、A2、A3、A4 五种规格尺寸。A1 是 A0（841 mm × 1 189 mm）尺寸的一半（以长边对折裁开），以此类推后一号是前一号幅面的一半，一张 A0 图纸可裁 2 × *n* 张 *n* 号图纸。绘图时图纸可以横放或竖放。

2．图框格式

图纸上限定绘图区域的结框称为图框。在图纸上必须用粗实线画出图框，其格式分为不留装订边和留有装订边两种，但同一产品的图样只能采用一种格式。

留有装订边或者不留装订边的图纸，其图框格式见表 7.1，尺寸规定见表 7.2。

表 7.1　图框格式

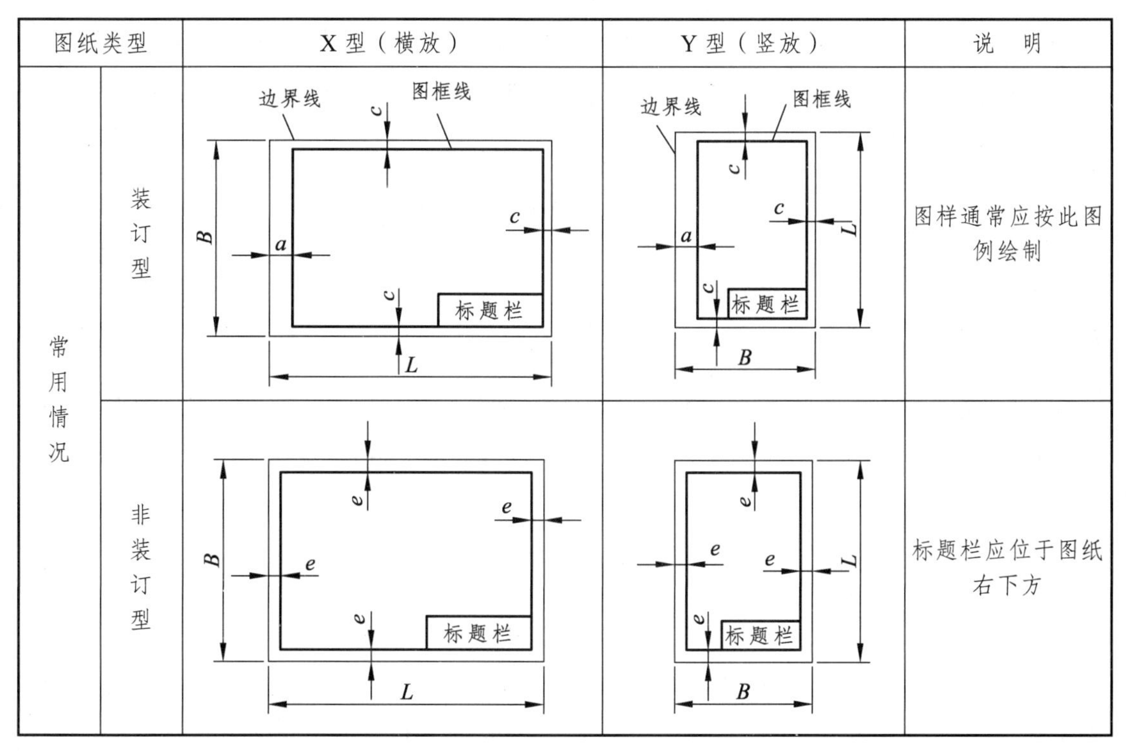

图纸类型		X 型（横放）	Y 型（竖放）	说　明
常用情况	装订型			图样通常应按此图例绘制
	非装订型			标题栏应位于图纸右下方

表 7.2　图框尺寸　　单位：mm

幅面代号	A0	A1	A2	A3	A4
$B \times L$	841 × 1189	594 × 841	420 × 594	294 × 420	210 × 297
e	20		10		
c	10		5		
a	25				

加长幅面的图框尺寸，按所选用的基本幅面大一号的图框尺寸确定。例如 A2×3 的图框尺寸，按 A1 的图框尺寸确定，即 e 为 20（或 c 为 10），而 A3×4 的图框尺寸，按 A2 的图框尺寸确定，即 e 为 10（或 c 为 10）。

3．标题栏

标题栏是由名称、代号区、签字区、更改区和其他区域组成的栏目。标题栏的基本要求、内容、尺寸和格式在国家标准有详细规定。标题栏位于图纸右下角，底边与下图框线重合，右边与右图框线重合，如表 7.1 所示。

4．比　例

图中机件要素的线性尺寸与实际尺寸之比。绘图时尽量采用 1∶1 的比例，国标 GB/T 14690—1993 中对比例的选用做了规定。同一张图纸上，各图比例相同时，在标题栏中标注即可，采用不同的比例时，应分别标注。

5．字　体

图样中书写的汉字、数字、字母必须做到：字体端正、笔画清楚、排列整齐、间隔均匀。字体的书写成长仿宋体，并采用国家正式公布的简化字。

6．尺寸标注

（1）尺寸标注的基本规定机件的真实大小应以图样上所标注的尺寸数值为依据，与图形的大小及绘图的准确度无关。

（2）图样中的尺寸以 1 mm 为单位时，不需标注计量单位的代号或名称，若采取其他单位，则必须标注。

（3）图样中所注的尺寸，为该图样的最后完工尺寸。

（4）机件上的每一个尺寸，一般只标注一次，并应标在反映该结构最清晰的图形上。尺寸的组成标注完整的尺寸应具有尺寸界线、尺寸线、尺寸数字及表示尺寸终端的箭头或斜线，如图 7.1 所示。

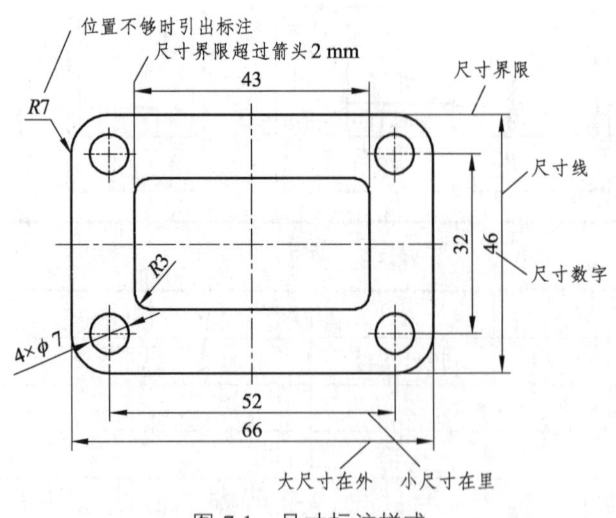

图 7.1　尺寸标注样式

熟悉国家标准有关制图的基本规定后，在使用 AutoCAD 前需要掌握其界面及常用命令，掌握新建、打开、保存文件的基本操作，正确设置绘图环境，掌握图层、颜色、线型设置命令基本方法和步骤等。

7.1.1　AutoCAD 工作界面

如图 7.2 所示的 AutoCAD 工作界面被分割成 6 个不同的区域：标题栏、菜单栏、工具栏、绘图区、命令窗口、状态栏。每个组成元素基本上都具有标注窗口特性。例如，标题栏沿着窗口的顶部显示软件的名称——AutoCAD 2014。菜单栏在标题栏的下方，可以从下拉菜单中选择需要的命令，也可以通过单击工具栏上的图标激活命令。状态栏在屏幕的底部，它不仅显示屏幕上光标所处位置的坐标，同时还显示 AutoCAD 各种模式的当前状态。

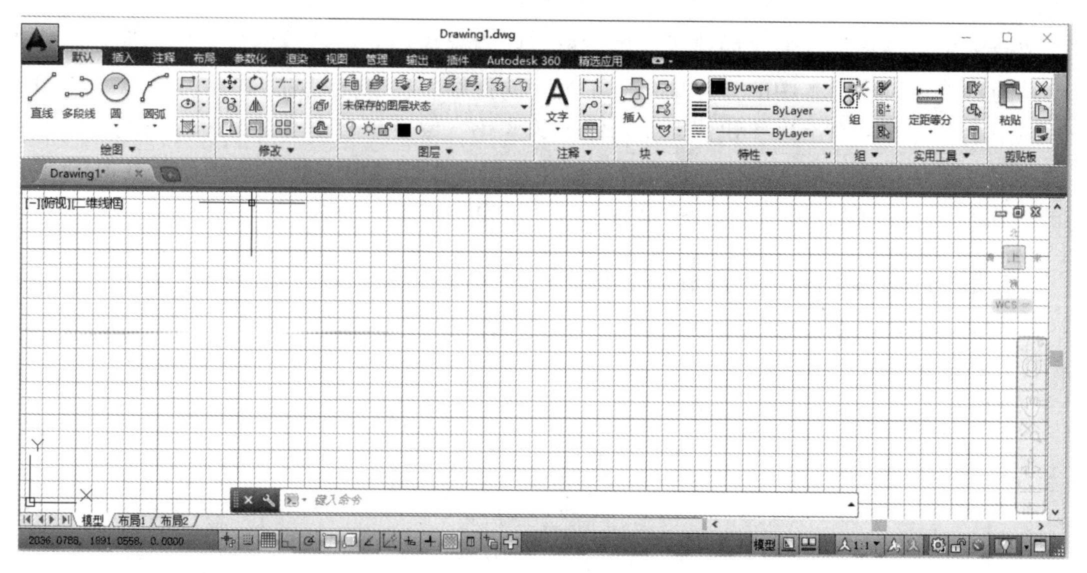

图 7.2　AutoCAD 2014 工作界面

命令窗口与其他窗口程序不同。它可以用键入命令名并回车的方式调用任何一个 AutoCAD 命令。绘图区占据着屏幕的大部分，这是创建图形的区域。在绘图区中，还有两个界面元素：一个由两个互成 90° 的箭头组成的符号，代表用户坐标系（UCS），一个十字图案，代表绘图的十字光标。下面介绍工作界面元素。

1．标题栏

标题栏表达的是 AutoCAD 2014 软件名称和当前的文件名称等信息。如图 7.3 所示，标题栏中显示，前面的“AutoCAD 2014”是软件名称，后面的“Drawing1.dwg”是当前的文件名称（如果已经对文件命名，则显示命名的文件名）。

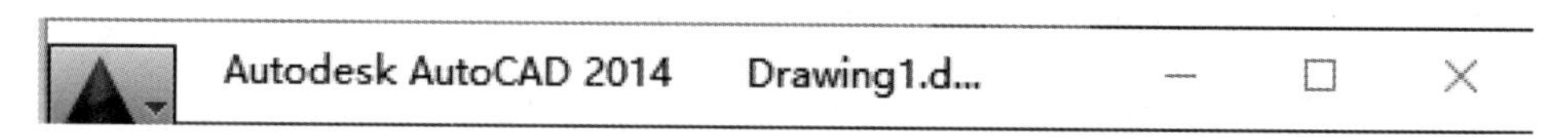

图 7.3　AutoCAD 2014 标题栏

标题栏的右边是一组控制按钮。即分别表达最小化、最大化、关闭，通过这三个按钮，读者可以让当前的应用程序以整个屏幕进行显示或仅显示应用程序的名称，也可以直接通过关闭按钮关闭 AutoCAD。

2．菜单栏

下拉菜单和快捷菜单：AutoCAD 2014 菜单栏如图 7.4 所示，它由“默认”“插入”“注释”“布局”“参数化”“三维工具”“渲染”“视图”“管理”“输出”“插件”“Autodesk 360”“精选应用”13 个主菜单构成，每个主菜单下又包含了子菜单，而子菜单还包括下一级菜单。菜单几乎包括了 AutoCAD 2014 所有命令，用户可以完全通过菜单来绘图。

默认　插入　注释　布局　参数化　视图　管理　输出　插件　Autodesk 360　精选应用

图 7.4　AutoCAD 2014 菜单栏

快捷菜单是一种特殊形式的菜单，单击鼠标的右键将在光标的位置显示出快捷菜单。快捷菜单的特性比以前版本中的光标菜单有了很大的提高。在 AutoCAD 2014 中，快捷菜单完全体现了上下文的关系。这些快捷菜单功能上的变化，取决于单击右键时光标所处的位置和是否选定了某些对象。在 AutoCAD 2014 中，还保留了光标菜单，只需按住“Shift”（或者是“Ctrl”）键，并单击鼠标的右键，AutoCAD 将显示快捷菜单，如图 7.5 所示。

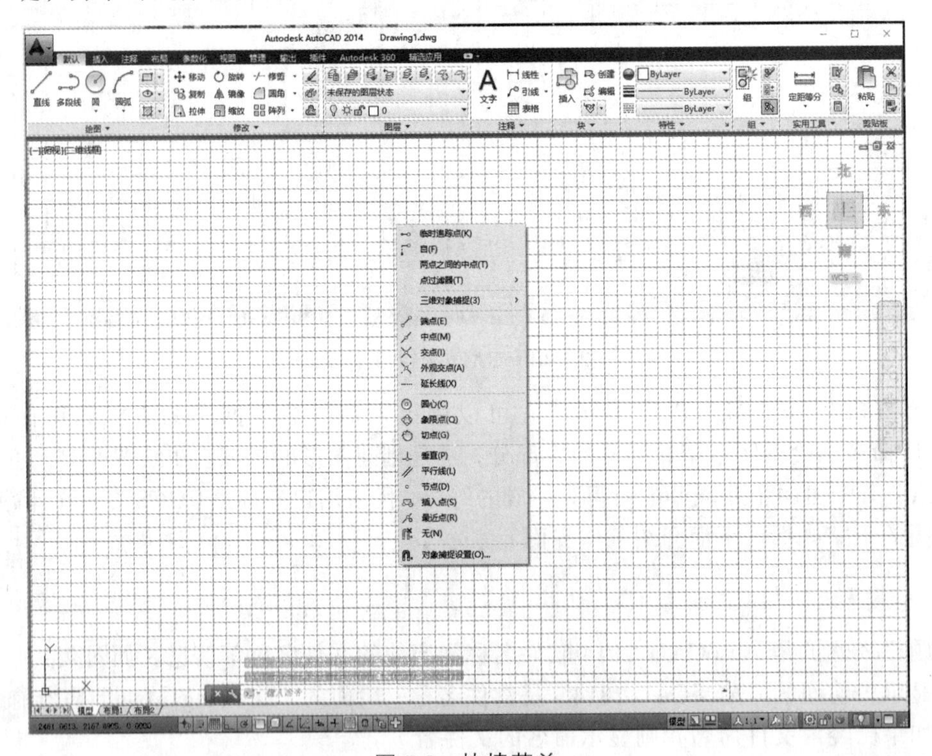

图 7.5　快捷菜单

3．绘图区（绘图窗口和坐标系）

绘图区作为用户绘图的地方，其左下方显示当前绘图状态下的坐标系。坐标系用于确定一个对象的方位。掌握各种坐标，对于快捷地制图至关重要。

在 AutoCAD 2014 中，有两种坐标系：一个称为世界坐标系（WCS）的固定坐标系和一个称为用户坐标系（UCS）的可移动坐标系。在 WCS 中，X 轴是水平的，Y 轴是垂直的，Z 轴垂直于 XY 平面。原点是图形左下角 X 轴和 Y 轴的交点（0，0）。可以依据 WCS 定义 UCS。实际上所有的坐标输入都使用当前 UCS。移动 UCS 可以使处理图形的特定部分变得更加容易。旋转 UCS 可以帮助用户在三维或旋转视图中指定点。“捕捉”“栅格”和“正交”模式都将旋转以适应新的 UCS。

4．工具栏

第一次启动 AutoCAD 2014 时，将显示“标准工具栏”“对象特性工具栏”“绘图工具栏”和“修改工具栏”。同时提供了“工具选项板”，如图 7.6 所示。工具栏上的每一个图标都形象地表示一个命令。将鼠标移到某个图标上，然后单击这个图标，就是执行该命令。可以随时调用所需的工具栏，并可以将它放置在任意地方。所有这些工具栏都可以用添加和删除的方法进行自定义。另外还可以任意移动和重新调整工具栏以及创建新工具栏。

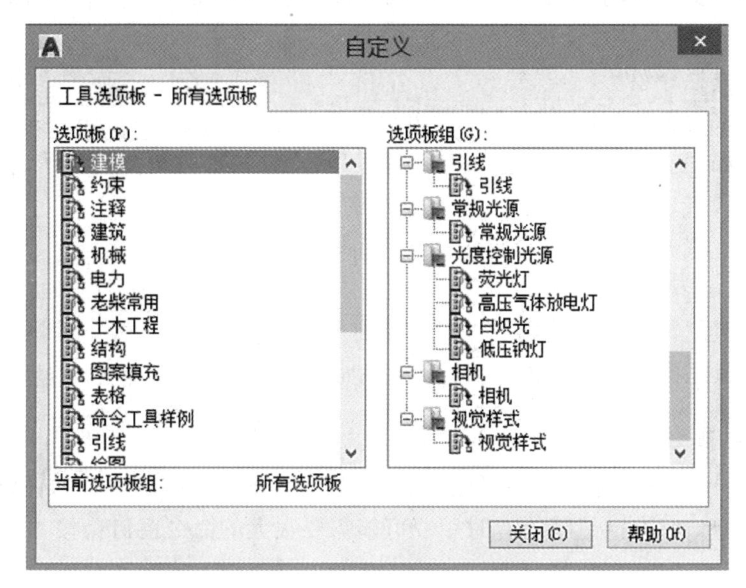

图 7.6　工具栏设置

（1）工具栏的调用方法。

第一步：在命令行中输入“TOOLBAR”命令，并按回车键，调出“自定义”对话框，如图 7.6 所示。要在屏幕上显示一个工具栏，可以单击工具栏名称旁边选择框（以便在选择框当中出现符号）。要关闭屏幕上显示的一个工具栏，同样也是单击其名称右边的选择框，使工具栏消失就行了。

第二步：单击标题栏中的“视图”，在下拉菜单中单击“工具栏”。

第三步：将光标箭头停留在任意一个工具栏上（除工具选项板之外），单击鼠标右键，在弹出的菜单上单击要显示的工具栏。

（2）工具栏的使用技巧。

要熟练地掌握工具栏，是快速、准确制图的一个前提，因此要注意一些工具栏使用的技巧，下面简要介绍一下这些技巧：

① 工具栏的浮动。工具栏是可以浮动的。要移动一个工具栏时，只需把光标移到该工

具栏上除按钮之外的任意位置，单击并且一直按住，拖动鼠标，把工具栏移出绘图区的周边。

② 工具栏的关闭。在任意一个工具栏上单击右键，在显示的快捷菜单上单击要关闭的工具栏名称，以清除选择标记。当工具栏是浮动的时候，可以直接单击其右上方的关闭按钮就行了，也可以在“工具栏”对话框中关闭。

③ 工具栏的固定。可以将工具栏拖曳到绘图区的周边。

④ 工具栏的调整。将光标移到浮动工具栏的边界处，在出现修改尺寸的箭头后，拖曳工具栏的边界调整大小。

⑤ 工具栏对话框的功能。可以在该对话框上选择工具栏上的图标是否以大图标显示，也可以选择是否显示工具栏提示，只需在“显示工具栏提示”前设定复选框就行了。

⑥ 工具栏的提示使用。开始使用 AutoCAD 的时候，对于每个工具栏上的图标代表的命令，使用者可能会不太清楚，这时就可以使用工具栏提示，它会提示每个图标代表什么命令，只需把鼠标移到工具栏上的任意一个图标，稍微停留一下，在鼠标箭头的尾部就会显示图标的功能。

（3）绘图工具栏介绍。

在使用 AutoCAD 的过程中，会经常用到绘图工具栏，绘图工具栏如图 7.7 所示。其主要功能是绘制：直线、构造线、多段线、多边形、矩形、圆弧、圆、修订云线、样条曲线、椭圆、点、图案填充、选择面域、螺旋、圆环等。

至于其他工具栏的命令，使用者可以参照前面提到的技巧，利用工具栏提示弄清楚各个图标代表的命令。

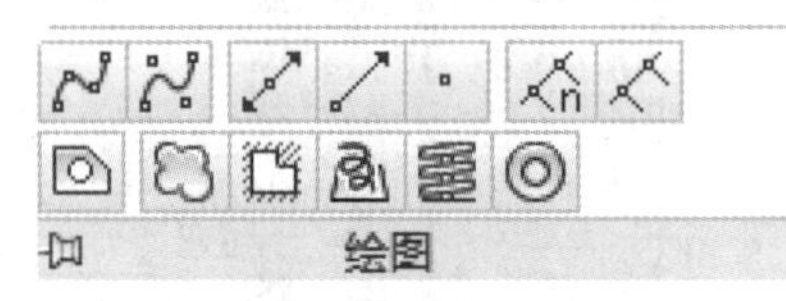

图 7.7　绘图工具栏

5．命令提示窗

命令窗口，如图 7.8 所示。用户可以在命令的提示下输入 AutoCAD 的任意一个命令。通常情况下，命令窗口只有两三行，有时用户可能需要很大的命令窗口，按“F2”键就可以完全显示命令窗口。

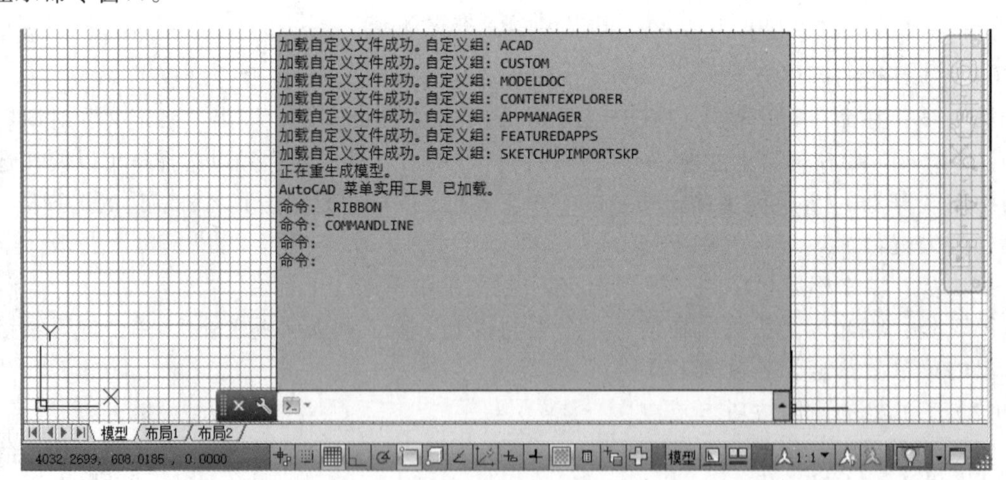

图 7.8　命令提示窗

6．状态栏

状态栏位于屏幕的底部，如图 7.9 所示，状态栏显示当前光标所处位置的坐标和各种模式的状态栏显示的模式状态。当屏幕上的模式按钮呈凹下状时，表明该模式是打开的，相反若是凸起时，则该模式是关闭的。

图 7.9　状态栏

7.1.2　AutoCAD 基本环境设置

为了作图方便快捷，往往需要先进行绘图环境设置，通常设置图形界限、设置绘图单位、设置绘图单位、图层、线型、颜色、状态栏等。

1．设置图形界限

图形界限是世界坐标系中的二维点，表示图形范围的左下和右上边界。在 AutoCAD 系统当中，绘图区可以看作是一张无限大的图纸，但是在实际绘图的时候，还必须对绘图区域进行规划。激活设置图形界限有两种方法。

（1）命令行："limits"。

（2）菜单栏："格式" → "图形界限"。

用上述两种方法之一，就可以激活"图形界限"命令。CAD 系统会提示：

重新设置模型空间界限：

指定左下角或[开（ON）/关（OFF）]<0.0000，0.0000>：

指定右上角点<420.0000，297.0000>。

指定了左下角点、右上角点，就设置好了图形界限，AutoCAD 系统退回到"命令："。

在提示"指定左下角点或[开（ON）/关（OFF）]<0.0000，0.0000>："当中，还有两个选项"开（0N）"和"关（OFF）"，它们是用来检查超越界限的开关。选择"开（ON）"时，打开检查开关，用户在所设置的图形界限内的操作有效，在图形界限的外部的操作无效，系统会给出"××超出图形界限"的提示；选择"关（OFF）"时，所绘制图形超出图形界限，系统不给出超越界限提示，而且在图形界限外的操作同样有效。但是因为超出图形界限不能打印，所以用户在绘图时，最好不要越界绘图。

图形界限还决定能显示网格点的绘图区域、"ZOOM"命令的比例选项显示的区域和"ZOOM"命令的"全部"选项显示的最小区域。打印图形时，也可以指定图形界限作为打印区域。

2．设置绘图单位

指示用户输入和 AutoCAD 显示坐标和测量所采用的格式，设置绘图单位主要是定义单位和角度格式。AutoCAD 系统提供了很多绘图单位及格式，而且精度的选择范围很大，主要是为了满足不同专业、不同精度的绘图要求。

可以用以下两种方法激活绘图单位的设置。

（1）命令行："units"或"un"。

（2）菜单栏：“格式”→“单位”。

激活设置绘图单位，系统会弹出一个对话框，如图 7.10 所示。

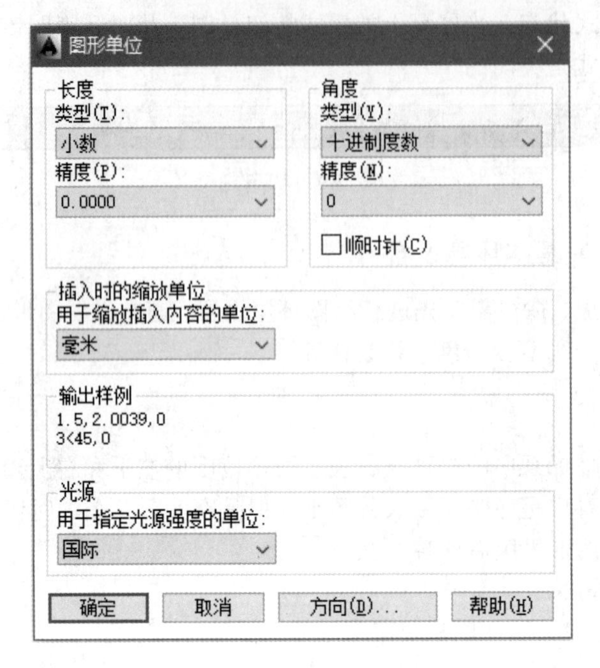

图 7.10　设置图形单位

对话框的各项功能如下：

① 长度。此选项是用来显示和设置当前长度的类型和精度。在“类型”下拉列表中提供了 5 种长度单位，分别为“小数”（以十进制标记法：显示测量值）、“工程”（以英尺和小数表示的英寸显示：测量值）、“建筑”（以英尺、英寸和分数表示的英寸显示：测量值）、“分数”（以混合数标记法：显示测量值）和“科学单位”（以科学标记法：显示测量值）。用户可以在“精度”下拉列表中，根据选择的类型选择相应的精度表示法及其精度。

② 角度。此选项是用来显示和设置当前角度的类型、精度和角度的转向。在“类型”下拉菜单中提供了 5 种角度单位，分别为：“百分度”“度/分/秒”“弧度”“勘测单位”和“十进制度数”。用户可以在“精度”下拉列表中，根据选择的类型选择相应的精度表示法及其精度。

③ 顺时针。AutoCAD 系统默认正角度方向是“逆时针”方向，选中此选项系统的正角度方向转换为“顺时针”方向。

④ 拖放比例。控制使用工具选项板拖入当前图形的块的测量单位。如果块或图形创建时使用的单位与该选项指定的单位不同，则在插入这些块或图形时，将对其按比例缩放。插入比例是源块或图形使用的单位与目标图形使用的单位之比。如果插入块时不按指定单位缩放，请选择“无单位”。

⑤ 输出样例：显示当前单位设置下的标注示例。

⑥“方向”按钮：单击“方向”按钮，就弹出如图 7.11 所示的对话框。基准角度用来设置零角度的方向。

用户可以把“东”“北”“西”“南”设置成零度的方向，也可以选择“其他”，把除正方向以外的其他方向设置为零度方向。这时，可在“角度”文本框中通过输入与 X 轴夹角的角度数值确定为零度方向；也可单击“角度”前的“拾取角度”按钮，然后用鼠标指针在绘图区域拾取两点，把第一点与第二点的连线方向确定为零度方向。

以上角度为零的设置会影响角度、显示格式、极坐标、柱坐标和球坐标等条目。

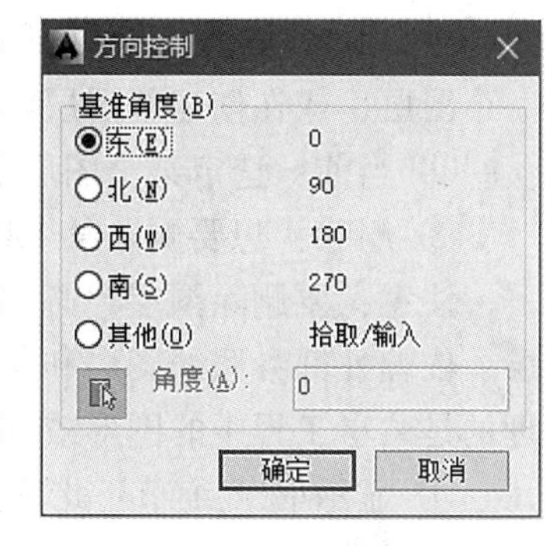

图 7.11　方向控制设置

3．设置图层

图层可以假想为很多层透明的塑料纸，为了更好地区分不同组的对象，把不同组的对象分别放在不同的图层中。例如，在建筑图当中，墙体、上下水管道、供暖系统等分别绘制在不同图层中，把这些图叠放在一起，就构成一张完整的图。设置好图层便于对图层中的对象统一编辑操作。

用户可以通过下面 3 种操作方法，设置图层。

（1）命令行：“layer”或“la”。

（2）菜单栏：“格式”→“图层”。

（3）工具栏：单击等。

执行上述操作方法之一后，就会打开“图层特性管理器”对话框，如图 7.12 所示。

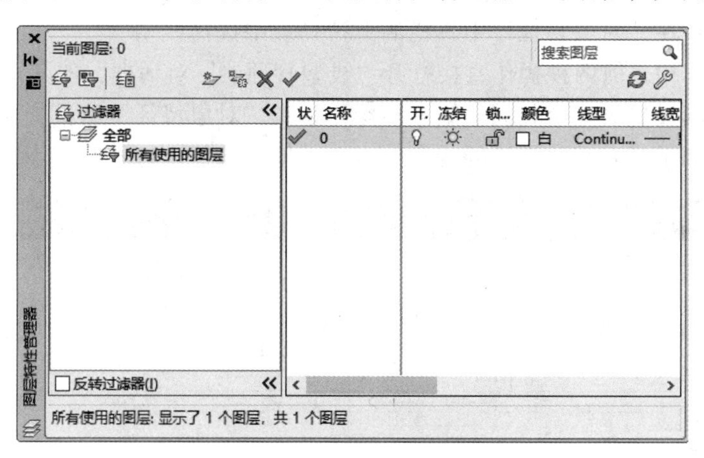

图 7.12　图层特性管理器

在“图层特性管理器”对话框中可以实现如下功能：将某一图层设置为当前图层、新建图层、删除图层、重命名图层、设置图层特性、打开和关闭图层、冻结和解冻图层、锁定和解锁图层、设置图层的打印样式、打开和关闭图层打印、过滤在“图层特性管理器”对话框中显示的图层名、保存和恢复图层状态及特性。

（4）新建图层。

① 新建图层：单击“新建”按钮后，在图层列表中将显示图层名为“图层 1”的图层。若要继续新建多个图层，可以连续单击“新建”按钮，新建图层就显示在图层列表中，图层名分别为“图层 1”“图层 2”“图层 3”……这些图层名可以根据需要改变。新建图层时，新

图层将继承列表中的选定图层的特性。要使用默认设置创建图层，则不要选择列表中的任何一个图层，或在创建新图层前，先选择一个具有默认设置的图层。

② 当前：选定某个图层，单击“当前”按钮，就可以将选定图层设置为当前图层。

③ 删除：想要删除某个图层，先选定要删除的图层，然后单击“删除”按钮。

注意：要删除图层，必须是没有绘制任何图形的空图层。对于 0 图层和定义点、当前图层、依赖外部参照的图层和包含对象的图层（包括块定义中的对象）是不能删除的。如果处理的是共享工程中的图形或基于一系列图层标准的图形，删除图层时则要特别小心。

④ 显示/隐藏细节：此按钮是控制在“图层特性管理器”对话框中是否显示“详细信息”部分，显示“图层特性管理器”对话框的扩展部分，可以通过这一途径设置修改特性和附加选项。

⑤ 保存状态：单击“保存状态”按钮，打开“保存图层状态”对话框，可在其中保存图形中所有状态和特性设置。可以通过为图层指定一个名称，选择要保存的图层状态和特性保存该图层状态。

在图层状态列表中可以设置图层的名称、开关状态、颜色、线性、线宽、打印样式等。

4．设置线型

AutoCAD 激活设置当前线型的方法有三种：

（1）命令行：“linetype”。

（2）菜单栏：“格式”→“线型”。

（3）工具栏：在“对象特征”工具栏的下拉列表中选择线型。

以上三种操作中，前两种操作直接打开“线型管理器”对话框，如图 7.13 所示。与图层中的线型相似，其设置页完全相同。第三种操作是在“对象特征”工具栏中“线型控制”下拉列表中选择。如果没有用户需要的线型单击“其他”按钮，打开线型库进行选择。

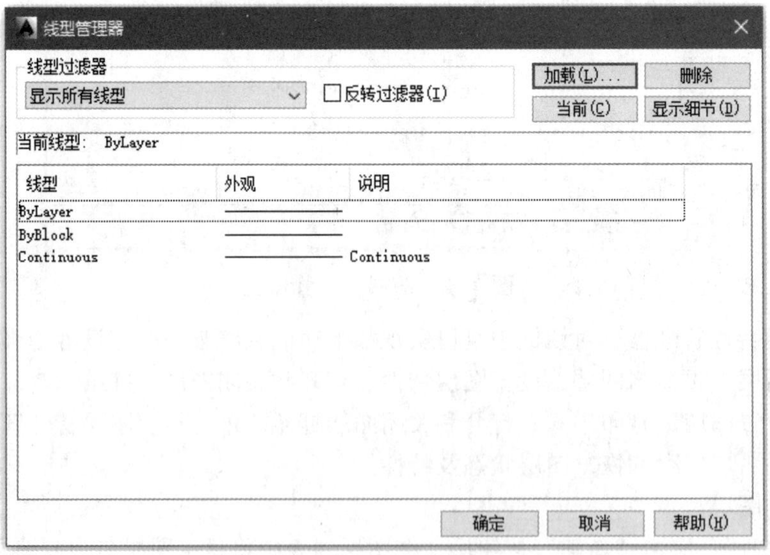

图 7.13 线型管理器

AutoCAD 颜色索引是在 AutoCAD 系统中使用的标准颜色。每一种颜色对应一个 ACI 编号（1 到 255 之间的整数）。标准颜色名称仅适用于 1 到 7 号颜色，颜色指定如下：1 红色，2 黄色，3 绿色，4 青色，5 蓝色，6 品红色，7 白色/黑色，可根据实际需求选择。

5．状态栏设置

（1）捕捉和栅格：“捕捉”对“捕捉 *X* 轴间距”和“捕捉 *Y* 轴间距”，默认设置为“10”，根据需要可分别设为“1”，绘图时可精确到 1 mm。“栅格”对“栅格 *X* 轴间距”和“栅格 *Y* 轴间距”，默认设置为“10”，根据需要可分别设为“5”。

捕捉和栅格可配合使用，在画图时当打开“捕捉”和“栅格”时，就相当于在 5 × 5 的方格纸上画图，鼠标移动的最小距离就是 1 mm，画较短的距离（ < 20 mm）就可以直接从屏幕上看出，十分方便。

（2）正交：AutoCAD 系统提供了与丁字尺类似的绘图和编辑工具，就是“正交”模式。通过“正交”模式约束，可以提高绘图速度。创建或移动对象时，使用“正交”模式可将光标限制在水平或垂直轴上。正交对齐取决于当前的捕捉角度、UCS、栅格、捕捉设置。用户在绘图和编辑过程中，可以随时打开或关闭“正交”模式，在命令行输入“ortho”命令，以“ON”响应就打开正交模式，以“OFF”响应就关闭正交模式，也可以通过按“F8”键或单击状态栏中的“正交”按钮，进行正交开关模式的切换。

（3）对象捕捉：对象捕捉工具可自动将光标精确地定位到某个对象的特殊点上，也可以用来选择特殊点，可非常方便地进行精确绘图和编辑。

7.1.3　AutoCAD 基本编辑命令

在绘图过程中，经常需要调整图形对象的位置、形状等。AutoCAD 提供了功能强大的编辑命令，可以对图形进行删除、移动、复制、旋转、拉伸、镜像、倒角、圆角、修剪、阵列等操作，还提供了利用图形对象的关键点快速移动、复制、旋转、拉伸等功能。熟练地掌握这些编辑命令，可以使图形的编辑十分方便、快捷，大大提高绘图的效率。

图形编辑命令的输入方法有三种：“修改”工具栏；“修改”下拉菜单；键盘输入编辑命令。

1．选择编辑对象的方式

输入一条编辑命令之后，应选择编辑对象，系统通常会有如下提示：

选择对象：这时光标会变成小方块形状。可以利用下面介绍的任一种方式选择编辑对象，被选中的实体对象以“醒目”的方式（虚线）显示。

AutoCAD 提供的选择对象的方式主要有以下几种：拾取方式、窗口方式、交叉窗口方式。以上三种方式是系统默认的选择方式。在“选择对象:”提示下，用光标拾取一点，若选中了一个实体，即为第一种方式，系统提示继续选择对象；若未选中对象（拾取点在屏幕的空白处），则拾取点自动成为第二或第三种方式矩形窗口的第一个角点，系统提示“指定对角点”。若第二角点在第一角点的右面，则为第二种方式，矫形窗口显示为实线；否则，为第三种方式，矩形窗口显示为虚线。

除此之外还可以使用“全选方式”，即在选择对象时，通过提示下键入“ALL（回车）”，选取不在已锁定或已经冻结层上的图中所有的实体。

2. 基本编辑命令

绘图命令在 AutoCAD 基本工作界面已经展示，这里着重讲解绘图时通常会用到的基本编辑命令，如图 7.14 所示 AutoCAD 2014 基本编辑命令栏。基本命令栏里有：删除命令（Del）、复制命令（Copy）、移动命令（Move）、旋转命令（Rotate）、镜像命令（Mirror）、阵列命令（Array）、缩放命令（Scale）、拉伸命令（Stretch）等。

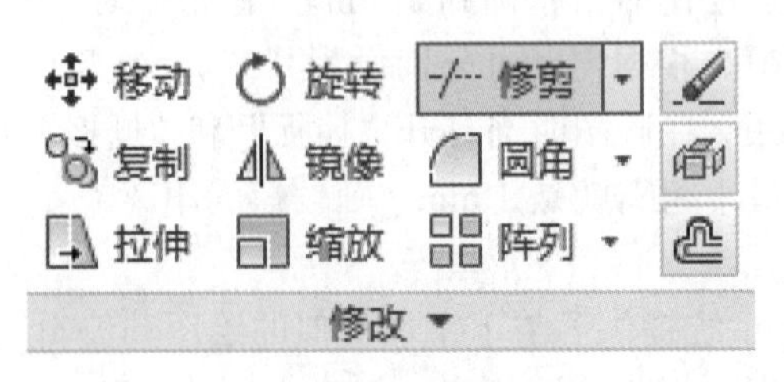

图 7.14 基本编辑命令栏

除此之外，通常在绘制图形的过程中还需要一些剪切编辑命令。当需要进行圆弧连接，可以使用圆角命令；需要用一段直线代替圆角所用的圆弧时，采用倒角与圆角命令；需要对选定的对象（直线、圆、圆弧等）沿事先确定的边界进行裁剪，实现部分擦除，采用修剪命令（Trim）；需要将选中的对象（直线，圆弧等）延伸到指定的边界，采用延伸命令（Extend）；有时需要将某实体（直线、圆弧、圆等）部分删除或断开为两个实体可以使用打断命令；在对图形编辑过程中，有时需要改变直线的长度、圆弧的弧长和圆心角，但不改变其圆心和半径时，可采用拉长命令。当需要把块分解成组成该块的各实体，把多段线分解成组成该多段线的直线或圆弧，把一个尺寸标注分解成线段、箭头和文本，把一个图案填充分解成一个个的线条时，可采用分解命令（Explode）。

在平面图形的绘制时必须掌握其基本绘图流程：① 设置图幅尺寸、单位制和比例，应符合国家标准《机械制图》中的规定。② 设置必需的图层、线型、线型颜色和线型比例。③ 绘图和修改。④ 编辑图形、标注尺寸。⑤ 输出、存储并退出。

7.2 SolidWorks

SolidWorks 软件是一种机械设计自动化应用程序，设计师使用它能快速地按照其设计思想绘制草图，尝试运用各种特征与不同尺寸，以及生成模型和制作详细的工程图。它是一个在 Windows 环境下进行机械设计的软件，是一个以设计功能为主的 CAD/CAE/CAM 软件，其界面操作完全使用 Windows 风格十分人性化。同时，功能强大、易学易用和技术创新是 SolidWorks 的三大特点，使得 SolidWorks 成为领先的、主流的三维 CAD 解决方案。

Solidworks 不仅是一款功能强大的 CAD 软件，还允许以插件的形式将其他功能模块嵌入到主功能模块中。因此，Solidworks 具有在同一平台上实现 CAD/CAE/CAM 三位一体的功能。

SolidWorks 能够提供不同的设计方案、减少设计过程中的错误以及提高产品质量。SolidWorks 不仅提供强大的功能，同时对每个工程师和设计者来说，操作简单方便、易学易用。SolidWorks 模型包括定义其边线、面和曲面的 3D 几何体。SolidWorks 软件可以快速、精密地设计模型，它基于零部件由 3D 设计定义。

1．3D 设计

SolidWorks 使用 3D 设计方法。设计零件时，从最初草图到最终结果，所创建的都是 3D 模型。可以根据 3D 模型生成 2D 工程图，或者生成由零件或子装配体组成的配合零部件以生成 3D 装配体。然后还可以生成 3D 装配体的 2D 工程图，如图 7.15 所示。

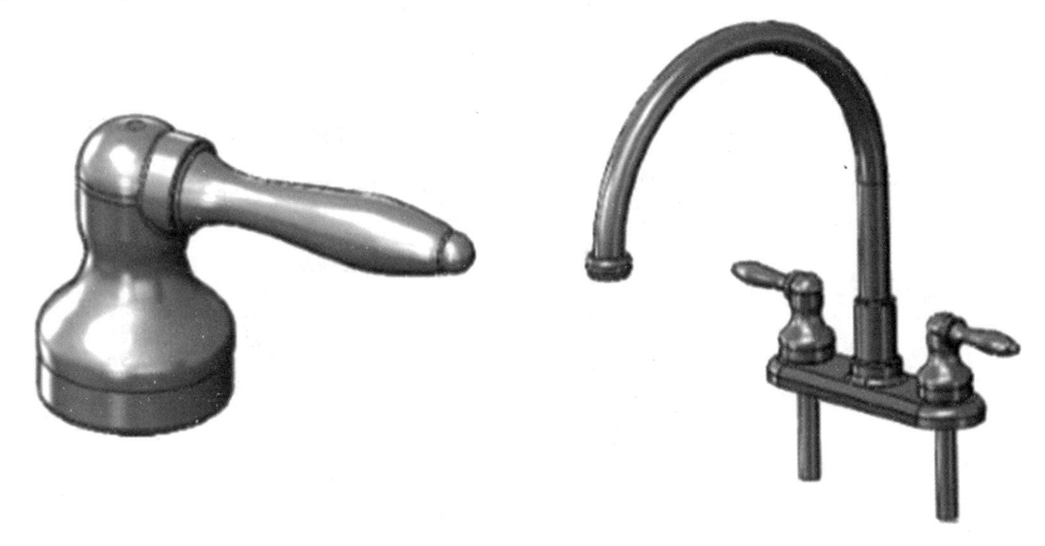

（a）SolidWorks 3D 零件　　（b）SolidWorks 3D 装配体

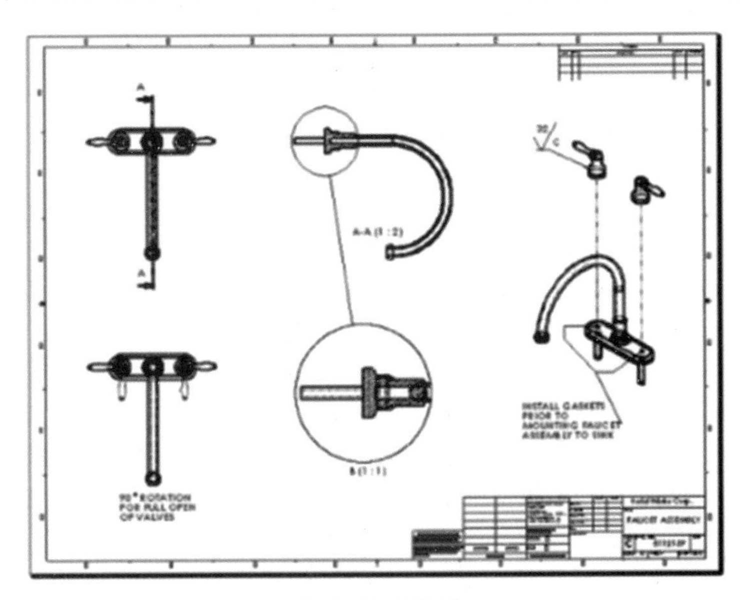

（c）2D 工程图

图 7.15　3D 模型生成 SolidWorks 2D 工程图

2．基于零部件

SolidWorks 应用程序最强大的功能之一，就是对零件所做的任何更改都会反映到所有相关的工程图或装配体中，如图 7.16 所示。

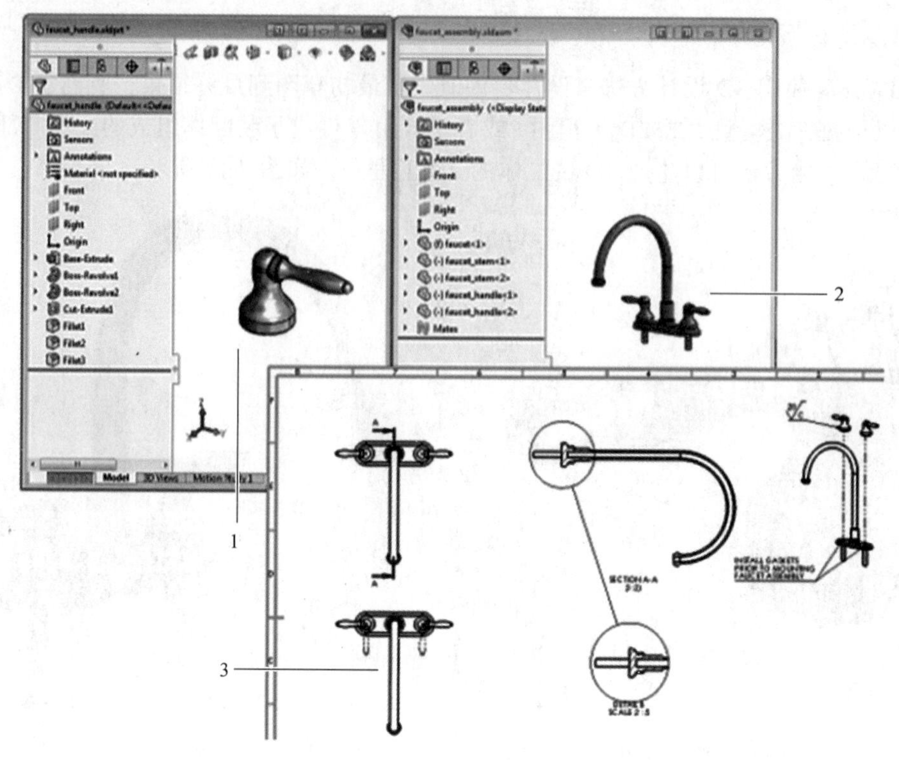

1—零件；2—装配体；3—工程图。

图 7.16　零部件图

7.2.1　SolidWorks 界面

1．工作界面

SolidWorks 应用程序包括用户界面工具和功能，能帮助设计者高效率地生成和编辑模型。

（1）Windows 功能：SolidWorks 应用程序包括熟悉的 Windows 功能，如拖动窗口和调整窗口大小。在 SolidWorks 应用程序中，采用了许多相同的图标，如打印、打开、保存、剪切和粘贴等。

（2）SolidWorks 文档窗口：SolidWorks 文档窗口有两个窗格。左窗格或管理器窗格，其中包括 FeatureManager 设计显示零件、装配体或工程图的结构。例如，从 FeatureManager 设计树树中选择一个项目，以便编辑基础草图、编辑特征、压缩和解除压缩特征或零部件。

2．功能选择和反馈

SolidWorks 应用程序允许使用不同方法执行任务。当执行某项任务时，如绘制实体的草图或应用特征，SolidWorks 应用程序还会提供反馈。反馈的示例包括指针、推理线、预览等。

3．菜　单

可以通过菜单访问所有 SolidWorks 命令。SolidWorks 菜单使用 Windows 惯例，包括子菜单、指示项目是否激活的复选标记等。还可以通过单击鼠标右键使用上下文相关快捷菜单，如图 7.17 所示。

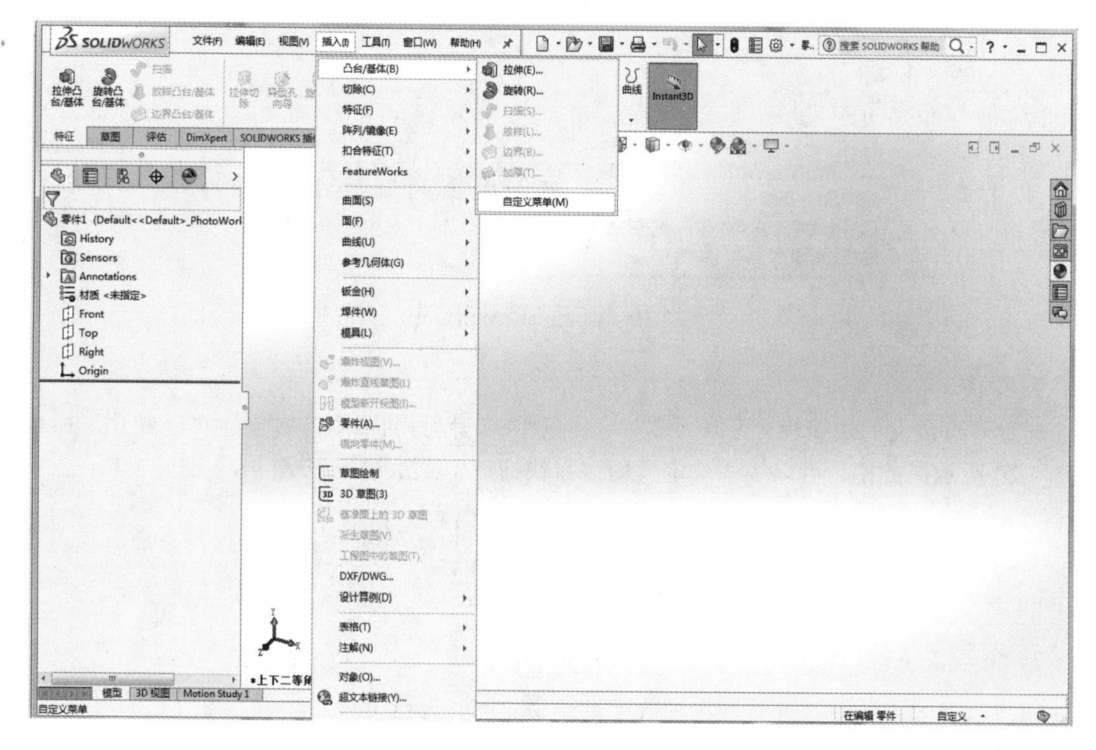

图 7.17　菜单

4．工具栏

可以使用工具栏访问 SolidWorks 功能。工具栏按功能进行组织，例如草图工具栏或装配体工具栏。每个工具栏都包含用于特定工具的单独图标，如旋转视圈、回转阵列和圆。

如图 7.18 所示，可以显示或隐藏工具栏、将它们停放在 SolidWorks 窗口的四个边界上，或者使它们浮动在屏幕上的任意区域。SolidWorks 软件可以记忆各个会话中的工具栏状态。也可以添加或删除工具以自定义工具栏。将鼠标指针悬停在每个图标上方时会显示工具提示。

图 7.18　工具栏

5．命令管理器

命令管理器是一个上下文相关工具栏，它可以根据处于激活状态的文件类型进行动态更新。如图 7.19 所示位于命令管理器下面的选项卡时，它将更新以显示相关工具。对于每种文件类型，如零件、装配体或工程图，均为其任务定义了不同的选项卡。与工具栏类似，选项卡的内容是可以自定义的。例如，如果单击特征选项卡，会显示与特征相关的工具。也可以添加或删除工具以自定义命令管理器。标指针悬停在每个图标上方时会显示工具提示。

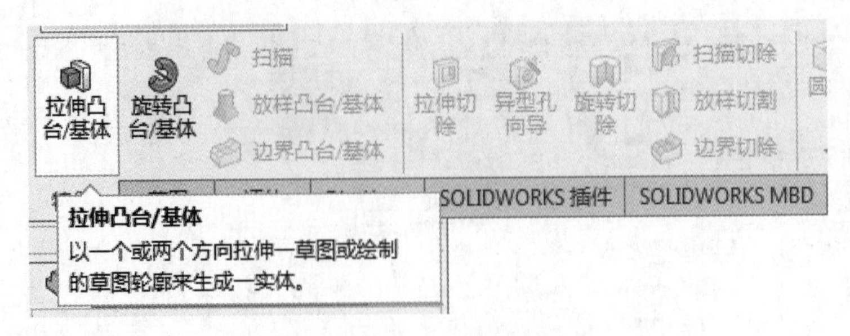

图 7.19　CommandManager

6．快捷栏

通过可自定义的快捷栏，可以为零件、装配体、工程图和草图模式创建自己的几组命令。如图 7.20 所示快捷栏，可以按用户定义的键盘快捷键，默认情况下是“S”键。

图 7.20　快捷栏

7．关联工具栏

如图 7.21 所示，在特征管理设计树中选择项目时，关联工具栏出现。通过它们可以访问在这种情况下经常执行的操作。关联工具栏可用于零件、装配体及草图。

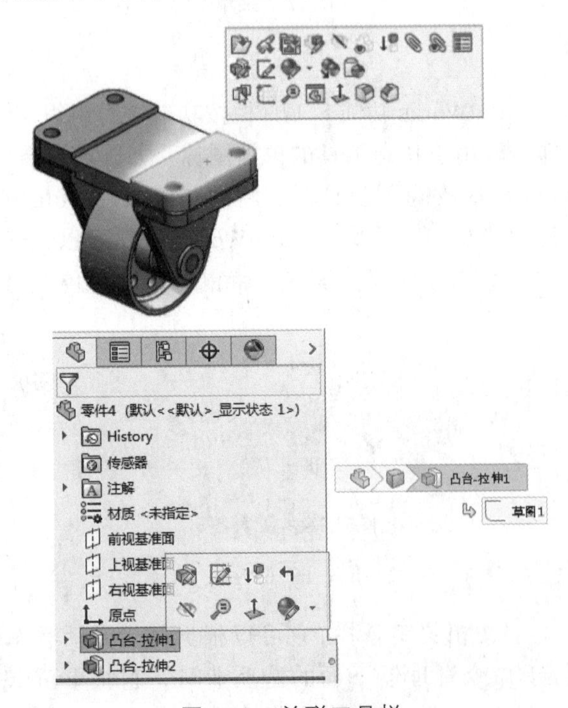

图 7.21　关联工具栏

8．鼠标按键

可以使用以下方法操作鼠标按键：

① 左键：选择菜单项目、图形区域中的实体以及 FeatureManager 设计树中的对象。

② 右键：显示上下文相关快捷菜单。

③ 中键：旋转、平移和缩放零件或装配体，以及在工程图中平移。

④ 鼠标笔势：可以使用鼠标笔势作为执行命令的一个快捷键（类似于键盘快捷键）。了解命令对应的方向后，即可使用鼠标笔势快速调用对应的命令。如图 7.22 所示鼠标笔势，在图形区域中，按照命令所对应的笔势方向以右键拖动。当右键拖动鼠标时，有一个指南出现，显示每个笔势方向所对应的命令。

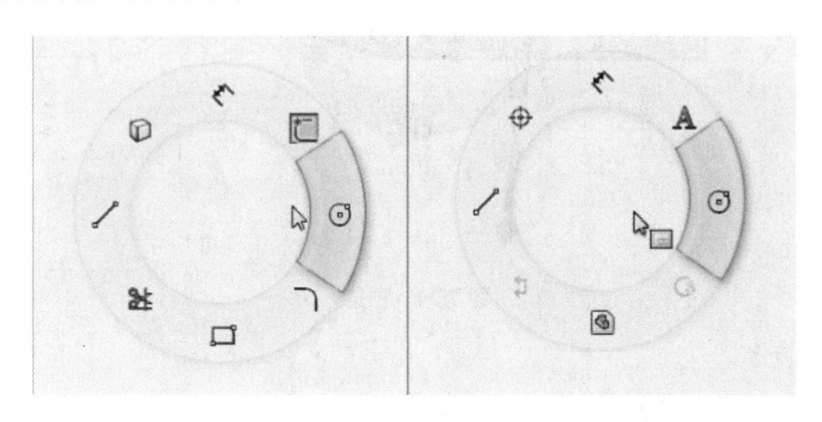

（a）包含 8 种笔势的草图指南　　（b）包含 8 种笔势的工程图指南

图 7.22　鼠标笔势

9．控　标

如图 7.23 所示用 PropertyManager 来设置数值，如拉伸深度等。还可以使用图形控标在不离开图形区域的情形下，动态地拖动和设置某些参数。

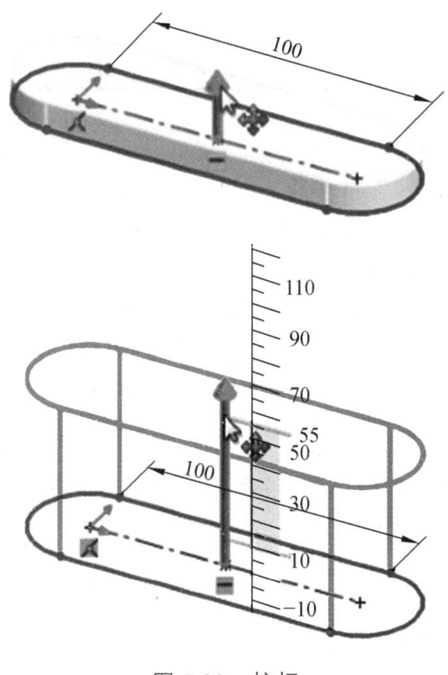

图 7.23　控标

10．预　览

如图 7.24 所示大多数特征时，图形区域会显示特征的预览。对于基体或凸台拉伸、切除拉伸、扫描、放样、阵列、曲面等特征，将会显示相关预览。

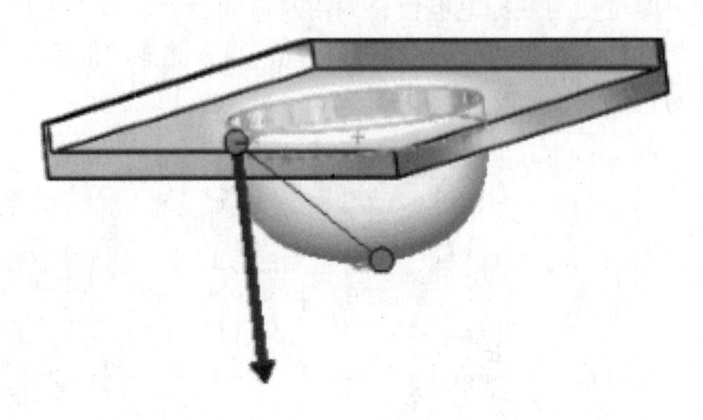

图 7.24　预览

11．指针反馈

在 SolidWorks 应用程序中，指针改变形状以显示对象类型，如顶点、边线或面。在草图中，指针形状动态改变，提供有关草图实体类型的数据或者指示指针相对于其他草图实体的位置，见表 7.3 指针反馈。

表 7.3　指针反馈

	指示矩形草图
	指示草图线条或边线的中点。如要选取一个中点，请用右键单击直线或边线，然后单击选择中点

12．选择过滤器

选择过滤器帮助选择特定类型的实体，从而排除选择图形区域中任何其他类型的实体。例如，要在复杂的零件或装配体中选择一条边线，可以选择过滤边线以排除其他实体。

过滤器并不限于面、曲面或轴之类的实体。还可以使用选择过滤器来选择特定的工程图注解，如注释和零件序号、焊接符号、形位公差等。而且，可以使用选择过滤器来选择多个实体。例如，要应用使边线圆滑化的圆角特征，可以选择由多个相邻边线组成的环。

7.2.2　SolidWorks 零部件设计

SolidWorks 进行零部件设计时，通常需要以下几个步骤：设计过程、设计方法、草图、草图定义、几何关系、特征、装配体。

1．设计过程

设计过程通常包含以下步骤：

（1）确定模型要求。

（2）根据确定的需求构思模型。
（3）基于概念开发模型。
（4）分析模型。
（5）建立模型原型。
（6）构建模型。
（7）根据需要编辑模型。

2．设计方法

在开始真正地设计模型之前应对模型的生成方法进行细致的计划。落实需求并确定适当的概念以后，可以开发模型：

（1）草图：生成草图并且决定如何标注尺寸以及在何处应用几何关系。

（2）特征：选择适当的特征（如拉伸和圆角），确定要应用的最佳特征并且决定用何种顺序应用这些特征。

（3）装配体：选择要配合的零部件以及要应用的配合类型。

3．草　图

草图是大多数 3D 模型的基础。通常，创建模型的第一步是绘制草图，随后可以从草图生成特征。将一个或多个特征组合即生成零件。然后，可以组合和配合适当的零件以生成装配体。从零件或装配体，就可以生成工程图。

草图指的是 2D 轮廓或横断面。可以使用基准面或平面来创建 2D 草图。除了 2D 草图，还可以创建包括 *X* 轴、*Y* 轴和 Z 轴的 3D 草图。

创建草图的方法有很多种。所有草图都包含以下元素：

（1）原点。在许多情况下，都是从原点开始绘制草图，原点为草图提供了定位点。如图 7.25 所示的草图包括中心线。中心线是通过原点绘制的，用于生成旋转特征。

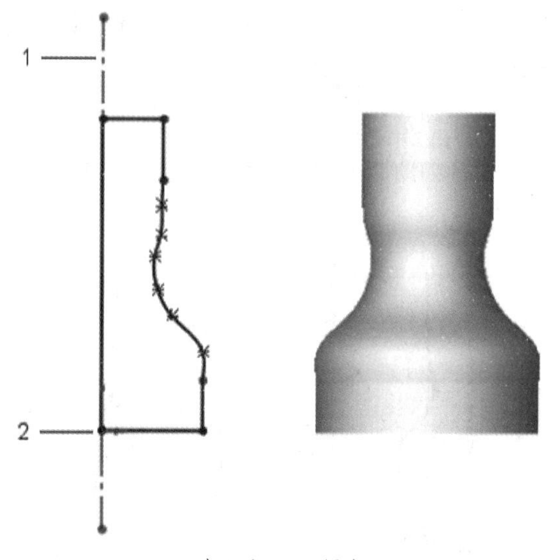

1—中心线；2—原点。

图 7.25　旋转特征应用

（2）基准面。

可以在零件或装配体文档中生成基准面。在基准面上，可以使用直线或矩形之类的草图绘制工具来绘制草图，还可以创建模型的剖面视图。在一些模型上，绘制草图的基准面仅影响模型在标准等轴测视图（3D）中的显示方式，而对于设计意图并无影响。对于其他模型而言，选择正确的初始基准面来绘制草图，可以帮助生成更加高效的模型。

选择要在其中绘制草图的基准面。标准基准面为前视、上视及右视方向。也可以根据需要添加和定位基准面。如图 7.26 所示的范例使用上视基准面。

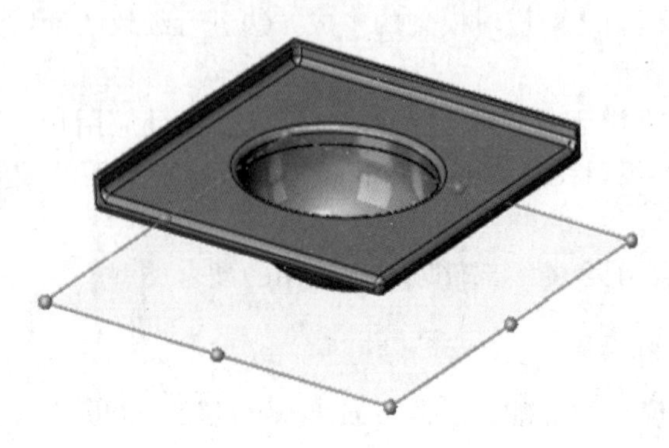

图 7.26　上视基准面

（3）尺寸。

可以在实体之间指定尺寸，如长度和直径，当更改尺寸时，零件的大小和形状也会随之更改，为零件标注尺寸，决定能否保持设计意图。SolidWorks 软件使用两类尺寸：驱动尺寸和从动尺寸。

① 驱动尺寸。

使用标注尺寸工具可以生成驱动尺寸，当更改驱动尺寸的数值时，模型大小随之更改。例如，在水龙头把手中，可以将水龙头把手的高度从 40 mm 更改为 55 mm。

由于未标注样条曲线的尺寸，这将改变旋转零件的形状。要保持由样条曲线生成的形状不变，要为样条曲线标注尺寸，如图 7.27 所示的样条曲线标注。

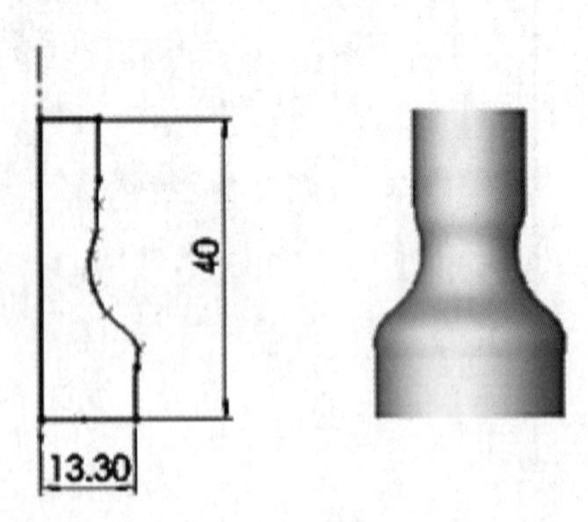

（a）在此之前：驱动尺寸 = 40 mm，样条曲线未标注尺寸

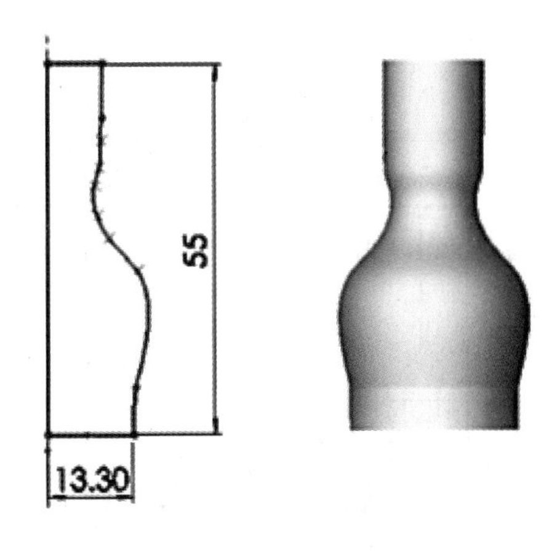

（b）在此之后：驱动尺寸 = 55 mm

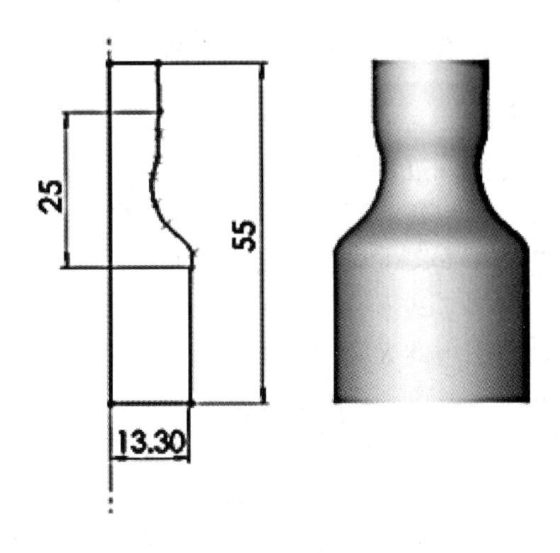

（c）在此之后：驱动尺寸 = 55 mm 且样条曲线已标注尺寸

图 7.27　样条曲线标注

② 从动尺寸。

某些与模型相关的尺寸为从动尺寸。可以使用尺寸标注工具创建从动尺寸或参考尺寸以供参考。当修改模型中的驱动尺寸或几何关系时，从动尺寸的数值也随之更改。除非将从动尺寸转换为驱动尺寸，否则无法直接修改从动尺寸的数值。

在水龙头把手中，如果将总高度标注为 40 mm、样条曲线以下竖直部分为 7 mm、样条线段为 25 mm，则样条曲线以上的竖直线段计算为 8mm 并用从动尺寸表示。

通过驱动尺寸和几何关系的放置位置来控制设计意图。如图 7.28 所示驱动尺寸与几何关系，如果将总高度标注为 40 mm，并在顶部和底部竖直线段之间建立相等几何关系，则顶部线段变成 7 mm。竖直尺寸 25 mm 与其他尺寸和几何关系发生冲突，因为 40 − 7 − 7 = 26，而不是 25。将尺寸 25 mm 更改成从动尺寸可以消除冲突并且显示样条曲线长度必须为 26 mm。

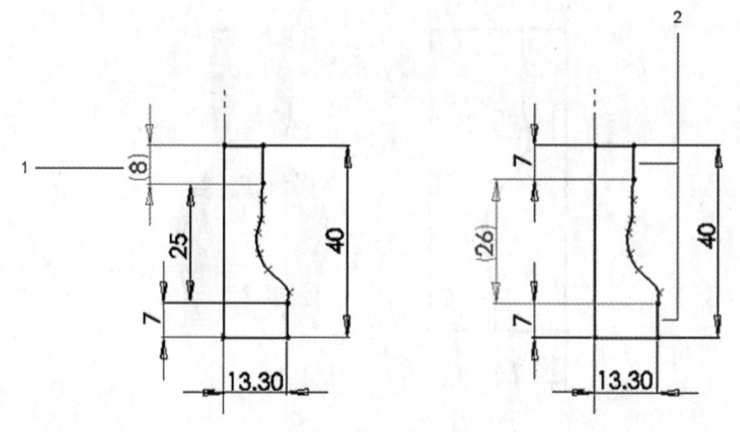

1—从动尺寸；2—两个垂直段之间的相等几何关系。

图 7.28 驱动尺寸与几何关系

4．草图定义

草图可以完全定义、欠定义或过定义。

完全定义草图指的是在完全定义的草图中，草图中的所有直线和曲线及其位置均由尺寸或几何关系或两者说明。在使用草图生成特征之前，无须完全定义草图。但是，应该完全定义草图以维持的设计意图。如图 7.29 所示完全定义的草图显示为黑色。

欠定义草图是通过显示草图中的欠定义实体，可以确定要完全定义草图所需添加的尺寸或几何关系。可以根据颜色提示来确定草图是否为欠定义。如图 7.30 所示欠定义草图显示为蓝色。除了颜色提示以外，欠定义草图中的实体在草图中不固定，因而可以拖动它们。

过定义草图包含多余且相互冲突的尺寸或几何关系。可以删除过定义的尺寸或几何关系，但是不能编辑它们。如图 7.31 所示过定义草图显示黄色，因为矩形的两条竖直边都标注有尺寸。按照定义，矩形对边相等。因此，只需要一个 35 mm 的尺寸。

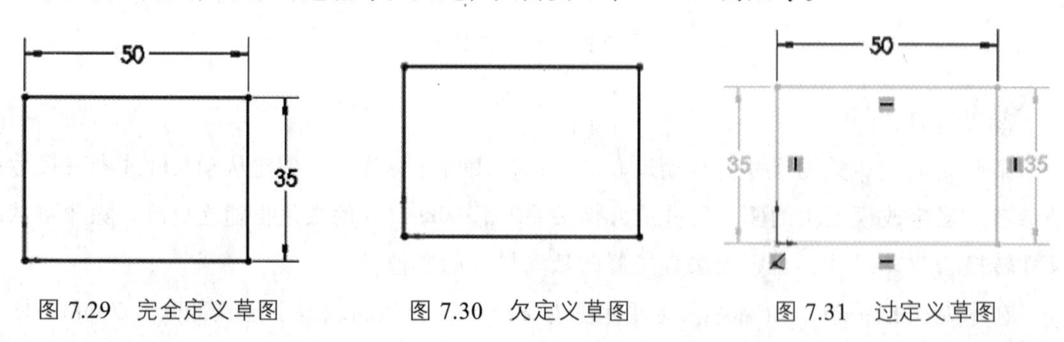

图 7.29 完全定义草图　　图 7.30 欠定义草图　　图 7.31 过定义草图

5．几何关系

几何关系是在草图实体之间建立的关系，如相等和相切。如图 7.32 所示，在两条 100 mm 水平线段之间建立相等几何关系。可以为每条水平线段单独标注尺寸，但是通过在两条水平线段之间建立相等几何关系，当长度发生更改时，只需要更新其中一个尺寸。绿色的符号指示两条水平线段之间存在着相关几何关系。

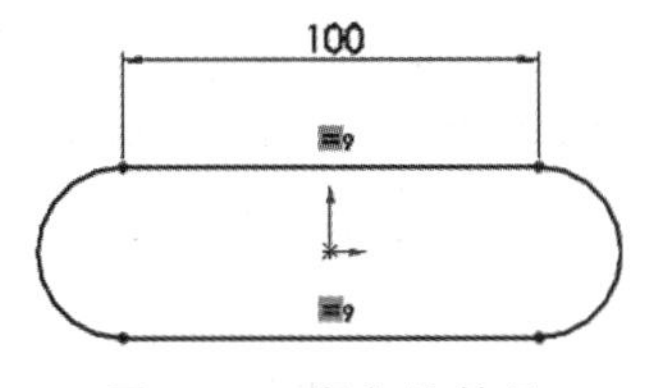

图 7.32　绿色的符号

几何关系保存在草图中。可以通过下列方法应用几何关系：

（1）可以通过推理建立某些几何关系。例如，当绘制两条水平线段的草图，以生成水龙头基座的基体拉伸时，水平和平行几何关系即是通过推理建立的。

（2）还可以使用添加关系工具。例如，要生成水龙头安装杆，可以为每个安装杆绘制两个几何关系圆弧草图。为了定位这两个安装杆，可在外侧圆弧和上面一条水平构造线（显示为折断线）之间添加相切几何关系。对于每个安装杆，还要在内侧圆弧和外侧圆弧之间添加同心几何关系，如图 7.33 所示。

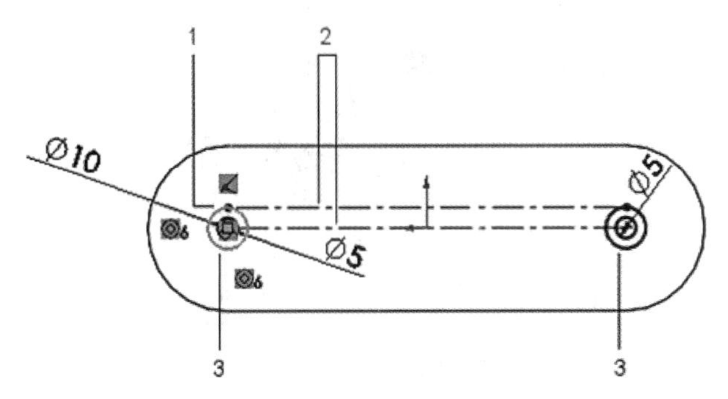

1—弧和上部构造线之间的相切几何关系；2—构造线；
3—同心几何关系。

图 7.33　几何关系推理

6．特　征

完成草图以后，可以使用拉伸（水龙头基座）或旋转（水龙头把手）等特征来生成 3D 模型，如图 7.34 所示。

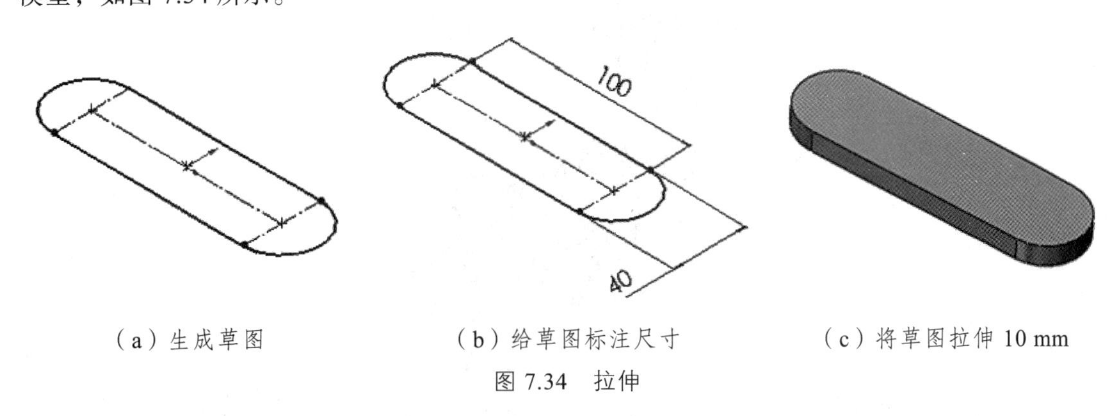

（a）生成草图　（b）给草图标注尺寸　（c）将草图拉伸 10 mm

图 7.34　拉伸

有些基于草图的特征为各种形状，如凸台、切除、孔等。另外一些基于草图的特征（如放样和扫描）则使用沿路径的轮廓。

另一类特征称为应用特征，它不需要草图。应用特征包括圆角、倒角或抽壳等。之所以称它们为“应用特征”是因为要使用尺寸和其他特性将它们应用于现有几何体才能生成该特征。通常，通过包含基于草图的特征（如凸台和孔）生成零件，后添加应用特征。

7．装配体

可以将能够装配在一起的多个零件组合起来生成装配体。通过使用同心和重合等配合，可以将多个零件集合为装配体。配合定义零部件允许的移动方向。在水龙头装配体中，水龙头基座和把手具有同心和重合配合，如图 7.35 所示。

图 7.35　装配

借助移动零部件或旋转零部件之类的工具，可以看到装配体中的零件如何在 3D 关联中运转。为确保装配体正确运转，可以使用碰撞检查等装配体工具。通过碰撞检查，可以在移动或旋转零部件时发现其与其他零部件之间的碰撞，如图 7.36 所示的模拟检查。

启用了碰撞检查、碰撞时停止选项的水龙头装配体

图 7.36　模拟检查

7.2.3　SolidWorks 工程图

在实际生产中，三维零件图和装配体图并不是用来指导生产的主要技术文件，实际所使用的图样是一组具有规定格式的零件或装配体的二维投影图，图上标注尺寸和表面粗糙度符号及公差配合。

在生成工程图之前必须先保存与其有关的零件或装配体。工程图的扩展名为“.slddrw”。通常在绘制工程图时，还需要做好工程图生成的准备工作、掌握工程图生成的基本知识。

1. 工程图生成的基本知识

国标工程图生成的准备工作包括如下事项：

（1）将国标模板文件“GB.drwdot”复制到“SolidWorks2018 安装目录\data\templates”文件夹下。

（2）将国标标准格式文件“GB-A0.slddrt ~ GB-A4.纵向 slddrt”复制到“SolidWorks2018 安装目录\data”文件夹下。

（3）对三维零件与装配体进行尺寸整理、创建配置和添加属性等工作。

① 命名视图：使用“命名视图”命令保存透视视图、轴测视图和自定义视图，以便在工程图使用。

② 调整尺寸位置：需要从模型项目输入的尺寸，应该在三维零件模型中进行大致的调整。这样才能更加容易地转换到工程图中，并减少很多调整操作。

③ 在轴测视图中添加尺寸，有两种方法：在三维零件视图中标注参考尺寸，并输入到工程视图中；直接在工程视图中使用“尺寸标注”标注尺寸。

（4）设定三维零件模型的材质属性（材料名称和密度），不仅会同时修改模型本身的颜色，纹理和其他物理参数，而且对建立工程图也有重要作用。主要体现在两个方面：由密度可以计算模型质量；设定剖视图中的剖面线类型。

2. 工程图生成的基本知识

工程图生成时一些常见的视图命令见表 7.4。

表 7.4　视图基本知识

视图指令	指令图标	备　注
标准三视图		标准三视图：经常是工程图基础的三个正投影视图（前视图、左视图及上视图）
模型视图		零件或装配体的工程图视图
投影视图		从现有视图正交投影的工程图视图
辅助视图		辅助视图类似于投影视图，但它是垂直于现有视图中参考边线的展开视图

续表

视图指令	指令图标	备 注
局部视图		大型视图的一部分，通常比原有视图比例要大
裁剪视图		除了局部视图、已用于生成局部视图的视图或爆炸视图，任何工程视图都可以被裁剪
断裂视图		断裂视图可以将工程图视图以较大比例显示在较小的工程图纸上
交替位置视图		单个或多个视图以幻影线叠加于原有视图之上的工程视图。交替位置视图常用于显示装配体的运动范围
相对视图		相对（或相对于模型）工程视图是相对于零件或装配体中的平面、曲面而生成的
爆炸视图		显示装配体的零部件相互间分离以展现如何装配结构
断裂剖视图		通过将材料从闭合的轮廓（通常为样条曲线）移除而展现工程视图内部细节的工程图视图
剖面视图		剖面视图（或剖切面）为① 被基准面切除的零件或装配体视图；② 由使用剖切线切除另一工程视图而生成的工程视图
旋转剖视图		旋转剖视图与剖面视图相类似，但旋转剖面的剖切线由连接到一个夹角的两条或多条线组成

注意：SolidWorks 的工程图文件格式为“*.slddrw”，与“*.sldprt”“*.5ldasm”存在数据相关性。当另存为“*.DWG”文件时，则 AutoCAD 等支持二维绘图软件可以打开此文件进行标注、编辑等操作，但是工程图和其模型之间的相关性将丢失。

3．工程图生成主要步骤

步骤 1：将绘制好的模型使用位于任务窗格中的查看调色板插入工程视图。它包含所选模型的标准视图、注解视图、剖面视图和平板形式（钣金零件）图像。可以将视图拖到工程图纸来生成工程视图，如图 7.37 所示。

步骤 2：添加图纸，添加图纸的方式在工程图中添加多张图纸，或者用不同的图纸表达装配体的不同内容，如图 7.38 所示。可以在同一个工程图中保存多个不同零部件的图纸。

步骤 3：插入模型视图，模型视图可以指导用户生成一个或者多个视图。如果选择多个视图，可以在标准视图中选择前视、右视等视图及更多自定义视图等，如图 7.39 所示。

步骤 4：插入剖面视图，在剖面视图中排除某些零部件不剖，并设定剖面深度，如图 7.40 所示。

图 7.37　查看调色板

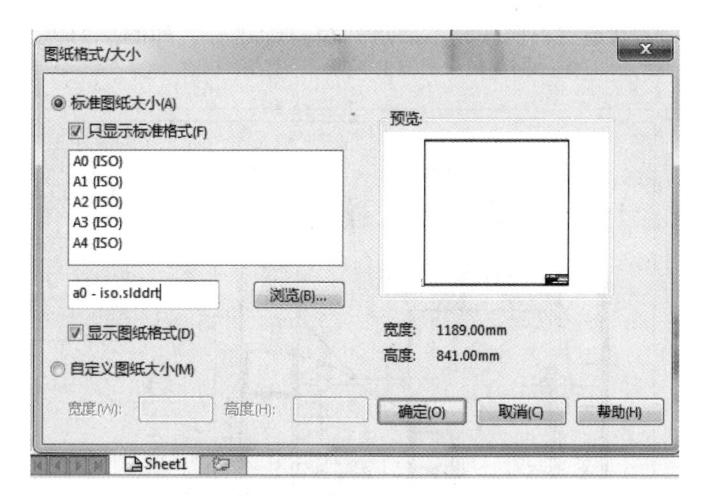

图 7.38　添加图纸

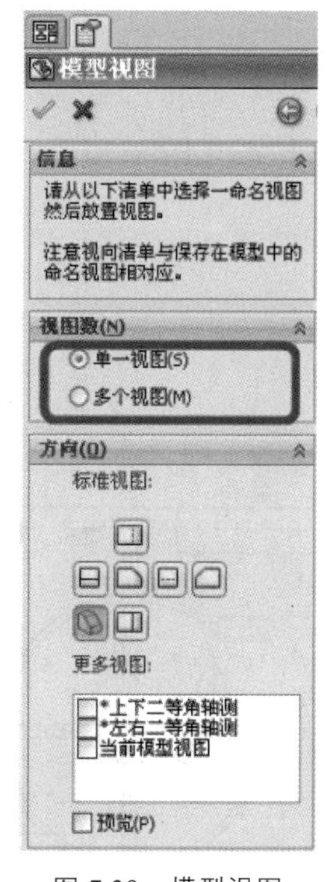

图 7.39　模型视图

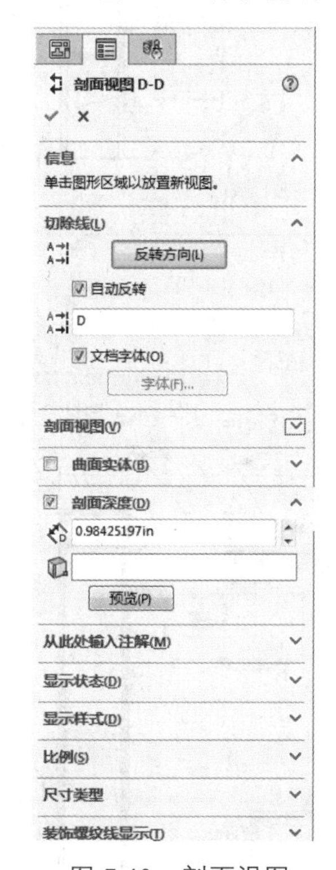

图 7.40　剖面视图

步骤 5：有需要时可插入辅助视图和裁剪视图并隐藏边线及显示零部件。在不同的视图中零部件可有不同的状态，可以再在不同的地方来隐藏/显示零部件。通过“工具”“选项”“系统选项”“工程图”中设定选项，在生成工程视图时自动列出隐藏的零部件。在生成视图时自动隐藏零部件被选择后，新工程视图在工程视图属性对话框中的隐藏或者显示零部件标签上显示隐藏零部件的清单。

步骤 6：插入模型尺寸（即驱动尺寸）和尺寸公差、标注参考尺寸、标注表面粗糙度、标注形位公差。

步骤 7：插入技术要求并填写标题栏，如图 7.41 所示的焊接变位机工程图实例。

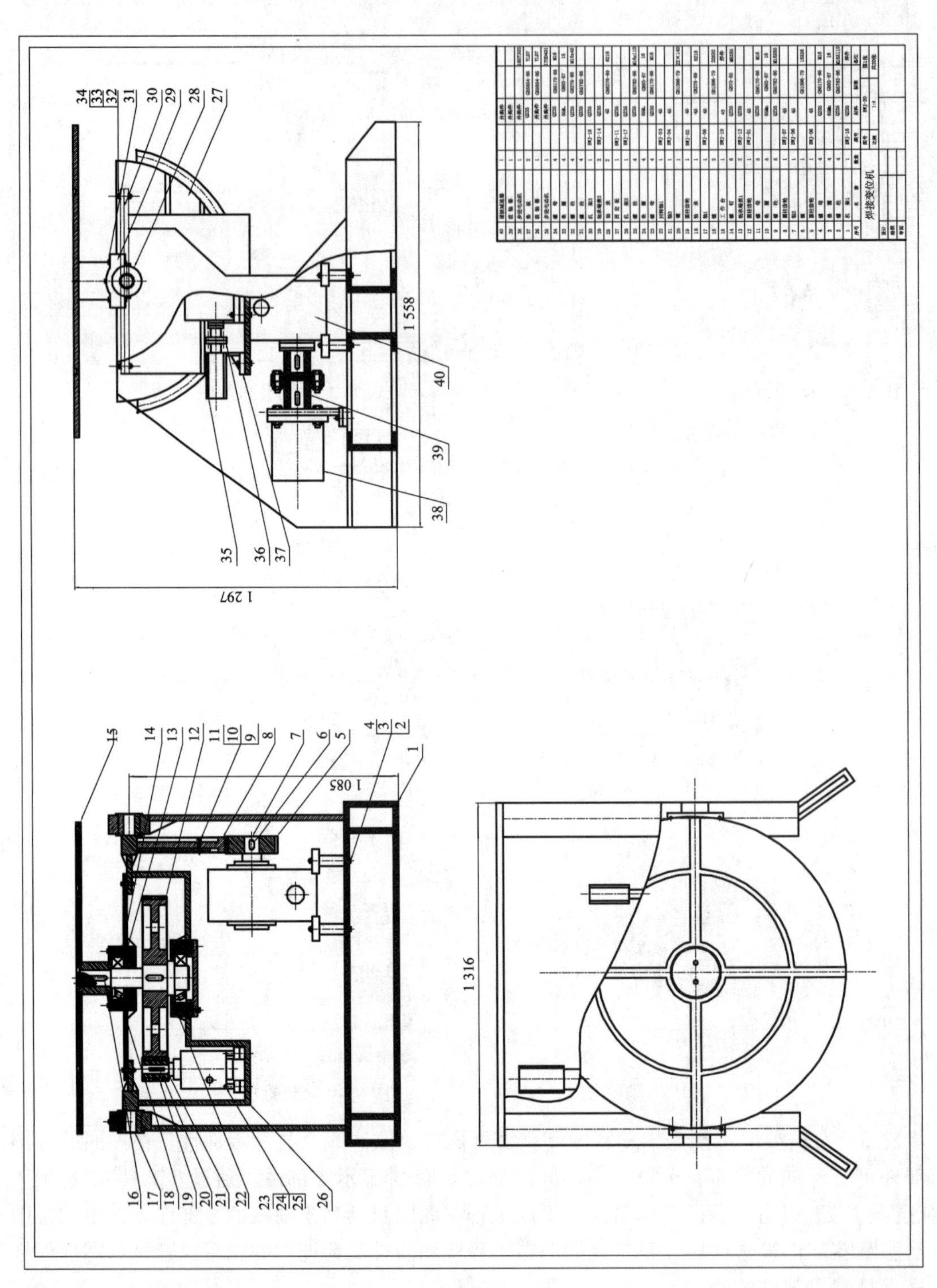

图 7.41　焊接变位机工程图

7.3 应用实例

7.3.1 埋弧焊小车设计

埋弧焊机是一种利用电弧在焊剂层下燃烧进行焊接的焊接机器。它具有焊接质量稳定、焊接生产率高、无弧光及烟尘很少等优点，使其成为压力容器、管段制造、箱型梁柱钢结构等制作中的主要焊接机器。我国钢产量大幅度增长，给采用钢结构建筑创造了有利条件，高层建筑、桥梁、体育场馆、车站、大型厂房、民用建筑等大多都采用钢结构。

埋弧焊机在工作时需要搭载在小车上进行使用。小车是由电气控制箱和电机、机械传动装置组成。小车工作平稳、可靠。埋弧焊电源可以用交流（弧焊变压器）、直流（弧焊发电机或弧焊整流器）或交直流并用，要根据具体的应用条件，如焊接电流范围、单丝焊或多丝焊、焊接速度、焊剂类型等选用。一般直流电源用于小电流范围、快速引弧、短焊缝、高速焊接，所采用焊剂的稳弧性较差及对焊接工艺参数稳定性有较高要求的场合。采用直流电源时，不同的极性将产生不同的工艺效果。当采用直流正接（焊丝接负极）时，焊丝的熔敷率最高；采用直流反接（焊丝接正极）时，焊缝熔深最大。采用交流电源时，焊丝熔敷率及焊缝熔深介于直流正接和反接之间，而且电弧的磁偏吹最小。因而交流电源多用于大电流埋弧焊和采用直流时磁偏吹严重的场合。一般要求交流电源的空载电压在 65 V 以上。

现有的埋弧焊设备在运行中，存在能力有限、效率低等不利特点，既影响了产品的质量，也制约了车间的产量。通过对车间内埋弧焊机进行一系列结构上的优化，提高了设备的能力和效率，最终达到了节能减排的目标。

参照 GB/T 1316—2003，GB/T 15579.1—2013，GB/T 15579.5—2013 等标准要求，小车为焊车式，配以直流埋弧焊电源，在焊剂层下进行自动焊接，主要用于焊接各种钢板结构的有坡口或无坡口的对接焊缝、搭接焊缝、角接焊缝等，此类焊缝可位于水平面或与水平而成倾斜角不大于 10° 的倾斜面上。可焊接的材料包括碳素结构钢、低合金结构钢、不锈钢、耐热钢及其复合钢等。主要功能包括：① 连续不断地向焊接区送进焊丝；② 传输焊接电流；③ 使电弧沿接缝移动；④ 控制电弧的主要参数；⑤ 控制焊接的启动与停止；⑥ 向焊接区铺施焊剂；⑦ 焊接前调节焊丝端位置。

小车由送丝机头、控制盒、焊丝盘、焊剂斗、横梁、小车行走机构等部分组成，部件及其功能记录见表 7.5，其主要构件如图 7.42 所示。

表 7.5　埋弧焊小车各部件功能及特点

序号	名称	功能及特点
1	焊丝盘	焊接前焊丝装入，要求焊丝安装整齐
2	控制盒	埋弧焊焊接时的所有控制均由此控制盒实现
3	吊环	吊装小车时使用
4	焊剂料斗	盛焊剂用，下部有一个控制焊剂流量大小的开关
5	焊剂软管	焊剂通过此软管进入焊接区域

续表

序号	名称	功能及特点
6	漏料斗夹紧螺钉	紧固漏料斗调节电极伸出长度以适应平焊及角焊的不同位置
7	送丝轮	此轮为易损件
8	压紧轮及调节手柄	通过此手柄，调整对焊丝的压紧力，不能太松太紧，适合正常送丝即可
9	上校直轮及手柄	调节焊丝校直的力度
10	下校直轮	与上校直轮一同工作
11	导电杆夹紧件	连接焊接电缆和导电杆并使之紧固连接的导电材料，注意经常检查
12	导电杆	出厂时除已装一根外，随机还配有长短各一根，它们可以互相连接，改变电极长度，以适应不同工件的焊接需要
13	导电嘴	焊接时起导电作用，随机配各种规格一只
14	车轮	小车行走滚轮，车轮与轨道接触的内径为 130 mm，外径 150 mm
15	提手	用于推动或搬运小车，搬运时注意安全，并保护好电缆和接头
16	导轨	小车运行轨道

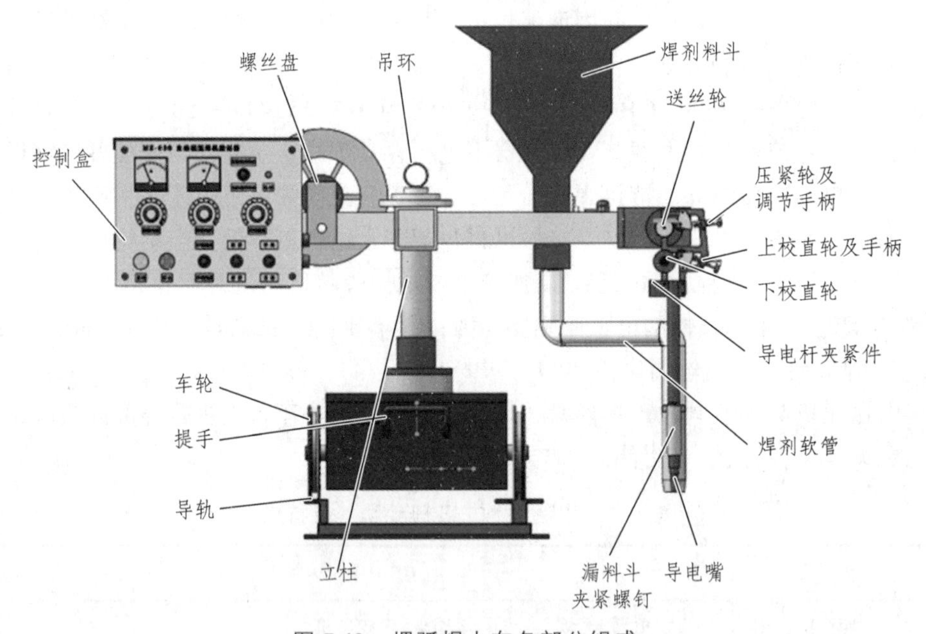

图 7.42　埋弧焊小车各部分组成

产品具有调节灵活、使用方便、性能可靠、控制技术先进等优点，而且各部件均采用了积木式拼装结构，可方便地改装成双丝埋弧焊、带极堆焊和自动碳弧气刨等，也可组合为丝极、熔嘴电渣焊。主要用于焊接各种钢结构的对接焊缝、搭接焊缝和角焊缝等。

采用 AutoCAD 绘制的埋弧焊小车，如图 7.43 所示。

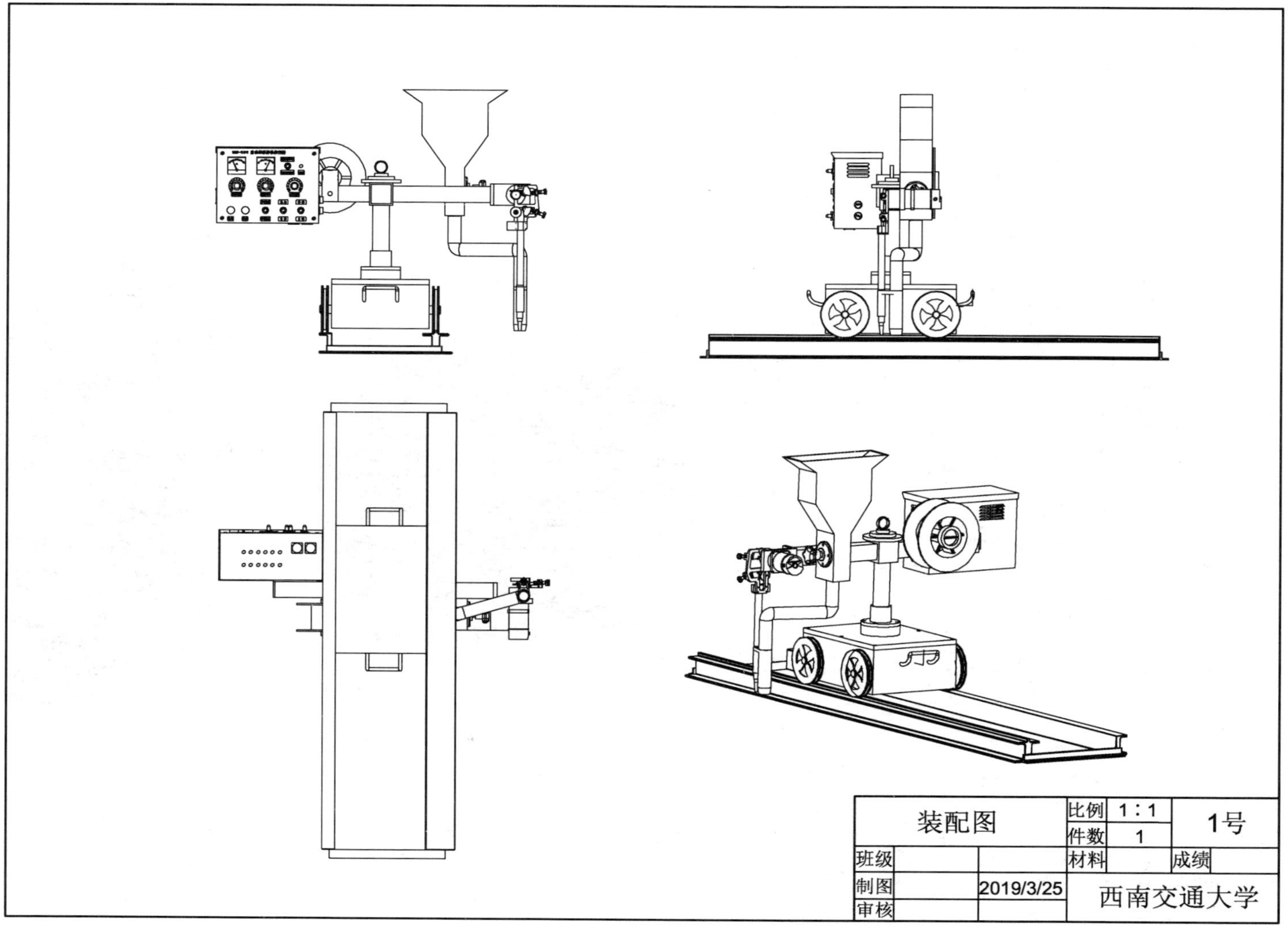

装配图			比例	1：1	1号	
			件数	1		
班级			材料		成绩	
制图		2019/3/25	西南交通大学			
审核						

图 7.43　埋弧焊小车装配图

7.3.2 机器人工作站设计

1．功能需求分析

焊接机器人是集机械、计算机、电子、传感器、人工智能等多方面知识技术于一体的现代化、自动化设备。焊接机器人主要由机器人和焊接设备两大部分构成。机器人由机器人本体和控制系统组成。另外，工作空间是焊接机器人的重要特性，通常焊接机器人完成自动化焊接过程需要考虑完全工作空间（Complete workplace）[平台上执行器端点可从任何方向（位姿）到达的点的集合]，还需考虑最大工作空间（Maximal workplace）（平台执行器端点可到达的点的最大集合），并考虑其具体位姿。因此，设计时还须给出机器人焊接工件的参数范围，即最长焊接距离、最短焊接距离、最大焊接高度参数等。同时需要对焊接机器人所配套的焊枪、电源、送丝机构以及焊接平台等进行设计或选型。

2．机器人关键部件设计

焊接机器人设计的主要内容由机械臂设计、焊枪设计、电源设计、送丝机构设计、工作台设计五个部分组成。本设计主要讲解采用 SolidWorks 和 CAD 设计自动化焊接机器人的尺寸参数及运动仿真，如图 7.44 至图 7.50 所示。各部分零件图绘制完成后，再进行装配、绘制爆炸图、运动仿真、绘制工程图、理论计算。

图 7.44　弧焊电源

图 7.45　送丝机

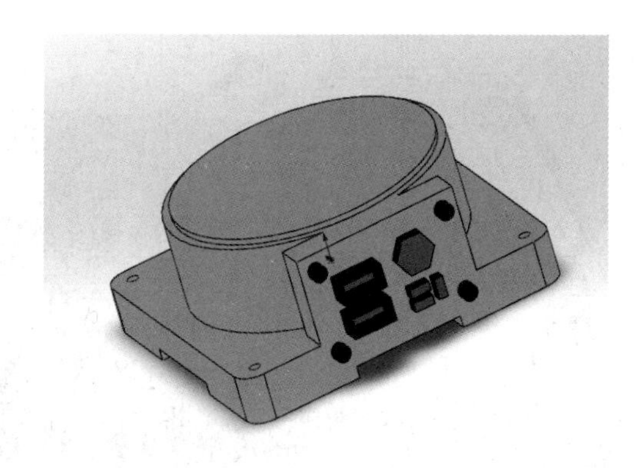

图 7.46　底座

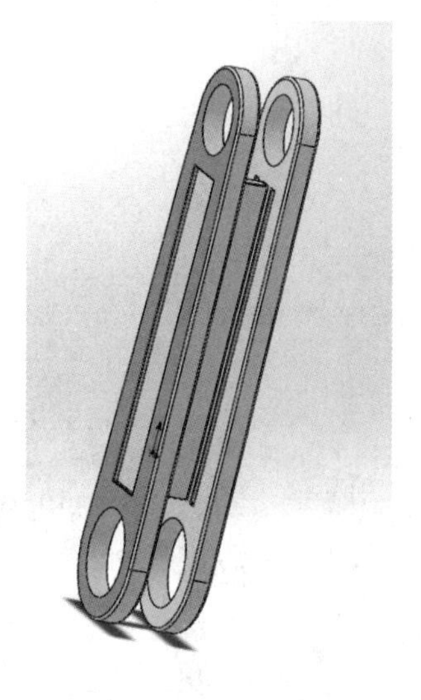

图 7.47　机械臂长臂

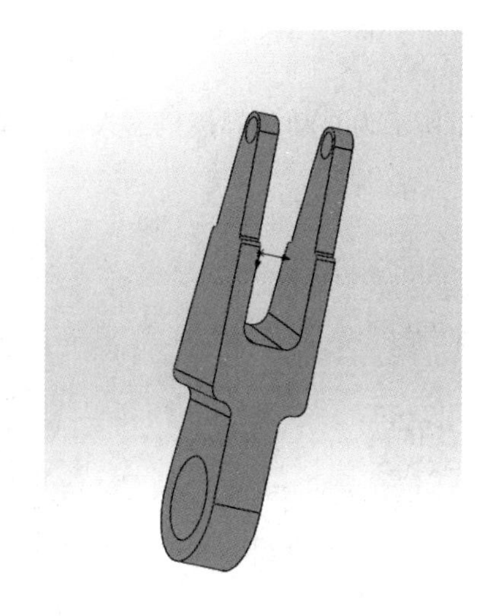

图 7.48　机械臂短臂

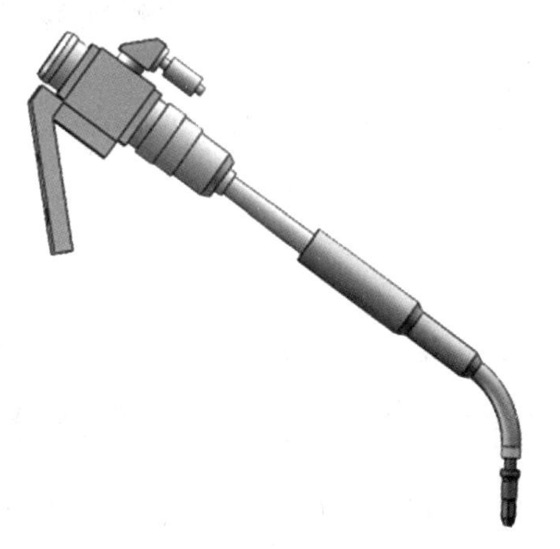

图 7.49　焊枪

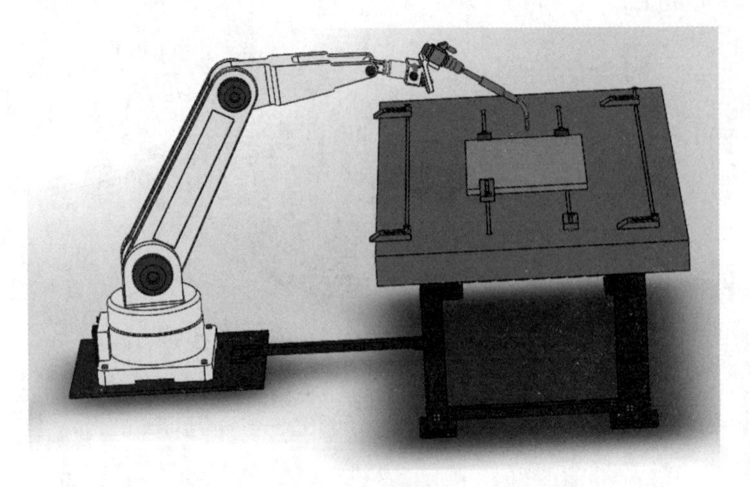

图 7.50 焊接平台

如图 7.51 所示为自动化焊接机器人装置爆炸图。

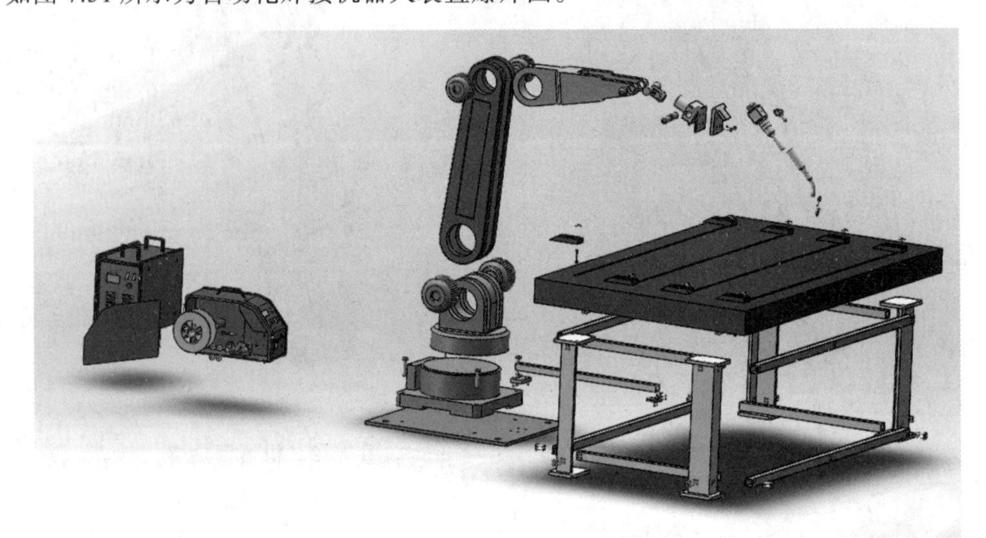

图 7.51 爆炸图

3．重要部件设计说明

（1）电源及送丝机。

通常焊接电源和送丝机构在市场上进行购买即可，需注意焊丝盘安装在送丝机箱内，送丝机板子通过螺母固定在送丝机箱内，连杆固定在送丝机箱内，齿轮架子固定在连杆上，上方的两个送丝轮通过轴承固定在齿轮架子上，下方的两个送丝轮套在送丝机板子上。

（2）焊接机械臂及焊枪。

焊接机械臂及焊枪安装时，将底板通过螺柱固定在地面，底座通过底板上的通孔采用螺柱与地固定在一起；扭转关节与底座相连，扭转关节与底座内电机通过齿轮啮合；长臂卡在底座上端；电机通过螺杆输出转矩，螺杆贯穿长臂下端和底座上端通孔并与长臂啮合，实现长臂的固定和转动；短臂下端卡在长臂上端；短臂电机通过螺杆输出转矩，螺杆贯穿长臂上端和短臂下端通孔，并与短臂啮合，实现短臂的固定和转动；俯仰关节卡在短臂上端；一个旋钮贯穿俯仰关节和短臂上端通孔，通过手动旋转旋钮来调整焊枪角度；转动块扭紧在俯仰关节前端。使用时通过手动旋转焊枪；连接板通过螺母与转动块固定；焊枪固定在连接板上端；喷嘴管子套在连接块前端；导线嘴嵌在喷嘴管子前端，防止导线跑偏；喷嘴，耐高温，能够防止焊枪损坏。

（3）工作台。

工作台设计时开有 4 条导槽，导槽上方窄，下方宽；每个导槽两端均有一个压块，用于压紧工件。压块中间开有长条状通孔；螺栓头卡在导槽下方，螺栓杆部穿过导槽上方和压块通孔，并通过螺母限定压块离开桌面，使用时拧紧螺母，即可把压块紧紧压在工件上。焊接平台支架由 8 根梁和 4 根柱铆接而成；支架直接与焊接桌面焊接固定在一起；支架通过一根连接杆与焊接机械臂底板铆接在一起，使整个装置工作时更稳定。

（4）最远焊接距离。

已知 $AC=1\ 080\ \text{mm}$，$CD=3\ 396\ \text{mm}$，$DI=1\ 769\ \text{mm}$；$AB=2\ 040\ \text{mm}$，$BF=1\ 740\ \text{mm}$，如图 7.52 所示。

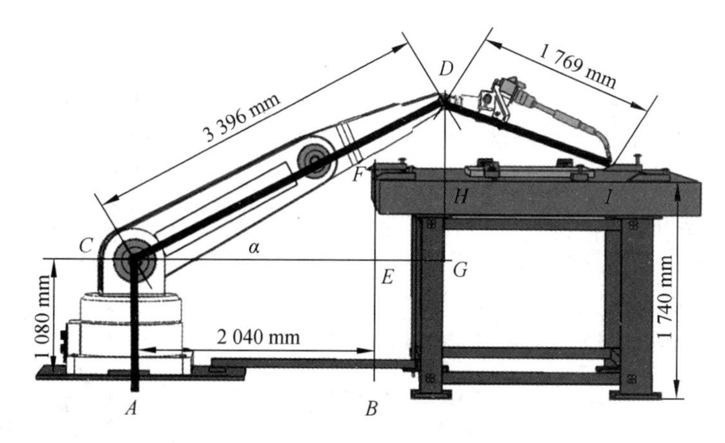

图 7.52　最远焊接距离

（5）最近焊接距离。

焊接最近距离为：焊接臂到焊接工作台边缘的距离，即 2 040 mm（见图 7.53）。

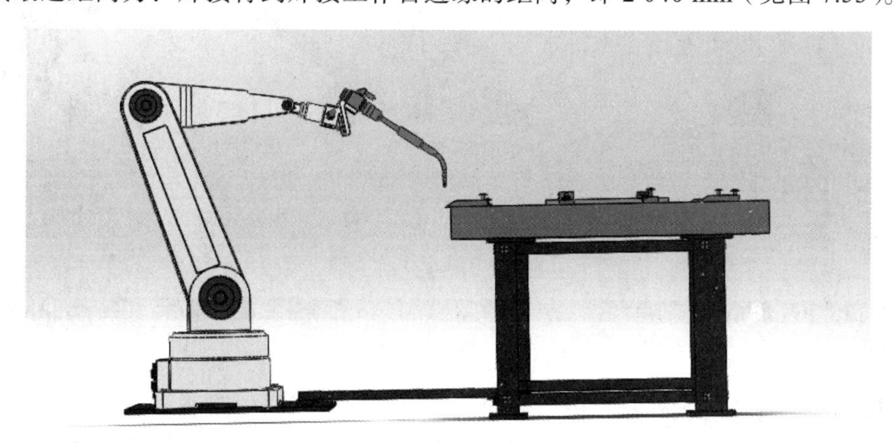

图 7.53　最近焊接距离

（6）最大焊接高度。

已知 $AD = 1\,080$ mm，$DF = 3\,396$mm，$FG = 1\,769$ mm，$AC = 2\,040$ mm，$CH = 1\,740$ mm，如图 7.54 所示。

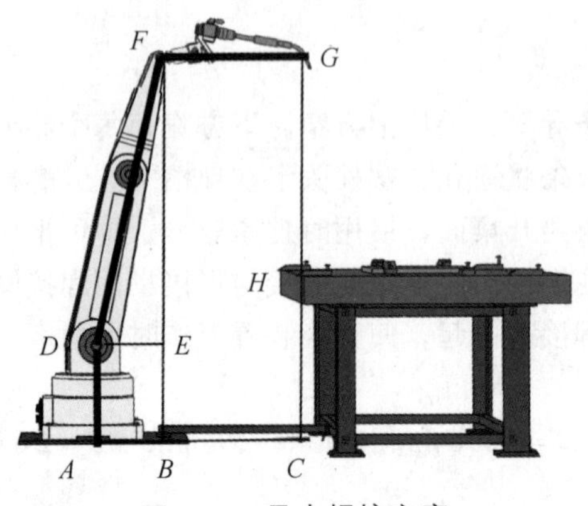

图 7.54　最大焊接高度

（7）运动仿真。

当机械臂以一定的模式运动时，其速度、加速度、位移和力等变量之间有着严格的依赖关系，可以通过动力学仿真分析图解形式直观地表达，本次运动仿真采用改变配合关系的方式实现整个装置的运动，模拟实际的焊接过程。以下阐释一个完整的运动仿真过程。

首先降低整个焊枪装置高度，使喷嘴降低至合适的高度位置开始焊接。假设喷嘴与钢板初始距离为 240 mm，如图 7.55 所示。

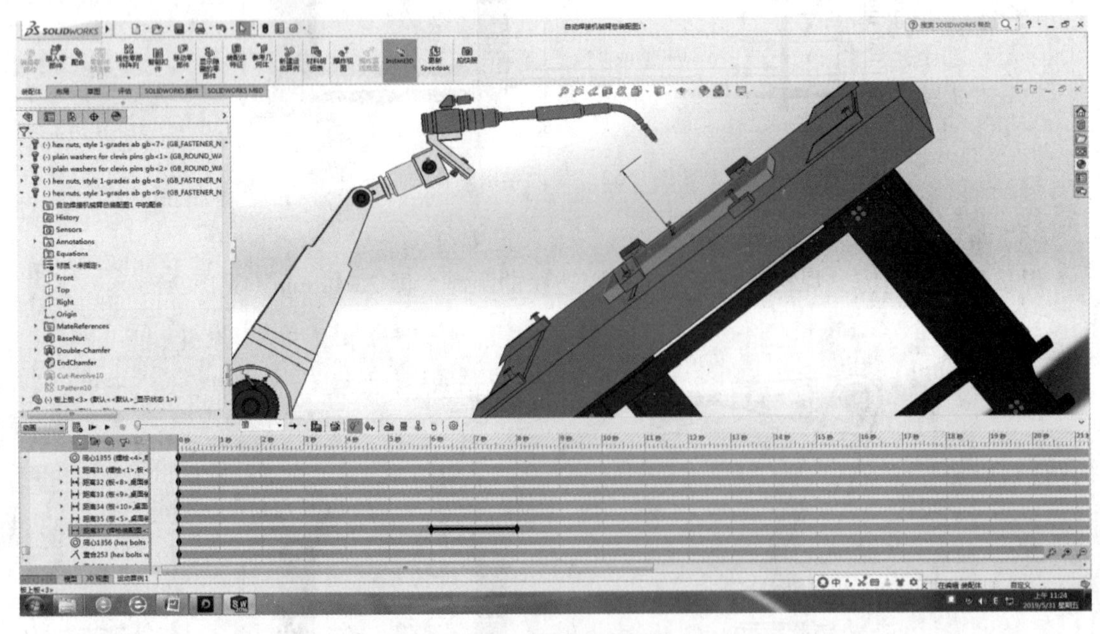

图 7.55　焊枪高度调节

然后设置整个焊枪运动轨迹，由于实际工艺中，针对不同的路线要通过几何分析出不同的路径方程式，较为困难，计算起来也较为烦琐，所以此处采用改变距离关系实现焊枪按照规定的路线运动，如图 7.56 所示。

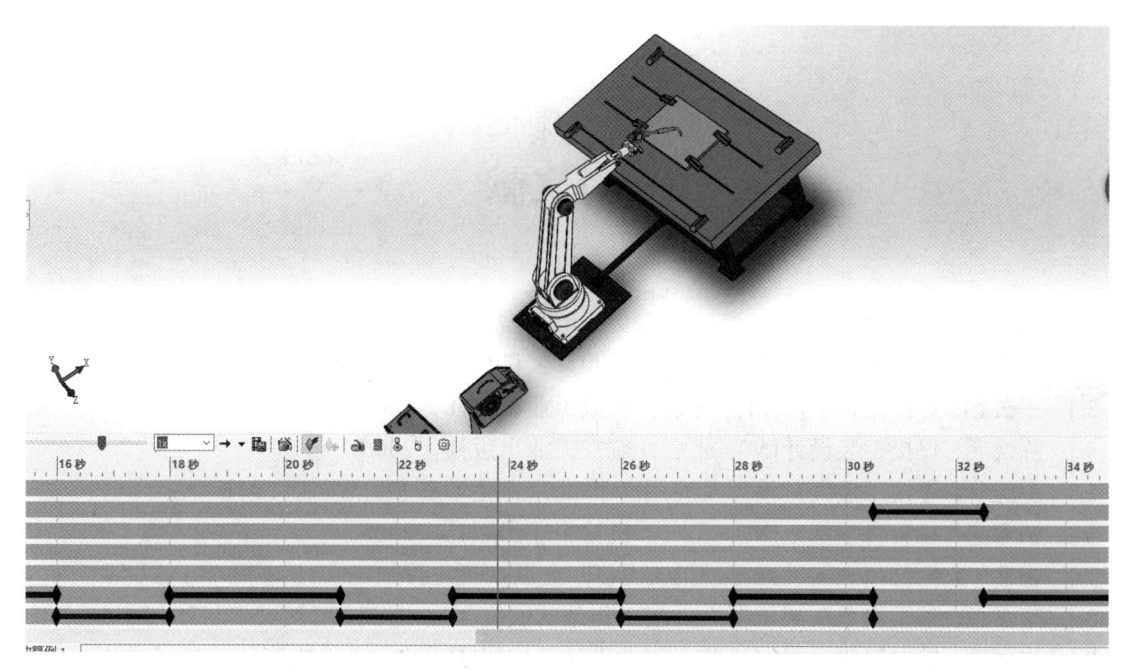

图 7.56　焊枪路径设置

最后通过改变配合关系，使整个焊接机器人装置回到初试状态，关闭电源，完成焊接过程，如图 7.57 所示。

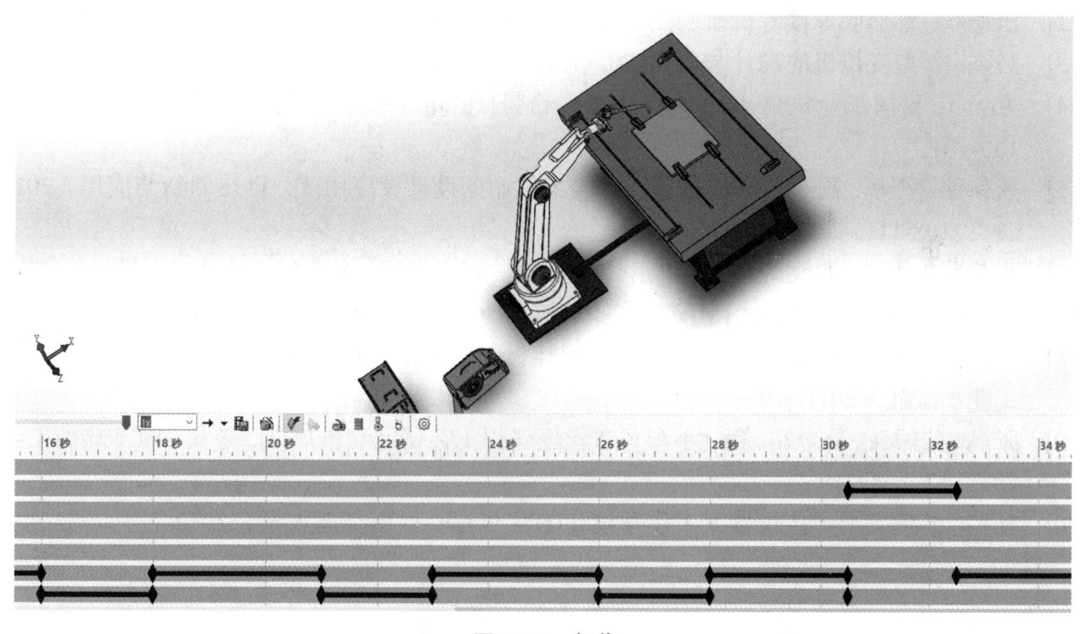

图 7.57　复位

本设计完成了机械臂、焊枪、电源及送丝机构、工作台的绘制和装配工作。该焊接机器人的焊接机械臂的五个自由度可以灵活旋转；所设计的自动化焊接机器人能够进行运动仿真；自动化焊接机器人可实现设计之初所要求的所有功能。

参考文献

[1] 陈立德. 工装设计[M]. 上海：上海交通大学出版社，1999.

[2] 王政. 焊接工装夹具及变位机械[M]. 北京：机械工业出版社， 2001.

[3] 王云鹏. 焊接结构生产[M]. 北京：机械工业出版社，2002.

[4] 陈焕明. 焊接工装设计[M]. 北京：航空工业出版社，2006.

[5] 王纯祥. 焊接工装夹具设计及应用[M]. 北京：化学工业出版社，2011.

[6] 王章忠. 材料科学基础[M]. 北京：机械工业出版社，2008.

[7] 杨珍. 数控铣床加工特殊零件的夹具[J]. 金属加工（冷加工），2017（2）：57-58.

[8] 李冬兰. 基于汽车车架机器人焊接工作站的研究与应用[D]. 南昌大学，2010.

[9] 朱丽丽. 转向架侧梁焊接工装通用性设计及应用[J]. 黑龙江科技信息，2016（18）：52.

[10] 王苏平，张红波. 发动机壳体组合吊挂的焊接工装设计与分析[J].航空精密制造技术，2015（5）：44-47.

[11] 龚荣伟. 焊工手册[M]. 武汉：湖北科学技术出版社，2006.

[12] 唐德欢. 锥形底焊接专机研制[D]. 成都：西南交通大学，2014.

[13] 马杰. 新型变位机的设计与研究[D]. 上海：上海交通大学，2010.

[14] 方大卫.我国工业机器人的现状及发展趋势[J]. 电子技术与软件工程，2019（18）：100-101.

[15] 蓝伟铭，李杨. 副车架总成机器人焊接工作站的设计及应用[J]. 科技创新与应用，2018（1）：108-111.

[16] 张梦欣，周斌. 自动焊接机器人系统设计[J]. 南方农机，2019，50（15）：25-26.

[17] 宁汝新. CAD/CAM 技术[M]. 北京：机械工业出版社，2011.

[18] 吴高阳. SolidWorks2010 有限元、虚拟样机与流场分析从入门到精通[M]. 北京：机械工业出版社，2011.

[19] 张晶，陈国强，马金军，等. 小车式双丝埋弧焊工艺研究与推广[J]. 金属加工（热加工），2013（2）：44-45.

[20] 杨芹. 装填支架焊接机器人工作站设计[D]. 成都：西南交通大学，2017.